建设行业专业技术管理人员职业资格培训教材

预算员专业管理实务

危道军　主编

中国建筑工业出版社

图书在版编目（CIP）数据

预算员专业管理实务/危道军主编．—北京：中国建筑工业出版社，2009（2021.9重印）
建设行业专业技术管理人员职业资格培训教材
ISBN 978-7-112-10989-0

Ⅰ．预… Ⅱ．危… Ⅲ．建筑预算定额-职业教育-教材 Ⅳ．TU723.3

中国版本图书馆CIP数据核字（2009）第082996号

本书为建设行业专业技术管理人员职业资格培训教材之一。主要内容包括：预算员岗位职责与职业道德、工程计量、工程造价计价、工程招标投标与合同价款的确定、施工与竣工验收阶段工程造价的控制、工程预算相关法律法规等。本书可作为预算员的培训教材，也可供相关专业工程技术人员参考。

* * *

责任编辑：朱首明 李 明
责任设计：赵明霞
责任校对：刘 钰 陈晶晶

建设行业专业技术管理人员职业资格培训教材
预算员专业管理实务
危道军 主编

*

中国建筑工业出版社出版、发行（北京西郊百万庄）
各地新华书店、建筑书店经销
北京红光制版公司制版
北京建筑工业印刷厂印刷

*

开本：787×1092毫米 1/16 印张：17¼ 字数：470千字
2010年5月第一版 2021年9月第十四次印刷
定价：**36.00**元

ISBN 978-7-112-10989-0
（18227）

前　言

本书参照我国颁布的新标准、新规范编写，取材上力图反映我国工程建设施工的实际，内容上尽量符合实践需要，以达到学以致用、学有创造的目的，文字上深入浅出、通俗易懂、便于自学，以适应建筑施工企业管理的特点。

本书为预算员职业岗位资格考试培训教材。重点介绍了预算员所必须掌握的工程计量、工程造价计价、工程招标投标与合同价款的确定、施工与竣工验收阶段工程造价的控制、工程预算相关法律法规等内容。与《预算员专业基础知识》一书配套使用。

本书由危道军主编，叶晓容、顾娟副主编。编写人员有：危道军、叶晓容、顾娟、景巧玲、赵惠珍、高洁、陈学仁、赵丽娟。全书由危道军教授统稿。

本书编写过程中得到了湖北省建设教育协会、湖北城市技术职业技术学院、中国建筑第三工程局、武汉建工集团等的大力支持，在此表示衷心感谢！

本书在编写过程中，参考了大量书籍资料，在此对有关作者表示感谢！

由于我们水平有限，错误之处在所难免，恳切希望广大读者批评指正。

目 录

一、预算员岗位职责与职业道德

（一）预算员岗位职责

（1）学习、贯彻执行国家和建设行政管理部门颁发的建设法律、规范、规程、技术标准。熟悉基本建设程序、施工程序和施工规律，并在实际工作中具体运用。

（2）工程项目开工前必须熟悉图纸、熟悉现场，对工程合同和协议有一定程度的理解。

（3）编制预算前必须获取技术部门的施工方案等资料，便于正确编制预算。

（4）参与各类合同的洽谈，掌握资料，作出单价分析，供项目经理参考。

（5）及时掌握有关的经济政策、法规的变化，如人工费、材料费等费用的调整，及时分析提供调整后的数据。

（6）正确及时编制好施工图（施工）预算，正确计算工程量及套用定额，做好工料分析，并及时做好预算主要实物量对比工作。

（7）施工过程中要及时收集技术变更和签证单，并依次进行登记编号，及时做好增减账，作为工程决算的依据。

（8）协助项目经理做好各类经济预测工作，提供有关测算资料。

（9）正确及时编制竣工决算，随时掌握预算成本、实际成本，做到心中有数。

（10）经常性地结合实际开展定额分析活动，对各种资源消耗超过定额取定标准的，及时向项目经理汇报。

（11）完成项目经理交办的其他任务。

（二）预算员职业道德

预算员是施工现场重要的工程技术人员，其自身素质对工程项目的质量、成本、进度有很大影响。因此，要求预算员应具有良好的职业道德。

（1）热爱预算员本职工作，爱岗敬业，工作认真，一丝不苟，团结合作。

（2）遵纪守法，模范地遵守建设职业道德规范。

（3）维护国家的荣誉和利益。

（4）执行有关工程建设的法律、法规、标准、规程和制度。

（5）努力学习专业技术知识，不断提高业务能力和水平。

（6）认真负责地履行自己的义务和职责。

二、工 程 计 量

（一）建筑面积计算

建筑面积的计算是工程计量的最基础工作，它在工程建设中有着非常重要的作用。首先，它是核定估算、概算、预算工程造价的一个重要基础数据，是计算和确定工程造价，并分析工程造价和工程设计合理性的一个基础指标；其次，是国家进行建设工程数据统计、固定资产宏观调控的重要指标；同时，建筑面积还是房地产交易、工程承发包交易、建筑工程有关运营费用的核定等的一个关键指标。因此，建筑面积的计算不仅是工程计价的需要，而且在加强建设工程科学管理、促进社会和谐等方面起着非常重要的作用。2005年建设部为了满足工程计价工作的需要，同时与《住宅设计规范》、《房产测量规范》的有关内容相协调，对1995年的“建筑面积计算规则”进行了系统的修订，并以国家标准的形式发布了《建筑工程建筑面积计算规范》(GB/T 50353—2005)。

1. 计算建筑面积的规定

(1) 单层建筑物的建筑面积，应按其外墙勒脚以上结构外围水平面积计算，并应符合下列规定：

1) 单层建筑物高度在2.20m及以上者应计算全面积；高度不足2.20m者应计算1/2面积。

2) 利用坡屋顶内空间时净高超过2.10m的部位应计算全面积；净高在1.20m至2.10m的部位应计算1/2面积；净高不足1.20m的部位不应计算面积。

理解此项条款时应注意：

①勒脚是建筑物外墙与室外地面或散水接触部位墙体的加厚部分，其高度一般为室内地坪与室外地面的高差，也有的将勒脚高度提高到底层窗台，它起着保护墙身和增加建筑物立面美观的作用。因为勒脚是墙根部很矮的一部分墙体加厚，不能代表整个外墙结构，因此要扣除勒脚墙体加厚的部分。

②单层建筑物的高度指室内地面标高至屋面板板面结构之间的垂直距离。遇有以屋面板找坡的平屋顶单层建筑物，其高度指室内地面标高至屋面板最低处板面结构之间的垂直距离。

③净高指楼面或地面至上部楼板地面或吊顶顶面之间的垂直距离。

【例 2-1】 求图2-1所示的建筑面积。

【解】 $S=5.4\times(6.9+0.24)+2.7\times(6.9+0.24)\times0.5\times2$

$=57.83m^2$

(2) 单层建筑物内设有局部楼层者，局部楼层的二层及以上楼层，有围护结构的应按其围护结构外围水平面积计算，无围护结构的应按其结构板底水平面积计算。层高在2.20m及以上者应计算全面积；层高不足2.20m者应计算1/2面积。

理解此项条款时应注意：

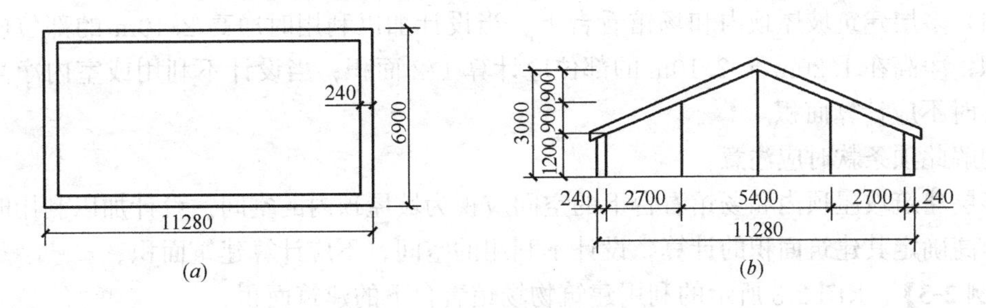

图 2-1 单层建筑物示意图

(a) 平面；(b) 坡屋顶立面

层高是指上下两层楼面结构标高之间的垂直距离。建筑物最底层的层高，有基础底板的指基础底板上表面结构标高至上层楼面的结构标高之间的垂直距离；没有基础底板的指地面标高至上层楼面结构标高之间的垂直距离。最上一层的层高是指楼面结构标高至屋面板板面结构标高之间的垂直距离，遇有以屋面板找坡的屋面，层高指楼面结构标高至屋面板最低处板面结构标高之间的垂直距离。

【例 2-2】 求图 2-2 所示设有局部楼层的单层平屋顶建筑物的建筑面积。

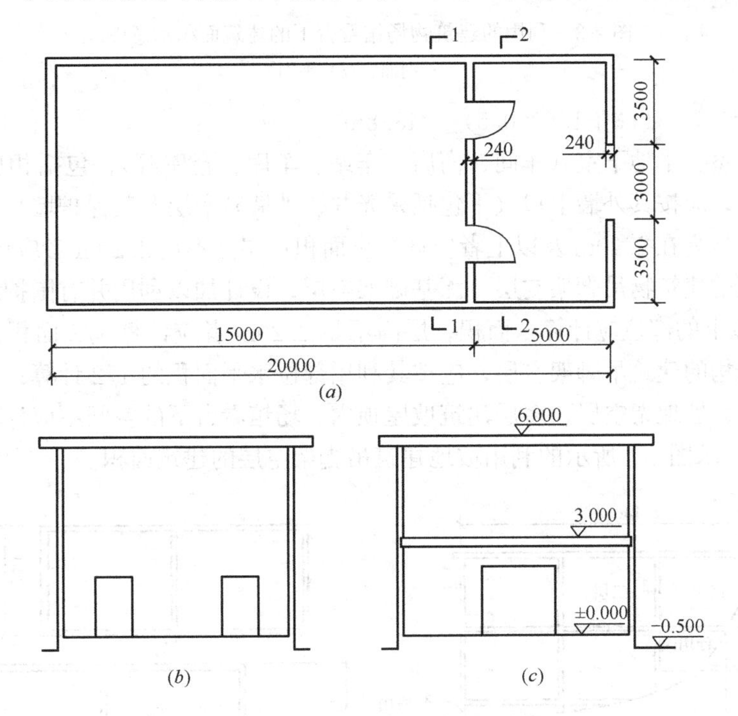

图 2-2 有局部楼层的单层平屋顶建筑物示意图

(a) 平面；(b) 1-1 剖面；(c) 2-2 剖面

【解】 $S=(20+0.24)\times(10+0.24)+(5+0.24)\times(10+0.24)$

$=260.92\text{m}^2$

(3) 多层建筑物首层应按其外墙勒脚以上结构外围水平面积计算；二层及以上楼层应按其外墙结构外围水平面积计算。层高在 2.20m 及以上者应计算全面积；层高不足 2.20m 者应计算 1/2 面积。

(4) 多层建筑坡屋顶内和场馆看台下、当设计加以利用时净高 2.10m 的部位应计算全面积；净高在 1.20m 至 2.10m 的部位应计算 1/2 面积；当设计不利用或室内净高不足 1.20m 时不应计算面积。

理解此项条款时应注意：

多层建筑坡屋顶内和场馆看台下的空间应视为坡屋顶内的空间。设计加以利用时，应按其净高确定其建筑面积的计算，设计不利用的空间，不应计算建筑面积。

【例 2-3】 求图 2-3 所示的利用建筑物场馆看台下的建筑面积。

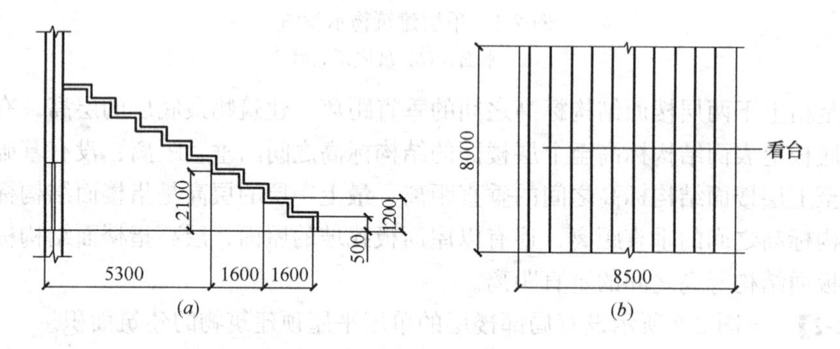

图 2-3 利用的建筑物场馆看台下的建筑面积示意图

(a) 剖面；(b) 平面

【解】 $S=8\times(5.3+1.6\times0.5)=48.8\text{m}^2$

(5) 地下室、半地下室（车间、商店、车站、车库、仓库等），包括相应的有永久性顶盖的出入口，应按其外墙上口（不包括采光井、外墙防潮层及其保护墙）外边线所围水平面积计算。层高在 2.20m 及以上者应计算全面积；层高不足 2.20m 者应计算 1/2 面积。

(6) 坡地的建筑物吊脚架空层、深基础架空层，设计加以利用并有围护结构的，层高在 2.20m 及以上的部位应计算全面积；层高不足 2.20m 者应计算 1/2 面积。设计加以利用、无围护结构的建筑吊脚架空层，应按其利用部位水平面积的 1/2 计算；设计不利用的深基础架空层、坡地架空层、多层建筑坡屋顶内、场馆看台下的空间不应计算面积。

【例 2-4】 求图 2-4 所示的利用坡地建筑吊脚架空层的建筑面积。

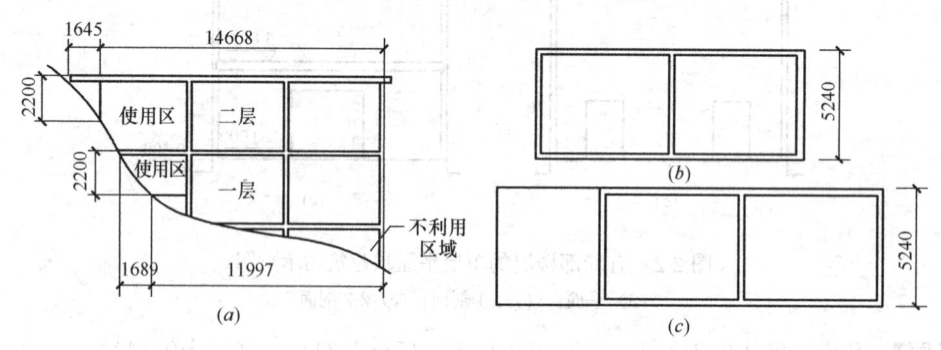

图 2-4 坡地建筑吊脚架空层建筑面积示意图

(a) 剖面；(b) 吊脚架空层一层平面；(c) 吊脚架空层二层平面

【解】 $S=(11.997+1.689\times0.5)\times5.24+(14.668+1.645\times0.5)\times5.24$

$=148.46\text{m}^2$

（7）建筑物的门厅、大厅按一层计算建筑面积。门厅、大厅内设有回廊时，应按其结构底板水平面积计算。层高在 2.20m 及以上者应计算全面积；层高不足 2.20m 者应计算 1/2 面积。回廊示意如图 2-5 所示。

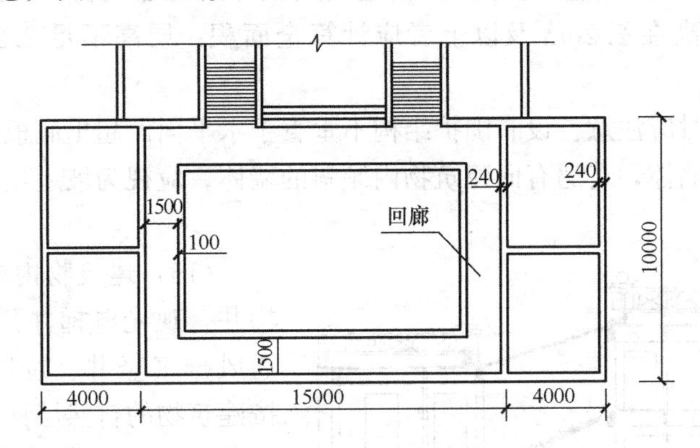

图 2-5 带回廊的二层平面示意图

（8）建筑物间有围护结构的架空走廊，应按其围护结构外围水平面积计算。层高在 2.20m 及以上者应计算全面积；层高不足 2.20m 者应计算 1/2 面积。有永久性顶盖无围护结构的应按其结构底板水平面积的 1/2 计算。

（9）立体书库、立体仓库、立体车库，无结构层的应按一层计算，有结构层的应按其结构层面积分别计算。层高在 2.20m 及以上者应计算全面积；层高不足 2.20m 者应计算 1/2 面积。

理解此项条款时应注意：立体书库、立体仓库、立体车库不规定是否有围护结构，均按有结构层区分不同的层高确定建筑面积计算的范围，改变按书架层和货架层计算面积的规定。

（10）有围护结构的舞台灯光控制室，应按其围护结构外围水平面积计算。层高在 2.20m 及以上者应计算全面积；层高不足 2.20m 者应计算 1/2 面积。

（11）建筑物外有围护结构的落地橱窗、门斗、挑廊、走廊、檐廊，应按其围护结构外围水平面积计算。层高在 2.20m 及以上者应计算全面积；层高不足 2.20m 者应计算1/2面积。有永久性顶盖无围护结构的应按其结构底板水平面积的 1/2 计算。门斗如图 2-6 所示。

图 2-6 门斗示意图

（12）有永久性顶盖无围护结构的场馆看台应按其顶盖水平投影面积的 1/2 计算。

理解此项条款时应注意：本条所称“场”指看台上有永久性顶盖部分，如足球场、网球场；“馆”指有永久性顶盖和围护结构，如篮球馆、展览馆。

（13）建筑物顶部有围护结构的楼梯间、水箱间、电梯机房等层高在 2.20m 及以上者应计算全面积；层高不足 2.20m 者应计算 1/2 面积。

理解此项条款时应注意：如遇有建筑物屋顶的楼梯间是坡屋顶，应按坡屋顶的相关条文计算面积。

(14) 设有围护结构不垂直于水平面而超出底板外沿的建筑物，应按其底板面的外围水平面积计算。层高在 2.20m 及以上者应计算全面积；层高不足 2.20m 者应计算 1/2 面积。

理解此项条款时应注意：设有围护结构不垂直于水平面而超出底板外沿的建筑物是指向建筑物外倾斜的墙体，若遇有向建筑物内倾斜的墙体，应视为坡屋顶，按坡屋顶有关条文计算面积。

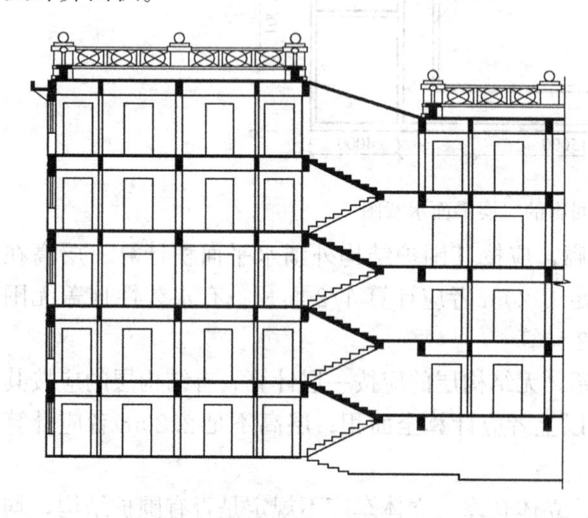

图 2-7 户室错层剖面示意图

(15) 建筑物内的室内楼梯间、电梯井、观光电梯井、提物井、管道井、通风排气竖井、垃圾井、附墙烟囱应按建筑物的自然层计算。

遇跃层建筑，其共用的室内楼梯应按自然层计算面积；上下两错层户室共用的室内楼梯，应选上一层的自然层计算面积。户室错层剖面如图 2-7 所示。

(16) 雨篷结构的外边线至外墙结构外边线的宽度超过 2.10m 者，应按雨篷结构板的水平投影面积的 1/2 计算。

(17) 有永久性顶盖的室外楼梯，应按建筑物自然层的水平投影面积的 1/2 计算。

理解此项条款时应注意：若最上层室外楼梯无永久性顶盖，或雨篷不能完全遮盖室外楼梯，上层楼梯不计算面积，上层楼梯可视为下层楼梯的永久性顶盖，下层楼梯应计算面积。

【例 2-5】 某三层建筑物，室外楼梯有永久性顶盖如图 2-8 所示，求室外楼梯的建筑面积。

【解】 $S=(4-0.12)\times 6.8\times 0.5\times 2=26.38\text{m}^2$

(18) 建筑物的阳台均应按其水平投影面积的 1/2 计算。

理解此项条款时应注意：建筑物的阳台，不论是凹阳台、挑阳台、封闭阳台、不封闭阳台，均按其水平投影面积的一半计算。

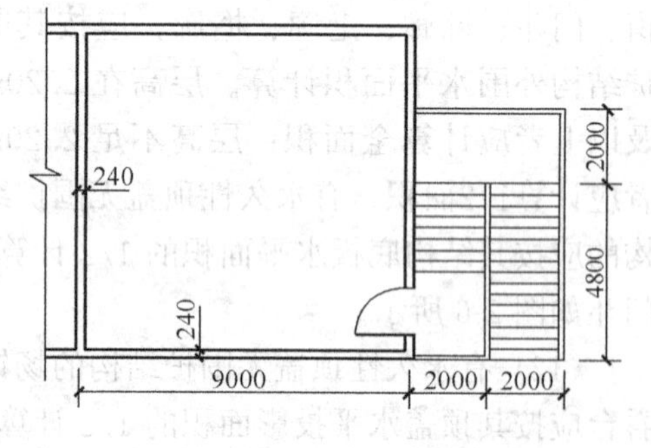

图 2-8 室外楼梯建筑示意图

(19) 有永久性顶盖无围护结构的车棚、货棚、站台、加油站、收费站等，应按其顶盖水平投影面积的 1/2 计算。

理解此项条款时应注意：车棚、货棚、站台、加油站、收费站等，不以柱来确定建筑面积的计算，而依据顶盖的水平投影面积计算。在车棚、货棚、站台、加油站、收费站内设有围护结构的管理室、休息室等，另按相关条款计算面积。

(20) 高低连跨的建筑物，应以高跨结构外边线为界分别计算建筑面积；其高低跨内部连通时，其变形缝应计算在低跨面积内。

变形缝是伸缩缝（温度缝）、沉降缝和防震缝的总称。

(21) 以幕墙作为围护结构的建筑物，应按幕墙外边线计算建筑面积。

理解此条款时应注意：围护性幕墙应计算建筑面积，而装饰性幕墙不应计算建筑面积。

(22) 建筑物外墙外侧有保温隔热层的，应按保温隔热层外边线计算建筑面积。

(23) 建筑物内的变形缝，应按其自然层合并在建筑物面积内计算。

理解此项条款时应注意：本条所指建筑物内的变形缝是与建筑物相连通的变形缝，即暴露在建筑物内，在建筑物内可以看得见的变形缝。

2. 下列项目不应计算面积。

(1) 建筑物通道（骑楼、过街楼的底层）。

(2) 建筑物内的设备管道夹层。

(3) 屋顶水箱、花架、凉棚、露台、露天游泳池。

(4) 建筑物内的操作平台、上料平台、安装箱和罐体的平台。

(5) 勒脚、附墙柱、垛、台阶、墙面抹灰、装饰面、镶贴块料面层、装饰性幕墙、空调室外机搁板（箱）、飘窗、构件、配件、宽度在2.10m及以内的雨篷以及与建筑物内不相连通的装饰性阳台、挑廊。

(6) 无永久性顶盖的架空走廊、室外楼梯和用于检修、消防等的室外钢楼梯、爬梯。

(7) 自动扶梯、自动人行道。自动扶梯（斜步道滚梯），除两端固定在楼层板或梁之外，扶梯本身属于设备，为此扶梯不宜计算建筑面积。水平步道（滚梯）属于安装在楼板上的设备，不应单独计算建筑面积。

(8) 独立烟囱、烟道、地沟、油（水）罐、气柜、水塔、贮油（水）池、贮仓、栈桥、地下人防通道、地铁隧道。

（二）建筑工程计量规则

1. 土石方工程

(1) 土（石）方工程定额工程量计算规则

1) 人工平整场地

对建筑物场地自然地坪与设计室外标高高差±30cm内的人工就地挖、填、找平，便于进行施工放线。围墙、挡土墙、窨井、化粪池等不计算平整场地。按竖向布置进行人工平整的大型土方不另计算平整场地，但采用机械平整的应计算平整场地。打桩工程只计算一次平整场地。平整场地工作内容包括就地挖、填、找平和场内杂草、树根等的清理，不发生土方的装运。

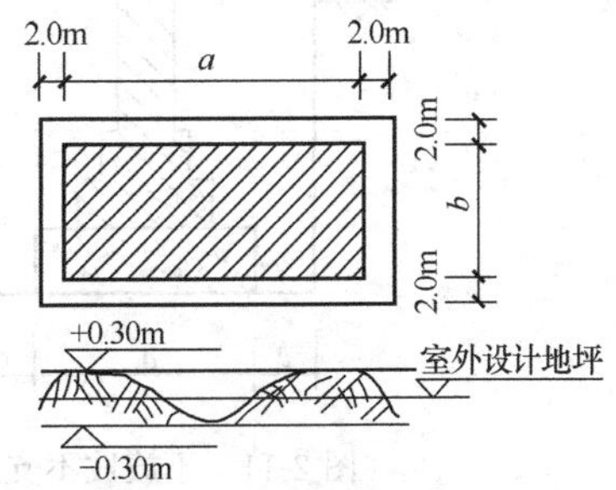

图 2-9 平整场地示意图

人工平整场地工程量按建筑物外墙外边线向外增加2m范围的面积计算，如图2-9所示。设建筑物底面积$a\times b$，则工程量$S=(a+4)\times(b+4)$。该公式适用于任何由矩形组成的建筑物或构筑物的场地平整工程量计算。

2）人工挖土方

挖土方是指凡槽宽大于 3m，或坑底面积大于 $20m^2$，或建筑场地设计室外标高以下深度超过 30cm 的土方工程。槽、坑尺寸以图示尺寸为准，建筑场地以设计室外标高为准。挖土方工作内容包括挖土、装土、修理边坡。挖土深度以设计室外标高为准，按天然密实体积计算，计算方法一般可采用网格法、横断面法。

3）人工挖沟槽

沟槽又称基槽，是指图示槽底宽（不含工作面）在 3m 以内，且槽长大于槽宽 3 倍以上的挖土工程。挖沟槽的工作内容包括挖土、装土、抛土于槽边 1m 外自然堆放，修理边坡和槽底用电动打夯机原土打夯。

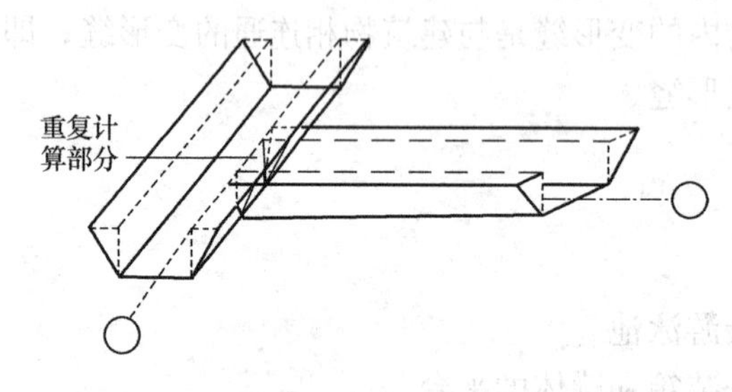

图 2-10 两槽相交重复计算部分示意图

人工挖沟槽工程量按体积计算，挖土深度以设计室外标高为准。内外突出的垛、附墙烟囱等并入沟槽土方内计算。两槽交接处因放坡产生的重复计算工程量，不予扣除，如图 2-10 所示。

$$V=\text{施工组织设计开挖断面积}(S)\times\text{槽长}(L) \tag{2-1}$$

①施工组织设计开挖断面（S），是根据土壤类别、开挖深度，现场条件所采取的放坡系数、单面或双面支挡土板、为满足施工需要的工作面宽度等所确定的。一般有下列几种情况：

A. 不放坡不支挡土板（图 2-11）：

$$S=(a+2c)H \tag{2-2}$$

式中 a——基础最大宽度；

c——预留工作面宽度；

H——挖土深度。

预留工作面宽度 c 可按预算定额规定计算，如表 2-1 所示。

B. 放坡且留工作面（图 2-12）：

$$S=(a+2c+KH)H \tag{2-3}$$

式中 K——放坡系数。

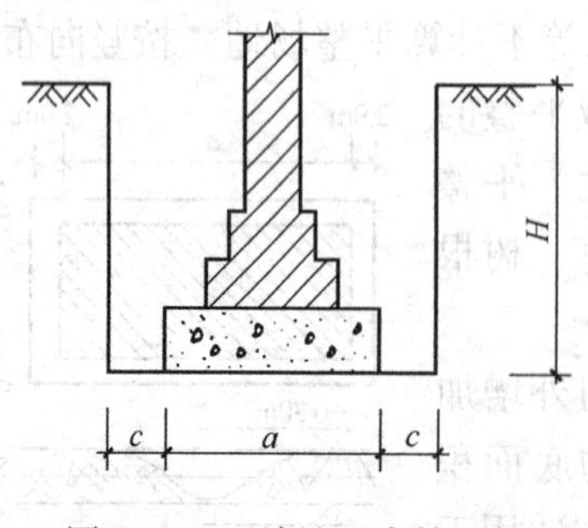

图 2-11 不放坡不支档土板

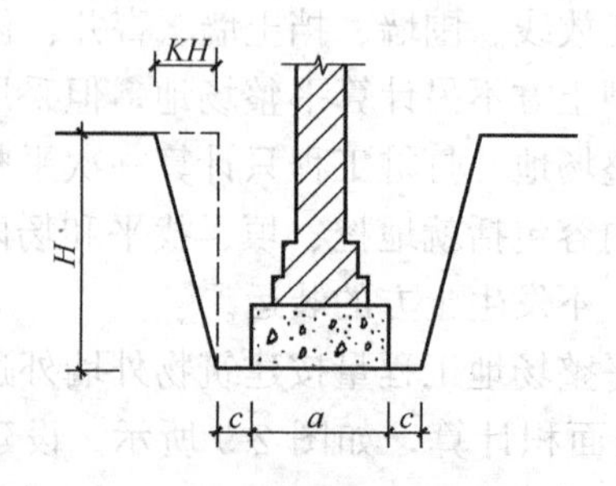

图 2-12 放坡且留工作面

基础施工所需工作面宽度计算表 **表 2-1**

基础材料	每边各增加工作宽度（mm）	基础材料	每边各增加工作宽度（mm）
砖基础	200	混凝土基础支模板	300
浆砌毛石、条石基础	150	基础垂直面做防水层	800（防水层面）
混凝土基础垫层支模板	300		

放坡系数按表 2-2 规定计算。

放坡系数表 **表 2-2**

土壤类别	放坡起点	人工挖土	机械挖土	
			在坑内作业	在坑上作业
一、二类土	1.20	1∶0.50	1∶0.33	1∶0.75
三类土	1.50	1∶0.33	1∶0.25	1∶0.67
四类土	2.00	1∶0.25	1∶0.10	1∶0.33

C. 支挡土板且留工作面时（图 2-13）：

$$S=(a+2c+0.1)H \tag{2-4}$$

式中 0.1——预留挡土板宽度。

D. 从垫层上表面放坡（图 2-14）：

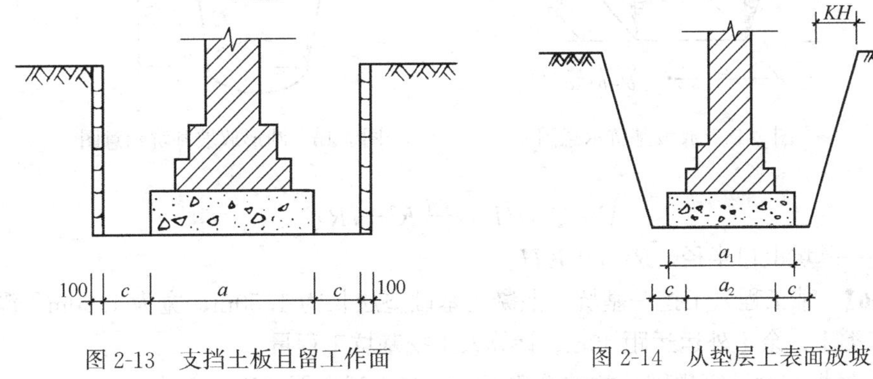

图 2-13 支挡土板且留工作面　　图 2-14 从垫层上表面放坡

$$S=aH_1+(a+2C+KH)H \tag{2-5}$$

式中 H_1——垫层以上挖土深度；

H_2——垫层高度。

②沟槽长度 L：

外墙基槽长按中心线长度，内墙基槽长度按图示设计基础垫层间净长。

4）人工挖基坑

基坑又称地坑，是指图示坑底面积（不含工作面）小于 $20m^2$，坑底的长与宽之比小于 3 的挖土工程。挖基坑的工作内容包括挖土、装土、抛土于坑边 1m 外自然堆放，修理边坡和坑底用电动打夯机原土打夯。

挖基坑工程量根据图示尺寸以立方米为单位计算，一般有下列几种情况：

①矩形不放坡基坑：

$$V=abH \tag{2-6}$$

式中 a、b——坑底长、宽；

H——地坑深度。

②矩形放坡基坑（图 2-15）

$$V=(a+2c+KH)(b+2c+KH)H+1/3K^2H^3 \tag{2-7}$$

式中 c——工作面宽度；（见表 2-1）

K——放坡系数；（见表 2-2）

$1/3K^2H^3$——基坑四个角锥中的一个角锥体积。

③圆形不放坡基坑

$$V=\pi r^2 H \tag{2-8}$$

式中 r——基坑底半径（含工作面宽度）。

④圆形放坡基坑（图 2-16）

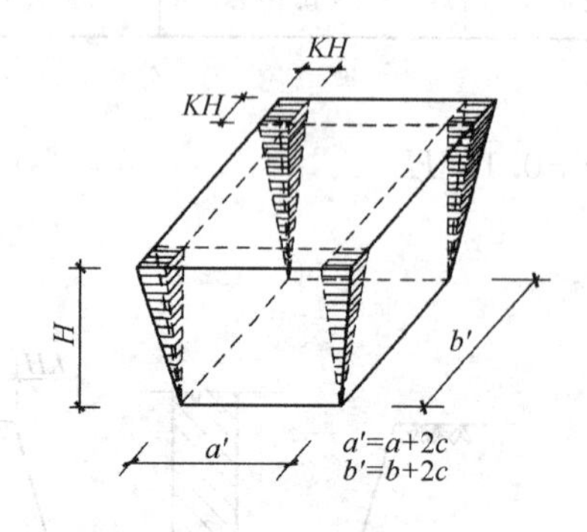

图 2-15 放坡基坑示意图

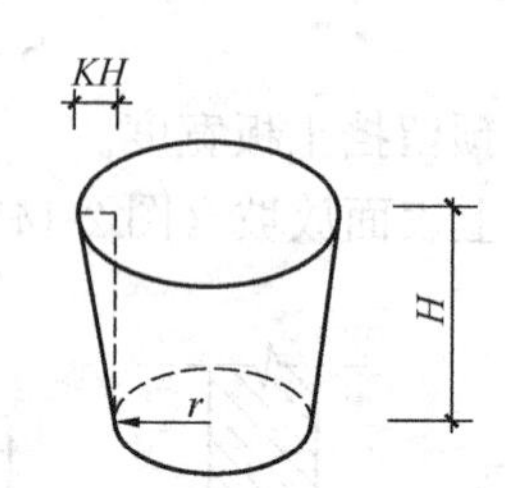

图 2-16 圆形放坡基坑示意图

$$V=1/3\pi H(r^2+R^2+rR) \tag{2-9}$$

式中 R——基坑上口半径，$R=r+KH$。

【例 2-6】 某工程人工挖一基坑，混凝土基础垫层长为 1.50m，宽为 1.20m，深度为 2.20m，三类土，余土外运运距 40m。计算人工挖基坑工程量。

【解】 根据定额计算规则，放坡系数 $K=0.33$，工作面每边宽 330mm。

工程量计算：

$$V=(1.50+0.30\times2+0.33\times2.20)\times(1.20+0.30\times2+0.33\times2.20)\times2.20+1/3\times0.33^2\times2.20^3$$
$$=16.09\text{m}^3$$

5）回填土

回填土是指将符合要求的土料填充到需要的部位。根据不同部位对回填土的密实度要求不同，可分为松填和夯填。松填是指将回填土自然堆积或摊平。夯填是指松土分层铺摊，每层厚度 20～30cm，初步平整后，用人工或电动打夯机夯密实，但没有密实度要求。一般槽（坑）和室内回填土采用夯填。回填土的工作内容包括 5m 内取土、碎土、平土、找平、洒水和打夯。回填土应区分夯填和松填，以立方米为单位计算。

①沟槽、基坑回填土

基槽（坑）回填土体积等于基槽（坑）挖土体积减去设计室外地坪以下建筑物被埋置部分的体积。室外地坪以下建筑物被埋置部分的体积一般包括垫层、墙基础、柱基础、管径500mm以上管道以及地下建筑物、构筑物等所占体积。如图2-17所示。

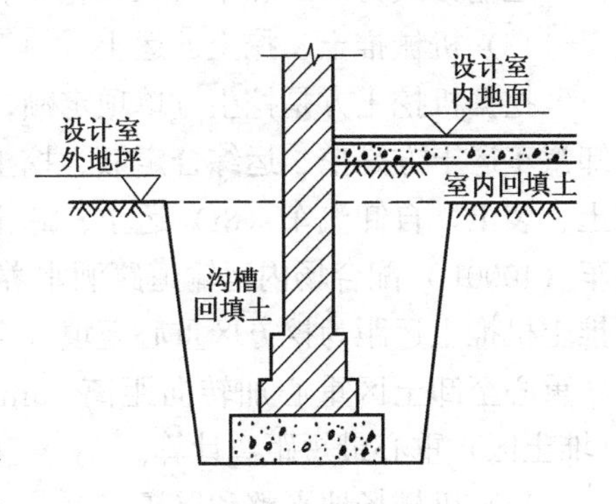

图2-17 沟槽及室内回填土示意图

②室内回填土

室内回填土按主墙（承重墙或厚度大于150mm的墙）间净面积乘以回填土厚度计算。不扣除附墙垛、附墙烟囱、垃圾道的等所占面积。

$$主墙间净面积=S_{底}-（L_{中}\times墙厚+L_{内}\times墙厚） \quad (2\text{-}10)$$

式中 $S_{底}$——底层建筑面积；

$L_{中}$——外墙中心线；

$L_{内}$——内墙净长线。

回填土厚度指室内外高差减去地面垫层、找平层、面层的总厚度，如图2-17所示。

6）原土打夯

“原土”是指自然状态下的地表面或开挖出的槽（坑）底部原状土，对原状土进行夯打，可提高密实度。一般用于地基浇筑垫层前或室内回填之前，对原土地基进行加固。原土打夯按打夯的面积计算。

7）支木挡土板

支木挡土板，不分单面或双面，密撑（连续）或疏撑（断续），均按槽坑单面垂直支撑面积计算。如采用钢挡土板，不得换算。

8）人工运土方

$$工程量=|挖方-填方| \quad (2\text{-}11)$$

工作内容包括装、运、卸、平整。

9）人工凿石

石方开挖时，为避免采用爆破方式施工时，给地基造成松动破坏，采用人工方式开凿，包括打钎、破石、清理石碴等。人工凿石按工程部位分为平基、沟槽、基坑、摊座、修理边坡。平基、沟槽、基坑按图示尺寸以m^3计算。

10）摊座、修整边坡

摊座是指石方爆破的基底上，进行平整、清除石碴，厚度按30cm计算。修整边坡指在槽、沟、坑侧壁进行平整、清碴，厚度按30cm计算。摊座、修整边坡按基底或边坡面积乘以0.3m计算。

11）人工（机械）打眼爆破石方

人工（机械）打眼爆破石方工程量按图示尺寸以m^3计算。但因爆破施工不可能与图示尺寸完全一样，故爆破沟槽、基坑的深度和宽度尺寸允许超挖量为：次坚石和普坚石为200mm，特坚石为150mm。超挖部分岩石计入爆破工程量内。

12）石方运输

运输方式为人工和单（双）轮车。工作内容包括装、运、卸。

13）机械推土、挖土、运土

挖掘机挖土方是挖土方单项定额，自卸汽车运土方是运土方单项定额。挖掘机挖土自卸汽车运土方是挖、运综合定额。挖土、运土定额取定机械包括正铲或反铲挖掘机 $1m^3$ 挖土、装土，自卸汽车（8t）运土、卸土，推土机（75kW）配合推土、摊平、压实，洒水车（4000L）配合场内运输道路洒水养护。机械推土、挖土、运土按天然密实体积计算。推土机推土运距为挖方区重心至填（弃）方区重心直线距离。铲运机铲运土方距离按挖方区重心至卸土区重心加转向距离 45m 计算。自卸汽车运土距离按挖方区重心至填方区（堆土区）重心最短距离计算。

14）机械场地平整和碾压

场地平整是指用推土机推平、碾压±30cm 内土方工程，与人工平整场地所不同的是使用推土机施工。碾压也是采用机械施工，分为羊足碾、内燃压路机和振动压路机。原土碾压是指自然地面的碾压，原土碾压和填土碾压的工作内容包括推平、碾压、填土洒水和工作面内排水。场地平整和原土按平整或碾压面积计算。填土碾压按填土体积计算。

（2）土（石）方工程清单工程量计算规则

土（石）方工程的工程量清单分为三节共十个清单项目，即土方工程、石方工程以及土（石）方回填。适用于建筑物和构筑物的土（石）方开挖及回填工程。

1）平整场地（编码：010101001）

工程量按设计图示尺寸以建筑物首层面积计算。建筑场地厚度在±30cm以内的挖、填、运、找平，应按平整场地项目编码列项。如出现±30cm 以内全部是挖方或全部是填方，需外运土方或借土回填时，在工程量清单项目中应描述弃土运距（或弃土地点）或取土运距（或取土地点）。

2）挖土方（编码 010101002）

工程量按设计图示尺寸以体积计算。土方体积应按挖掘前的天然密实体积计算。如需按天然密实体积折算时，应按定额中土方体积折算表所列数值换算。建筑场地厚度在±30cm以外的竖向布置挖土或山坡切土，应按挖土方项目编码列项。

挖土方是指设计室外地坪标高以上的挖土，并包括指定范围内的土方运输。“指定范围内的运输”是指招标人指定的弃土地点的运距。若招标文件规定由投标人确定弃土地点时，则此条件不必在工程量清单中进行描述。

3）挖基础土方（编码 010101003）

工程量按设计图示尺寸以基础垫层底面积乘以挖土深度以体积计算。挖基础土方包括带型基础、独立基础、满堂基础（包括地下室基础）及设备基础、人工挖孔桩等的挖方。

①沟槽长度：外墙沟槽按图示中心线长度计算；内墙沟槽按图示基础底面之间净长度计算（有垫层的指垫层底面之间的净长）；内、外突出部分（垛、附墙烟囱等）体积并入沟槽土方工程量内计算。

②基础土方、石方开挖深度应按基础垫层底面标高至交付施工场地标高确定，无交付施工场地标高时，应按自然地面标高确定。

③“挖基础土方”项目使用于基础土方开挖，并包括指定范围内的土方运输，编制清

单项目应描述弃土运距。

【例 2-7】 已知条件同例 2-6 计算挖基坑的清单工程量并编制该项目工程量清单。

【解】 ①计算清单工程量

垫层长＝1.5m，宽＝1.2m，深＝2.20m

清单工程量计算：V＝1.5×1.2×2.2＝3.96（m^2）

②编制工程量清单

工程量清单如表 2-3 所示。

分部分项工程量清单与计价表 **表 2-3**

工程名称：××××　　　　第　页　共　页

序号	项目编码	项目名称	项目特征描述	计量单位	工程量	金额（元）		
						综合单价	合价	其中：暂估价
1	010101003001	挖基础土方	三类土，独立基础，垫层底面积 1.5m × 1.2m，挖土深度 2.2m，弃土运距：40m	m^3	3.96			

4）冻土开挖（编码：010101004）

工程量按设计图示尺寸开挖面积乘以厚度以体积计算。

5）挖淤泥、流沙（编码：010101005）工程量按设计图示外置、界限以体积计算。挖方出现流沙、淤泥时，可根据实际情况由发包人与承包人双方认证。

6）管沟土方（编码：010101006）

工程量按设计图示以管道中心线长度计算。由管沟设计时，平均深度以沟垫层底面积标高至交付施工场地标高计算。无管沟设计时，直埋管深度应按管底外表面标高至交付施工场地标高的平均高度计算，使用于管沟土方的开挖、回填。

7）预裂爆破（编码：010102001）

工程量按设计图示以钻孔总长度计算。

8）石方开挖（编码：010102002）

工程量按设计图示尺寸以体积计算。“石方开挖”项目适用于人工凿石、人工打眼爆破、机械打眼爆破等，并包括指定范围内的石方清除运输。设计规定需光面爆破的坡面、需摊座的基底，工程量清单中应进行描述。

9）管沟石方（编码：010102003）

工程量按设计图示以管道中心线长度计算。有管沟设计时，平均深度以沟垫层底面标高至交付施工场地标高计算；无管沟设计时，直埋管深度应按管底外表面标高至交付施工场地标高的平均高度计算。

10）土（石）方回填（编码：010103001）

工程量按设计图示尺寸以体积计算。

①场地回填土：按回填面积乘以平均回填厚度计算。

②室内回填土：按主墙间净面积乘以回填厚度计算。

$$\text{回填土厚}=\text{设计室内、外地坪高差}-\text{地面面层和垫层的厚度} \tag{2-12}$$

③基础回填土：按清单挖方体积减去设计室外地坪以下埋设的基础体积（包括基础垫层及其他构筑物）计算。工程量清单应描述回填土的土质要求、回填方式、取土运距等。

2. 桩与地基基础工程

（1）桩与地基基础工程定额工程量计算规则

1）预制钢筋混凝土桩

①打桩、压桩、送桩

打桩、压桩、送桩均按“桩长”划分子目。这里的桩长是指施工图上每整根工程桩的设计长度，或者说是整根桩的长度。施工中，可以分段预制后，然后连接成一整根，所以这里桩长不是指预制的每段（或每节）桩的长度。打桩、压桩、送桩的工作内容包括准备打桩机具、打桩机移位、预制桩起吊就位、安装桩帽、校正垂直度、沉桩。

打（压）预制方桩的工程量按设计桩长（含桩尖长）乘以桩段截面面积计算。打预应力管桩按设计桩长（含桩尖）乘以桩截面面积（扣除空心部分）计算。压预应力管桩按设计桩长（不含桩尖）以延长米计算。桩头灌芯以灌注实体积计算。管桩空心部分要求填心时，另行计算。送桩工程量按桩截面积乘以送桩深度（自设计室外地面至设计桩顶面另加0.5m）以体积计算。

②接桩

接桩的工作内容包括电焊接头和浆锚接头两种，主要工作内容为准备接桩工具、上下桩段对齐、垫平。接桩的工程量按接头个数计算。角钢、钢板含量可按设计重量调整。硫磺胶泥接头工程量按接头面积以平方米计算，每个接头只计算一个截面面积。静力压预应力管桩定额已包括接桩费用，不另计算。

③场内运方桩、管桩

场内运输是指建筑物周边15m（吊车回转半径）以外400m以内的吊运就位工作。其工程量按打（压）桩工程量以立方米计算，超过400m按构件运输定额计算。静力压预应力管桩定额已包括就位供桩和场内吊运桩，发生时不再另行计算（打预应力管桩仍要计算）。

2）现场灌注桩

现场灌注桩包括打孔灌注桩、钻（冲）孔灌注桩、夯扩桩等。工作内容包括准备打桩机具和打桩过程中桩机的移动、安放桩尖或埋设及拆除护筒、打拔钢管或钻孔清孔、泥浆制备、钢筋笼制安、导管安拆、灌注混凝土以及泥浆外运等。一般成孔深度大于设计桩长、其上部空孔部分已综合考虑了自然地面高低不平的情况，单桩浇灌时（不复打），不另计取空段人工、机械费用。

①打孔灌注桩

$$单桩工程量=(设计桩长+0.25)\times 钢管管箍外径截面积 \tag{2-13}$$

$$复打桩体积=(设计桩长+空段长度)\times 钢管管箍外径截面积 \tag{2-14}$$

式中　设计桩长——桩尖顶面至桩顶设计标高；

空段长度——设计室外标高至设计桩顶标高；

钢管管箍外径——成孔的直径；

0.25——考虑为了保证桩顶混凝土密实度而允许超灌的高低（复打时不另计超灌量），承台施工时再将其凿掉。

②钻（冲）孔灌注桩

单桩工程量=(设计桩长+0.25)×设计断面面积　(2-15)

式中　设计桩长——包括桩尖，即不扣除桩尖虚体积

泥浆池建造和拆除按成孔体积计算。钻（冲）孔灌注桩入岩增加费按桩径乘以入岩深度以入岩部分体积计算。泥浆外运按上述成孔工程量以体积计算。

③夯扩桩

单桩体积=单桩混凝土计算长度×外钢管管箍外径截面面积　(2-16)

管箍外径——外钢管外径+24mm；

单桩混凝土计算程度——[设计桩长+（夯扩投料累计长度-0.2×夯扩次数）×0.88]+0.25m；

设计桩长——设计桩顶面至扩大头中心距离；

24mm是管箍厚度；

0.88是将外管内径截面（实际投料截面）换算乘管箍外径截面（孔截面）的系数；

0.2×夯扩次数是指每次夯扩投料时，外钢管底部0.2m厚的半干硬混凝土或上次投料夯扩剩留混凝土，主要起止於、止水作用；

0.25是超灌混凝土高度。

3）人工挖孔灌柱桩

挖孔桩的钢筋制安另外单列项目计算。

①混凝土护壁挖孔桩

混凝土护壁的挖孔桩定额合并了挖土、护壁和桩芯。混凝土护壁挖孔桩的工程量按设计的桩芯加混凝土护壁的截面积乘以挖孔深度（等于不含空孔部分的设计混凝土护壁和桩芯实体积）以立方米计算。设计桩身为分段圆台体时，按分段圆台体体积之和，再加上桩头扩大体积计算。挖孔深度大于设计桩长时，空段部分的挖土、护壁应另行计算。

②红砖护壁挖孔桩

红砖护壁的挖孔桩是挖土、砌红砖护壁为一个定额，混凝土桩芯为另一个定额。红砖护壁（不含桩芯）的工程量按设计桩芯加红砖护壁的截面面积乘挖孔深度（等于挖土体积）以立方米计算。红砖护壁内的混凝土桩芯工程量按设计桩芯截面积乘设计深度，即桩芯的实体积计算。

③人工挖孔桩入岩增加费

人工挖孔桩入岩增加费按设计入岩部分体积计算。孔深和设计深度包括入岩深度。

4）其他桩

其他桩包括打孔灌注砂石桩、灰土挤密桩、粉喷桩和高压旋喷水泥桩等。砂桩、碎石桩和砂石桩工程量按设计桩尖（含桩尖）乘以管箍外径截面面积计算。灰土挤密桩的工程量按设计桩尖（含桩尖）乘以钢管下端最大外径截面面积计算。粉喷桩工程量按设计桩长乘以设计断面计算。定额中高压旋喷水泥桩为三重管旋喷桩，工程量按设计长度计算，空孔部分另行计算。

5）土层锚杆及地下连续墙

定额包括锚孔钻孔和灌浆、喷射混凝土护面及土钉砂浆护坡等。钻孔中，砾石层、中

风化岩、微风化岩作入岩计算。当支护面很高，须搭设操作平台时，按实计算。钢筋或钢管锚杆制安，钢筋网制安另按第四章混凝土及钢筋混凝土工程相应规定计算。钻孔和灌细石混凝土工程量按入土长度以延长米计算。喷射混凝土护面工程量按设计图纸以平方米计算。护坡土顶工程量按设计图纸以吨计算。

地下连续墙现浇混凝土导墙工程量按图示尺寸以实际体积计算，不扣除钢筋、预埋铁件即 $0.3m^2$ 内孔洞所占体积。地下连续墙（单元槽浇筑）工程量按体积计算。其体积等于连续墙设计长度×宽度×槽深（加超深 0.5m）。地下连续墙单元槽开挖土方按第一章土石方工程相应规定计算。SMW 工法地下连续隔渗墙按墙长×桩径×墙深×1.1345，以体积计算。

【例 2-8】 某桩基础工程，设计为预制方桩 300mm×300mm，每根工程桩长 18m（6+6+6），共 200 根。桩顶标高为−2.150m，设计室外地面标高为−0.600m，柴油打桩机施工，硫磺胶泥接头。计算场内运方桩、打桩、接桩及送桩工程量。

【解】 定额中未包括钢筋混凝土桩的制作废品率、运输堆放损耗及安装（打桩损耗）。

①打预制方桩。打桩损耗率为 1.02。

$$V=18\times0.3\times0.3\times200\times1.02=330.48m^3$$

②场内运方桩。其工程量应包括打桩损耗率 1.5%。

$$V=18\times0.3\times0.3\times200\times1.015=328.86m^3$$

③硫磺胶泥接桩。按每根工程桩 2 个接头计算接头面积，不计算损耗。

$$S=0.3\times0.3\times200\times2=36m^2$$

④送方桩。送桩深度=2.15−0.6+0.5=2.05m

$$V=0.3\times0.3\times200\times2.05=36.9m^3$$

（2）桩与地基基础工程清单工程量计算规则

桩与地基基础工程设置三节共十二个清单项目，即混凝土桩、其他桩和地基与边坡处理。适用于各类桩基础及地基与边坡的处理、加固。

1）预制钢筋混凝土桩（编码：010201001）

预制钢筋混凝土桩项目（包括钢筋）适用于预制混凝土方桩、管桩、板桩等。工程量清单中，应描述土壤级别、单桩长度及根数、桩截面面积、混凝土等级、管桩内填充材料种类以及各种运距等项目特征，并按不同特征区分五级编码进行列项。打试桩应按预制钢筋混凝土桩项目单独编码列项，便于与工程桩区别报价。预制钢筋混凝土板桩是指打入土中后不再拔出来的板桩。板桩面积是指单根板桩正面投影的面积，应在项目特征中加以描述。预制钢筋混凝土清单工程量按设计图示尺寸以桩长（包括桩尖）或根数计算。计量单位为 m 或根。

2）接桩（编码：010201002）

接桩项目适用于预制钢筋混凝土方桩、管桩和板桩的接桩。接桩类型包括焊接和硫磺胶泥锚接。在清单中，应描述桩截面、接桩材料和板桩接头长度等项目特征，并按不同特征区分五级编码列项。预制钢筋混凝土方桩和管桩的接桩工程量按设计图示规定以接头数量计算，板桩的接桩工程量按接头长度计算。

3）混凝土灌注桩（编码：010201003）

混凝土灌注桩项目适用于人工挖孔灌注桩、钻孔灌注桩、打孔灌注桩（含复打）、夯扩灌注桩等。在清单中，应描述土壤级别、单桩长度、根数、桩截面、成孔方法、混凝土强度等级及运距等项目特征，并按其不同特征区分五级编码进行列项。混凝土灌注桩中钢筋笼制作安装，应按附录 A.4 相关项目另行编码列项。混凝土灌注桩按设计图示尺寸以桩长（包括桩尖）或根数计算。

4）砂石灌注桩（编码：010202001）、灰土挤密桩（编码：010202002）、旋喷桩（编码：010202003）、喷粉桩（编码：010202004）

砂石灌注桩适用于各种成孔方式（振动沉管、锤击沉管等）的砂石灌注桩。挤密桩适用于各种成孔方式的灰土、石灰、水泥粉、煤灰、碎石等挤密桩。旋喷桩适用于水泥旋喷桩。喷粉桩适用于水泥、生石灰粉等喷粉桩。砂石灌注桩、灰土挤密桩、旋喷桩、喷粉桩均按设计图示尺寸以桩长（包括桩尖）计算。

5）地下连续墙（编码：010203001）

地下连续墙项目适用于作为永久性工程实体的地下结构部分，专作深基础支护结构时，应按非实体措施项目列项。地下连续墙中钢筋网制作、安装，应按附录 A.4 相关项目另行编码列项。在清单中应描述墙体厚度、成槽深度、混凝土强度等级及运距等项目特征，并按不同特征区分五级编码列项。地下连续墙按设计图示墙中心线长乘以厚度、乘以槽深以体积计算。

6）振冲灌注碎石（编码：010203002）

在清单中，应描述振冲深度、成孔直径、碎石级配及碎石运距等项目特征，并按不同特征区分五级编码列项。振冲灌注碎石按设计图示孔深乘以孔截面面积以体积计算。

7）地基强夯（编码：010203003）

在清单中，应描述夯击能量、夯击遍数、地耐力要求、夯填材料种类及运距等项目特征，并按不同特征区分五级编码列项。地基强夯按设计图示尺寸以面积计算。

8）锚杆支护（编码：010203004）、土钉支护（编码：010203005）

锚杆支护项目适用于岩石高削坡混凝土支护挡墙和风化岩石的混凝土、砂浆护坡。土钉支护适用于土层的锚固。锚杆和土钉应按混凝土及钢筋混凝土相关项目编码列项。钻孔、布筋、锚杆安装、灌浆、张拉等工作内容所需搭设的脚手架，应在措施项目内列项。锚杆支护和土钉支护均按设计图示尺寸以支护面积计算。

【例 2-9】 某工程有预制混凝土方桩 220 根（含试桩 3 根），桩截面为 400mm×400mm，桩型为 3 段分接桩长 18m＝(6＋6＋6)，土壤级别为一级土，桩身混凝土 C35，场外运输 12km，送桩深度 2m，试编制该项目工程量清单。

【解】 (1) 计算清单工程量

预制钢筋混凝土桩：18×(220－3)＝3906m

预制钢筋混凝土试桩：18×3＝54m

(2) 工程量清单编制如表 2-4 所示。

3. 砌筑工程

(1) 砌筑工程定额工程量计算规则

1）砖石基础工程量的计算

①基础与墙（柱）身的划分界限。

A. 基础与墙（柱）使用同一材料时：无地下室时，以设计室内地面（±0.000）为界；有地下室时，以最下一层地下室室内设计地面为界。

分部分项工程量清单与计价表 **表 2-4**

工程名称：××××　　　　　　　　　　　　第　页　共　页

序号	项目编码	项目名称	项目特征描述	计量单位	工程量	金额（元）		
						综合单价	合价	其中：暂估价
1	010201001001	预制钢筋混凝土方桩	一级土；单桩长度 18m，217 根；桩截面 400mm × 400mm；C35 混凝土；12km	m	3906.00			
2	010201001002	预制钢筋混凝土方桩（打试桩）	一级土；单桩长度 18m，3 根；桩截面 400mm×400mm；C35 混凝土；12km	m	54.00			

B. 基础与墙（柱）使用不同材料时：不同材料的分界线位于设计室内地面±300mm 内时，以不同材料为分界线；不同材料的分界线超过设计室内地面±300mm 时，以设计室内地面为界线。

C. 砖、石围墙，以设计室外地面为界。

②砖石条形基础工程量计算。

砖石条形基础工程量不分厚度和深度，按图示尺寸以立方米计算。嵌入基础的钢筋、铁件、管道、基础防潮层及单个面积在 $0.3m^2$ 以内孔洞所占体积不予扣除，但靠墙暖气沟的挑砖亦不增加。附墙垛基础宽出部分应并入基础工程量内。

$$V=\text{基础长度}(L)\times\text{基础断面面积}(S) \tag{2-17}$$

A. 基础长度 L 的确定：外墙墙基按外墙中心线长度计算；内墙墙基按内墙基净长计算。基础大放脚 T 形接头处的重叠部分不扣除。

B. 基础断面面积的确定（S）：

$$S=bh+\Delta S \tag{2-18}$$

式中 b——基础墙宽度；

h——基础设计深度；

ΔS——大放脚断面面积，如图 2-18（a）、（b）所示。

③砖石独立基础工程量计算。

独立砖柱基础工程量按体积以立方米计算。单根柱基如图 2-19 所示。

$$\begin{aligned}V_{柱}&=abh+\Delta V_{放}\\&=abh+n(n+1)\left[0.007875(a+b)+0.000328125(2n+1)\right]\end{aligned} \tag{2-19}$$

式中 a、b——基础柱截面的长度、宽度；

h——基础柱高，即从基础垫层上表面至基础与柱的分界线的高度；

$\Delta V_{放}$——柱基四边大放脚部分的体积。

2）砌筑墙体工程量的计算

①一般规则。

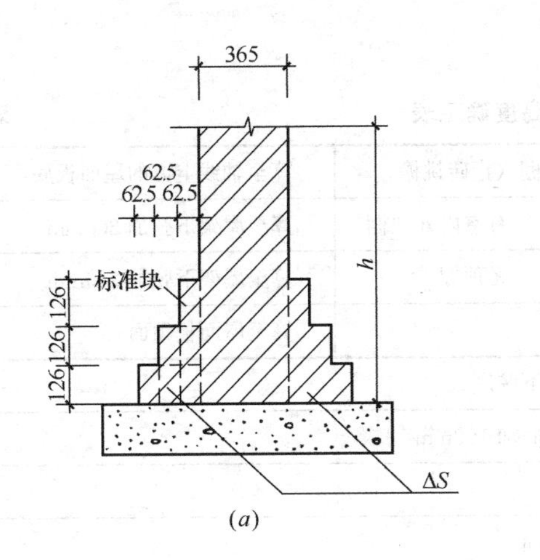

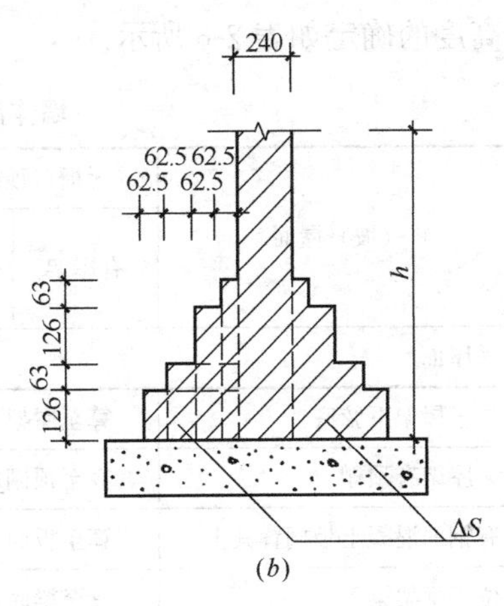

图 2-18 砖基础断面图

砌筑墙体工程量按体积计算，应扣除门窗洞口、过人洞、空圈、嵌入墙身的钢筋混凝土柱、梁（包括过梁、圈梁、挑梁）、砖平拱、钢筋砖过梁和暖气包壁龛的体积；不扣除梁头、内外墙板头、檩头、垫木、木楞头、沿椽木、木砖、门窗走头、砖墙内的加固钢筋、木筋、铁件、钢管及每个面积在 0.3m^{2}以下的孔洞等所占的体积；不增加突出墙面的窗台虎头砖、压顶线、山墙泛水、烟囱根、门窗套及三皮砖以内的腰线和挑檐等体积；要增加砖垛、三皮砖以上的腰线和挑檐等体积。附墙烟囱（包括附墙通风道、垃圾道）按其外形体积计算，并入所依附的墙体积内，不扣除每一个孔洞横截面在 0.1m^{2}以下的体积，但孔洞内的抹灰工程量亦不增加。

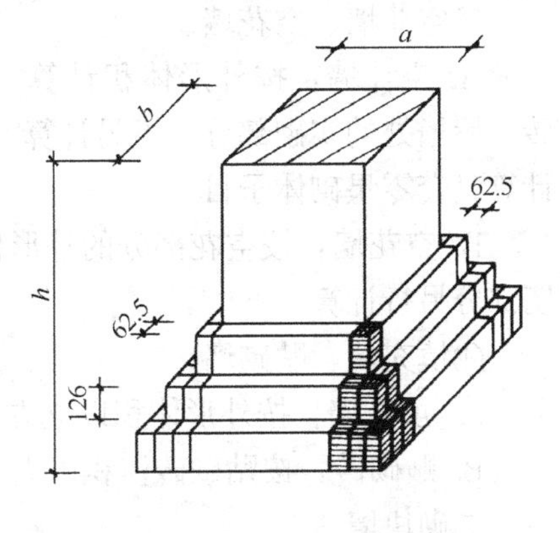

图 2-19 独立柱基示意图

②砖墙。

单面清水砖墙是指一面做抹灰饰面，另一面只做勾缝或刷浆的砖墙。混水砖墙是各种抹灰墙面的总称。

$$砖墙工程量=墙厚度\times墙长度\times墙高度 \tag{2-20}$$

多孔砖墙和空心砖墙不扣除孔和空心部分体积。

A. 墙厚度的确定

标准砖以 240mm×115mm×53mm 为准，其砌体计算厚度如表 2-5 所示；使用非标准砖时，其砌体厚度应按砖实际规格和设计厚度计算。

标准砖砌体计算厚度表 **表 2-5**

砖数（厚度）	1/4	1/2	3/4	1	1.5	2	2.5	3
计算厚度（mm）	53	115	180	240	365	490	615	740

B. 墙长度的确定：

外墙长度按外墙中心线长度计算，内墙长度按内墙净长线计算；框架间墙体按框架间净长计算。

C. 墙高度的确定如表 2-6 所示。

墙体高度确定表 **表 2-6**

<table>
<tr><td rowspan="4">外墙</td><td rowspan="3">斜（坡）屋面</td><td colspan="2">无檐口顶棚（指砖挑檐）</td><td>算至轴线上方的屋面板底</td></tr>
<tr><td rowspan="2">有屋架</td><td>有室内外顶棚</td><td>算至屋架下弦加 200mm</td></tr>
<tr><td>无顶棚</td><td>算至屋架下弦加 300mm</td></tr>
<tr><td colspan="3">平屋面</td><td>算至屋面板顶面</td></tr>
<tr><td rowspan="4">内墙</td><td>位于屋架下弦底</td><td colspan="3">算至屋架下弦底</td></tr>
<tr><td>无屋架有顶棚</td><td colspan="3">算至顶棚底加 100mm</td></tr>
<tr><td>有钢筋混凝土板搁置其上</td><td colspan="3">算至板面</td></tr>
<tr><td>位于框架梁下</td><td colspan="3">算至梁底面</td></tr>
<tr><td colspan="2">内外山墙</td><td colspan="3">按平均高度计算</td></tr>
<tr><td colspan="2">女儿墙</td><td colspan="3">自外墙顶面至图示女儿墙顶面</td></tr>
</table>

③空斗墙、空花墙。

A. 空斗墙：按外形体积计算。定额中已含墙角、丁字接头、门窗洞口立边、窗台砖、屋檐处的实砌部分，不另计算。但窗间墙、窗台下、楼板和梁头等实砌部分，应另行计算，套零星砌体子目。

B. 空花墙：按空花部分的外形体积计算，空花中的孔洞不扣除，与空花墙相连的实墙部分另行计算。

④填充墙、贴砌墙。

A. 填充墙：按外形体积以立方米计算，实砌部分含在定额中，不另计算。

B. 贴砌砖：按贴砌砖体积以立方米计算。

⑤砌块墙。

按图示尺寸以体积计算。

⑥围墙。

围墙定额中，已综合了柱、压顶、砖拱等因素，不另计算。围墙以设计长度乘以高度按面积计算。其高度的确定以设计室外地坪至砖顶面：有砖压顶的算至压顶顶面；无压顶算至围墙顶面；其他材料压顶算至压顶底面。

⑦其他。

A. 砖柱

砖柱以断面面积乘以高度按体积计算。

B. 砖拱

砖拱按图示尺寸以体积计算。如设计无规定时，平拱长度，按门窗洞口宽度加 100mm，半圆拱按半圆中心线长。洞口宽小于 1500mm 时，高度为 240mm；洞口宽大于 1500mm 时，高度为 365mm。宽度应与墙厚度相同。

C. 钢筋砖过梁

按门窗洞口宽度加 500mm，乘以高度 440mm 和墙厚度以体积计算。工程内容包括调运砂浆、运砖、底模支安与拆除，钢筋制安、砌砖。

D. 砖砌台阶

砖砌台阶按水平投影面积计算（不含梯带或台阶挡墙）。梯带或挡墙以实砌体积套用零星项目。当台阶与平台相连时，以最上层台阶踏步外沿向平台内300mm为平台与台阶的分界。

E. 砖砌锅台、炉灶

砖砌锅台、炉灶不分大小，均按图示外形尺寸以体积计算，不扣除各种空洞的体积。其装修抹灰、贴面砖等另行计算。

F. 零星砌体

零星砌体包括厕所蹲台、水槽腿、煤箱、台阶的挡墙或梯带、花台、花池、地垄墙、砖墩、房上烟囱、毛石墙的门窗立边砖砌体、毛石墙的窗台虎头砖砌体，空斗墙中的实砌窗间墙，空斗墙中窗台下、楼板下、梁头下等实砌部分，均按实砌体积计算。

G. 检查井、化粪池

检查井、化粪池适用建设场地范围内与建筑物配套的上、下水工程。不分形状大小、埋置深浅、按垫层以上实有外形体积计算。定额工作内容包括土方、垫层、底板、立墙、顶盖及粉刷全部工料，不包括预盖板上中间的混凝土圈及与之配套的混凝土盖、铁盖、铁圈，井池内预埋进出水套管、支架及铁件等工料。

H. 砌体钢筋加固

砌体钢筋加固根据设计规定，以吨计算。

I. 地沟

地沟一般指为敷设安装水管、电线电缆、送气管等管道而在地下设置的暗沟道，也称管沟。砖砌地沟不分墙基、墙身，合并以实砌体积计算。当地沟基础为混凝土整板时，与地沟盖板一起，按混凝土及混凝土工程相关规定计算。

J. 砖砌小便槽

砖砌小便槽按延长米计算。

3）砌石工程量计算

①砌石基础、石勒脚。

砌石基础、石勒脚按图示尺寸以体积计算。

②石墙、石柱。

石墙包括毛石墙、毛石墙镶砖、料石墙、方整石墙、挡土墙等。均按图示尺寸扣除门窗洞口及圈梁、过梁等体积后以立方米计算。毛石墙镶砖是指毛石和砖的共同体积，一般砌砖为1/2砖，并与毛石墙拉结，同时砌砖，总厚度600mm。石柱系方整石砌筑，也可为整根石柱，按实砌体积计算。

③护坡。

护坡是用石块砌在土坡表面，以防护土体坍塌或避免流水冲刷的砌体。毛石护坡以护坡面积乘以厚度计算。

④石砌台阶。

石砌台阶没有单列子目，区分不同石料，按砌石体积套用石基础定额。

⑤安砌石踏步。

安砌石踏步是指室外台阶安砌料石踏步。以踏步延长米计算。

⑥石砌地沟。

料石砌地沟按其中心线以延长米计算；毛石砌地沟按实砌体积以立方米计算。

【例 2-10】 根据图 2-20 所示基础施工图，计算砖基础定额工程量。基础墙厚为 240mm，采用标准红砖，M5 水泥砂浆砌筑，垫层为 C10 混凝土。

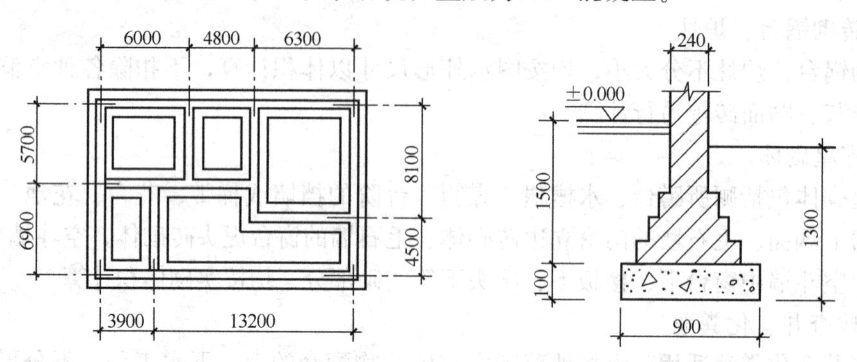

图 2-20　某砖基础施工图

【解】 外墙砖基础长：$L_{中}=[(6.90+5.7)+(3.9+13.20)]\times 2=59.40\text{m}$

内墙砖基础净长：$L_{内}=(5.7-0.24)+(8.1-0.12)+(6.90-0.24)+(6.0+4.8-0.24)+(6.3-0.12)=36.84\text{m}$

砖基础工程量：

$$V=(0.24\times 1.5+0.0625\times 0.126\times 12)\times(59.4+36.84)=43.74\text{m}^3$$

(2) 砌筑工程清单工程量计算规则

砌筑工程清单共六节，设置 25 个清单项目，包括砖基础、砖砌体、砖构筑物、砌块砌体、石砌体、砖散水、地坪、地沟。适用于建筑物、构筑物的砌筑工程。

1) 砖基础（编码：010301001）

砖基础项目适用于各种类型砖基础：柱基础、墙基础、烟囱基础、水塔基础、管道基础等。在砖基础项目中，砖基础自身为主体项目，当有防潮层时，防潮层为附属项目，计算清单工程量时，只计算砖基础的工程量，不计算防潮层工程量。砖基础清单工程量按设计图示尺寸以体积计算，其他规定同定额工程量计算规定。

2) 实心砖墙（编码：010302001）

实心砖墙项目适用于各种类型实心砖墙，可分为外墙、内墙、围墙、混水墙、单面清水墙、直行墙、弧形墙及不同的墙厚；砌筑砂浆分水泥砂浆、混合砂浆及不同的强度，加浆勾缝、原浆勾缝等，应在工程量清单项目中一一描述。工程量按设计图示尺寸以体积计算：

①不论三皮砖以下或三皮砖以上的腰线、挑檐突出墙面部分均不计算体积（与定额工程量计算规则不同）。

②内墙算至楼板隔层板顶（与定额工程量计算规则不同）。

③女儿墙的砖压顶、围墙的砖压顶突出墙面部分不计算体积，压顶顶面凹进墙面的部分也不扣除（包括一般围墙的抽屉檐、棱角檐、仿瓦砖檐等）。

④墙面砖平旋、砖拱旋、砖过梁的体积不扣除，应包括在报价内。

⑤砌体内加固港机的制作、安装应按 A.4 相关项目编码列项。

3）空斗墙（编码：010302002）

空斗墙项目适用于各种类型空斗墙，如一眠一斗、一眠二斗、一眠三斗、单丁无眠空全斗、双丁无眠空全斗等。工程量按设计图示尺寸以空斗墙外形体积计算。墙角、内外墙交界处、门窗洞口立边、窗台砖、屋檐处的实砌部分体积并入空斗墙体积内计算。空斗墙的窗间墙、窗台下、楼板下、梁头下的实砌部分，应另行计算，按零星项目编码列项。

4）空花墙（编码：010302003）

空花墙项目适用于各种类型空花墙。工程量按设计图示尺寸以空花部分外形体积计算（包括空花的外框），不扣除空洞部分体积。适用混凝土花格砌筑的空花墙，分实砌墙体于混凝土花格分别计算工程量，混凝土花格按混凝土及钢筋混凝土预制零星构件编码列项。

5）填充墙（编码：010302004）

填充墙项目适用于各种类型填充料的填充墙，如煤渣、轻混凝土。工程量按设计图示尺寸以填充墙外形体积计算。

6）实心砖柱（编码：010302005）

实心砖柱项目适用于各种类型砖柱，如矩形柱、异性柱、圆柱等。工程量按设计图示尺寸以体积计算，扣除混凝土及钢筋混凝土梁垫、梁头、板头所占体积。

7）零星砌体（编码：010302006）

零星砌体项目适用于台阶、台阶挡墙、梯带、锅台、炉灶、蹲台、池槽、池槽腿、花台、花池、楼梯栏板、阳台栏板、地垄墙、屋面隔热板下的砖墩、0.3m^2以内孔洞填塞等。台阶工程量按水平投影面积计算（不包括梯带或台阶挡墙）。小型池槽、锅台、炉灶按个计算，以“长×宽×高”顺序表明外形尺寸。砖砌小便槽、地垄墙等可按长度计算。其他工程量按立方米计算。

8）砖窨井、检查井（编码：010303003）

砖窨井、检查井项目适用于各种类型砖砌窨井、检查井。应按其砌体体积大小分别编码列项。其工作内容包括挖土、运输、回填、井池底板、池壁、井池盖板、池内隔断、隔墙、隔栅小梁、搁板、滤板等全部工程。井、池内爬梯按A6.6.6相关项目编码列项，构件内的钢筋按混凝土及钢筋混凝土相关项目编码列项。工程量按设计图示数量以“座”计算。

9）砖水池、化粪池（编码：010303004）

砖水池、化粪池项目适用于各种类型砖砌水池、化粪池、沼气池、公厕、生化池等。应按其有效容积的大小分别编码列项。其工作内容包括挖土、运输、回填、井池底板、池壁、井池盖板、池内隔断、隔墙、隔栅小梁、搁板、滤板等全部工程。井、池内爬梯按A6.6.6相关项目编码列项，构件内的钢筋按混凝土及钢筋混凝土相关项目编码列项。工程量按设计图示数量以“座”计算。

10）空心砖墙、砌块墙（编码：010304001）

空心砖墙、砌块墙项目适用于各种规格的空心砖和砌块砌筑的各种类型的墙体，如多孔砖墙、空心砖墙、硅酸盐砌块墙、加气混凝土砌块墙等。工程量按设计图示尺寸以体积计算（同实心砖墙计算规则）。

【例2-11】 已知条件同例2-10，计算砖基础清单工程量，并编制该项目的工程量清单。

【解】 ①计算清单工程量：同定额工程量，为43.74m^3。

②编制工程量清单如表2-7所示。

分部分项工程量清单与计算表 **表2-7**

工程名称：×××× 第×页 共×页

<table>
<tr><th rowspan="2">序号</th><th rowspan="2">项目编码</th><th rowspan="2">项目名称</th><th rowspan="2">项目特征描述</th><th rowspan="2">计量单位</th><th rowspan="2">工程量</th><th colspan="3">金额（元）</th></tr>
<tr><th>综合单价</th><th>合价</th><th>其中：暂估价</th></tr>
<tr><td>1</td><td>010301001001</td><td>砖基础</td><td>标准红砖，带型基础；基础深1.30m；M5水泥砂浆砌筑；20mm厚1∶2防水砂浆防潮层</td><td>m^3</td><td>43.74</td><td></td><td></td><td></td></tr>
</table>

4. 混凝土与钢筋混凝土工程

（1）混凝土与钢筋混凝土工程定额工程量计算规则

1）现浇混凝土工程工程量计算规则

现浇混凝土工程量除另有规定者外，均按图示尺寸实体体积以立方米计算，不扣除构件内钢筋、预埋铁件及墙、板中0.3m^2内的孔洞体积。

①基础混凝土。

A. 混凝土基础与墙或柱的划分界限：按基础扩大顶面为界。

B. 条形基础

$$外墙基础体积=外墙基础中心线长度\times基础断面面积 \quad (2\text{-}21)$$

$$内墙基础体积=内墙基础底净长度\times基础断面面积+T形接头搭接体积 \quad (2\text{-}22)$$

C. 独立柱基础，如图2-21所示。

矩形基础：$$V=b_1a_1H \quad (2\text{-}23)$$

阶梯形基础：$$V=b_1a_1h_1+b_2a_2h_2+b_3a_3h_3 \quad (2\text{-}24)$$

棱台形基础：$$V=b_1a_1h_1+b_2a_2h_2+h_2/6\ [a_1b_1+a_2b_2+(a_1+a_2)(b_1+b_2)] \quad (2\text{-}25)$$

杯形基础：$$V=b_4a_4h_3+b_3a_3h_2-h_2/6\ [a_1b_1+a_2b_2+(a_1+a_2)(b_1+b_2)] \quad (2\text{-}26)$$

D. 满堂基础：

满堂基础可分为有梁式满堂基础和无梁式满堂基础。

$$V_{无梁式}=基础底板面积\times基础底板厚度\times柱墩体积 \quad (2\text{-}27)$$

$$V_{有梁式}=基础板面积\times板厚+梁截面面积\times梁长 \quad (2\text{-}28)$$

E. 箱形基础

箱式满堂基础拆开三个部分按相应满堂基础、墙、板计算。

②柱混凝土。

柱混凝土工程量按照图示断面尺寸乘以柱高，以体积计算。

A. 一般柱

$$V=HF \quad (2\text{-}29)$$

式中 H——柱高：有梁板柱高应自柱基上表面至楼板上表面计算；无梁板柱高应自柱基上表面至柱帽下表面计算；框架柱的柱高影子柱基上表面至柱顶高度计算；

F——柱截面面积。

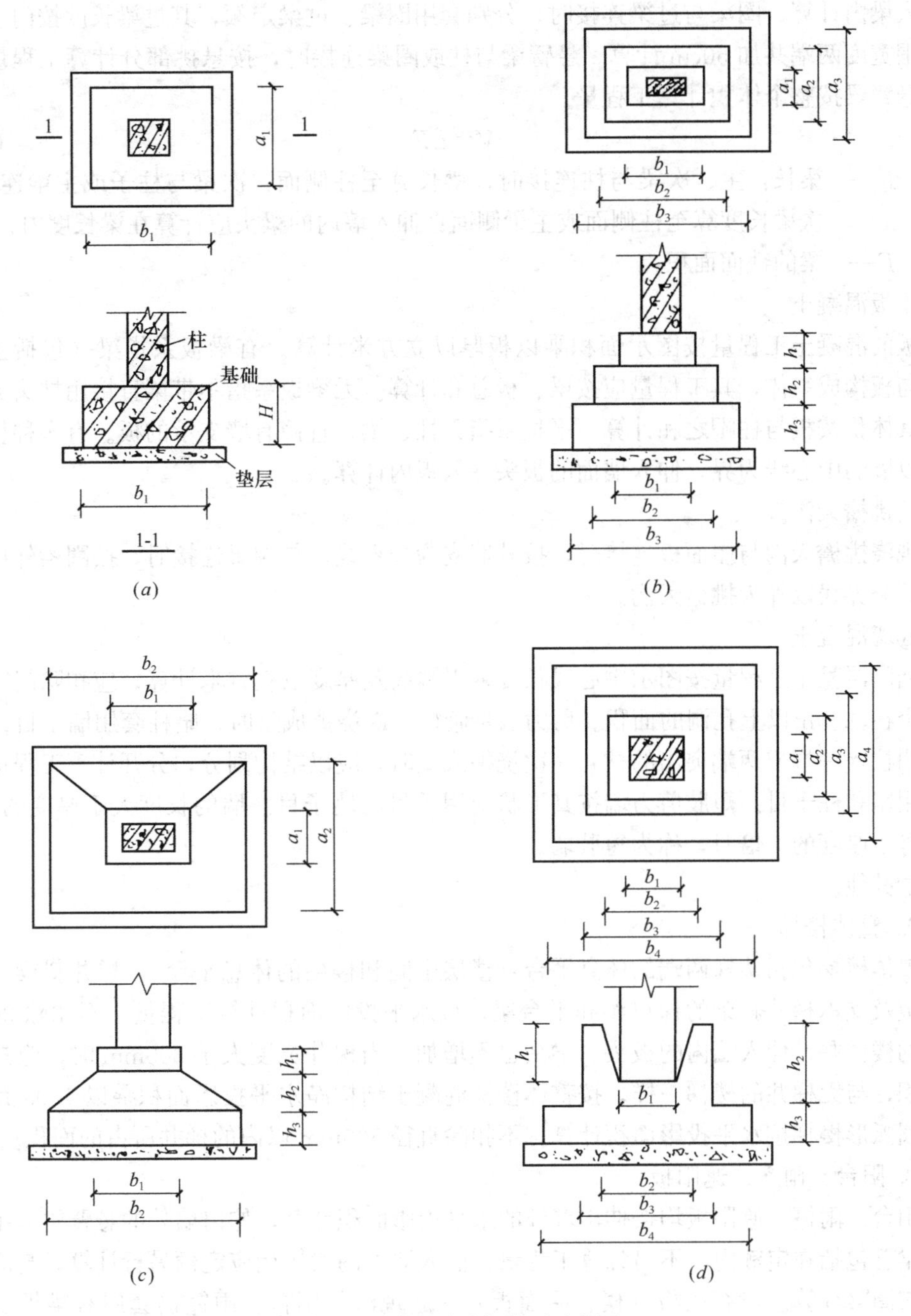

图 2-21　独立基础各类型示意图

B. 带牛腿柱。依附柱上的牛腿的体积，应并入柱身体积内计算；

C. 构造柱。

构造柱按全高计算，与砖墙嵌接部分的体积并入柱身体积内计算。突出墙面的构造柱全部体积按现浇矩形柱定额执行。

③梁混凝土。

梁的混凝土工程量按图示断面尺寸乘以梁长以立方米计算，梁头有现浇梁垫者，其体积并入梁内计算。圈梁与过梁连接时，分别套用圈梁、过梁定额，其过梁长度按门、窗洞口外围宽度两端共加50cm计算。悬臂梁与柱或圈梁连接时，按悬挑部分计算工程量；独立的悬臂梁按整个体积计算工程量。

$$V=LF \tag{2-30}$$

式中 L——梁长：主、次梁与柱连接时，梁长算至柱侧面；次梁与柱子或主梁连接时，次梁长度算至柱侧面或主梁侧面；伸入墙内的梁头应计算在梁长度内；

F——梁的截面面积；

④板混凝土。

板的混凝土工程量按图示面积乘以板厚以立方米计算。有梁板系指梁（包括主、次梁）与板构成一体，其工程量应按梁、板总和计算。无梁板系指不带梁直接用柱头支承的板，其体积按板与柱帽之和计算。平板系指无柱、梁，直接有墙支承的板。有多种板连接时，以墙的中心线为界，伸入墙面的板头并入板内计算。

⑤挑檐天沟。

现浇挑檐天沟与屋面板连接时，按外墙皮为分界线，与圈梁连接时，按圈梁外皮为分界线，分界线以外为挑檐天沟。

⑥墙混凝土。

墙的混凝土工程量按图示中心线长度乘以墙高及厚度以立方米计算，应扣除门窗洞口及单个在0.3m^2以上孔洞的面积。剪力墙带暗柱一次浇捣成型时，暗柱套用墙子目；剪力墙带明柱（一端或两端突出的柱）一次浇捣成型时，应以结构划分，分开计算工程量，分别套用墙和柱子目。短肢剪力墙按其形状套用项目的墙子目。墙的长度大于厚度的4倍，小于等于厚度的7倍时，称为短肢墙。

⑦其他。

A. 整体楼梯

整体楼梯包括楼梯两端的休息平台（楼层中间和楼层的休息平台）、梯井斜梁、楼梯踏步板及支承梯井斜梁的梯口梁和平台梁，按水平投影面积计算工程量。不扣除300mm以内的楼梯井，伸入墙内的板头、梁头也不增加。当梯井宽度大于300mm时，应扣减梯井面积，与无梯井的楼梯一样，按整体楼梯混凝土结构净水平投影面积乘以1.08系数计算。圆弧形楼梯按水平投影面积计算，不扣除直径500mm以内的梯井所占的面积。

B. 阳台、雨篷、遮阳板

阳台、雨篷、遮阳板均按伸出墙外的水平投影面积计算，伸出墙外的悬臂梁（牛腿）、檐口梁已包括在定额内，不另计算工程量。嵌入墙内的梁按相应定额另行计算，与圈梁连接时按圈梁计算。与有梁板（楼、屋面板）一起现浇的阳台、雨篷仍套用有梁板定额子目。雨篷边沿向上翻起高度超过200mm时按栏板子目计算。

C. 栏板、扶手

栏板、扶手按延长米计算，包括伸入墙内的部分。楼梯的栏板和扶手应按斜长计算。

D. 台阶

台阶按水平投影面积计算，如台阶与平台走道连接时，其分界线应以最上层踏步外沿加300mm计算。

E. 预制混凝土板补缝

当预制混凝土板需补缝时，板缝宽度（指下口宽度）在 150mm 以内者不计算工程量，其费用包括在预制板接头灌缝子目中；当板缝宽度超过 150mm 时按现浇平板定额执行。

F. 零星构件

零星构件指每件体积在 0.05m³ 以内且未列定额项目的构件。

【例 2-12】 如图 2-22 所示现浇钢筋混凝土单层厂房，屋面板顶面标高 5.0m，柱基础顶面标高−0.5m，柱截面尺寸：Z3＝300×400，Z4＝400×500，Z5＝300×400（柱中心线与轴线重合），屋面板厚 100mm，设计采用 C20 混凝土，碎石 40mm，现场搅拌，试计算现浇混凝土柱、有梁板、工程量。

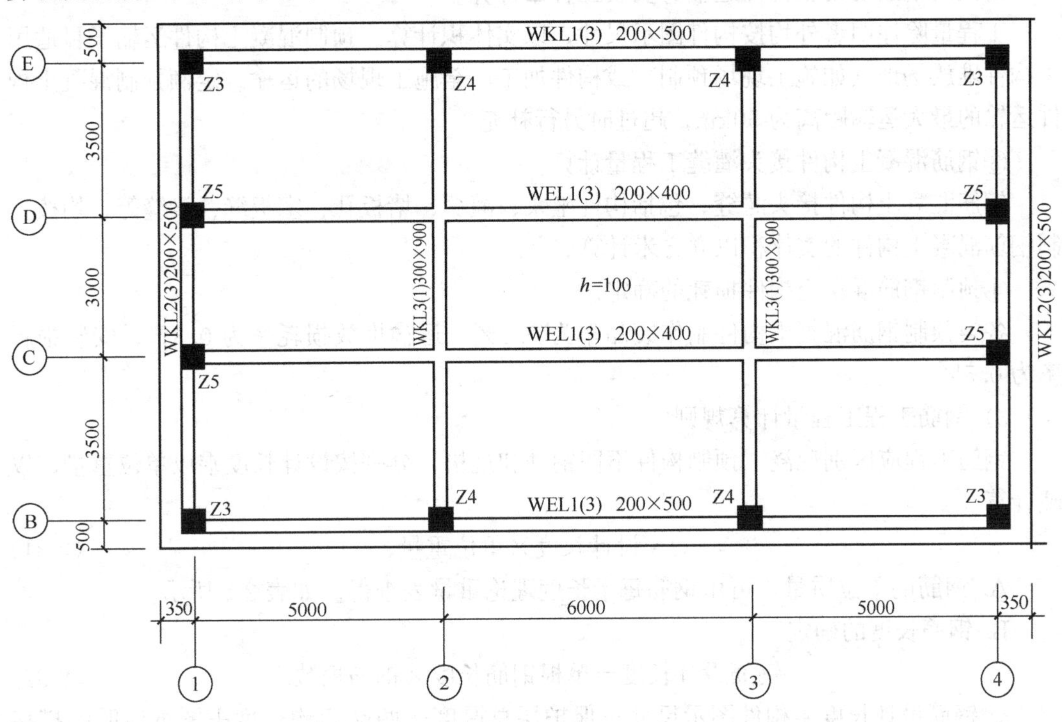

图 2-22 现浇钢筋混凝土屋面板布置图

【解】 ①现浇柱

Z3：0.3×0.4×5.5×4＝2.64m³

Z4：0.4×0.5×5.5×4＝4.40m³

Z5：0.3×0.4×5.5×4＝2.64m³

小计：9.68m³

②现浇有梁板。

WKL1：(16−0.15×2−0.4×2) ×0.2× (0.5−0.1) ×2＝2.38m³

WEL1：(16−0.15×2−0.3×2) ×0.2× (0.4−0.1) ×2＝1.82m³

WKL2：(10−0.2×2−0.4×2) ×0.2× (0.5−0.1) ×2＝1.41m³

WKL3：(10−0.25×2) ×0.3× (0.9−0.1) ×2＝4.56m³

板：[(10＋0.2×2) × (16＋0.15×2) − (0.3×0.4×8＋0.4×0.5×4)] ×0.1＝16.77m³

小计：26.94m³

2）预制混凝土工程工程量计算规则

①预制钢筋混凝土构件混凝土工程量计算。

混凝土工程量除另有规定外，均按图示尺寸实体体积以立方米计算，不扣除构件内钢筋、铁件及小于300mm×300mm的孔洞所占的体积，但混凝土空心板中孔洞体积应扣除。预制桩按桩全长（包括桩尖）乘以桩断面面积以立方米计算，不扣除桩尖虚体积部分。镂花按外围面积乘以厚度以立方米计算，不扣除孔洞的体积。窗台板、搁板、栏板套用混凝土小型构件子目。

②预制钢筋混凝土构件运输、安装工程量计算。

工程量除注明者外均按构件图示尺寸，以实体积计算。预制混凝土构件运输子目适用于构件堆放场地（如施工现场预制）或构件加工厂至施工现场的运输。定额预制混凝土构件运输的最大运输距离为50km，超过时另行补充。

③钢筋混凝土构件接头灌缝工程量计算。

钢筋混凝土构件接头灌缝，包括构件坐浆、灌缝、堵板孔、塞板缝、梁缝等，均按预制钢筋混凝土构件的实体积以立方米计算。

④预制钢筋混凝土构件损耗的确定。

各类预制钢筋混凝土构件制作废品率为0.2%，运输堆放损耗率为0.8%，安装损耗率为0.5%。

3）钢筋工程工程量计算规则

钢筋工程应区别现浇、预制构件不同钢种和规格，分别按设计长度乘以单位重量，以吨计算。

$$t=\text{设计长度}\times\text{单位重量} \tag{2-31}$$

A. 钢筋的单位质量：可由钢筋每米长度理论重量表查得。如表2-8所示。

B. 钢筋长度的确定

$$\text{钢筋设计长度}=\text{单根钢筋长度}\times\text{钢筋根数} \tag{2-32}$$

a. 钢筋设计长度＝构件图示尺寸－保护层总厚度＋两端弯钩长度＋图纸注明的搭接长度＋弯起钢筋增加长度 (2-33)

b. 钢筋根数的确定

钢筋每米长度理论重量表 **表2-8**

直径 d（mm）	理论重量	直径 d（mm）	理论重量	直径 d（mm）	理论重量
6	0.222	16	1.578	26	4.170
8	0.395	18	1.998	28	4.830
10	0.617	20	2.466	32	6.310
12	0.888	22	2.984	34	7.130
14	1.208	24	3.551	36	7.990

a）柱、梁中主筋钢筋根数的确定

柱、梁中主筋钢筋根数可由施工图纸中直接读出。

b）柱、梁中箍筋根数的确定

$$箍筋根数=箍筋布置范围/箍筋间距+1 \quad (2\text{-}34)$$

箍筋布置范围要注意加密区与非加密区的划分。

c）板中钢筋根数的确定

$$板中钢筋根数=板钢筋布置范围/板筋间距+1 \quad (2\text{-}35)$$

（2）混凝土与钢筋混凝土工程清单工程量计算规则

1）一般规则

混凝土及钢筋混凝土工程清单工程量计算规则与定额工程量计算规则大致相同。其工程量清单项目设置为现浇混凝土构件、预制混凝土构件，其中现浇混凝土分为基础、柱、梁、墙、板、楼梯、其他构件、后浇带等；预制混凝土分为柱、梁、屋架、板、楼梯、其他构件等；混凝土构筑物、钢筋工程等，除现浇混凝土楼梯（以水平投影面积计算）、散水、坡道（以面积计算）、电缆沟、地沟（以延长米计算）外，现浇混凝土、预制混凝土构件均按体积以立方米计算，钢筋重量以吨计算。

2）清单工程量与定额工程量计算规则的区别

①现浇混凝土其他构件，包括小型池槽、压顶、扶手、垫块、台阶、门框等，既可以按立方米计算，也可以按平方米或延长米计算，如扶手、压顶可按延长米计算，但应注明其断面尺寸；台阶应按水平投影面积计算。

②预制混凝土构件除按立方米计算工程量外，如同一类型，同一尺寸的构件数量较多时，还可以“数量”为单位计算工程量：预制混凝土柱、梁工程量可按根数计算；屋架可按榀数计算；预制混凝土板可按块数计算；井盖板、井圈可按套数计算。

③构造柱按矩形柱项目编码列项，墙垛及突出墙面的部分并入墙体体积内计算。

④现浇混凝土栏板、雨篷、阳台板按立方米计算。

⑤楼梯以水平投影面积计算，不扣除宽度小于500mm的楼梯井，定额工程量计算规则为不扣除宽度小于等于300mm的楼梯井。

【例2-13】 已知条件同例2-12，试编制工程量清单。

【解】 ①计算清单工程量。同定额工程量

现浇柱：9.68m^3；现浇有梁板：26.94m^3。

②编制工程量清单。如表2-9所示。

分部分项工程量清单与计价表 **表2-9**

第　页　　共　页

序号	项目编码	项目名称	项目特征描述	计量单位	工程量	金额（元）		
						综合单价	合价	其中：暂估价
1	010402001001	矩形柱	柱高5.0m；柱截面面积0.12～0.2m^2；C20现浇混凝土强度；碎石40mm现场搅拌	m^3	9.68			
2	010405001001	有梁板	板底标高4.9m；板厚100mm；C20现浇混凝土强度；碎石20mm现场搅拌	m^3	26.94			

5. 厂库房大门、特种门、木结构工程

(1) 厂库房大门、特种门、木结构工程定额工程量计算规则

1) 厂库房大门、特种门

①厂库房大门、特种门制作、安装工程量按门洞口面积计算。

②厂库房大门、特种门项目适用于现场制作或加工制作，加工厂至安装地点的运输费用需另行计算。

③定额中的钢骨架是以铁件价格计入基价的，钢骨架实际用量与定额不同时可以调整。

④保温门的保温填充材料与定额含量不同时，可以换算调整。其他工料不变。

⑤全板钢大门的钢材用量与定额含量不同时，可以调整。

⑥木结构设计有防火、防虫等要求的，可按油漆涂料工程相关规定计算。

⑦厂库房大门、特种门定额中的五金铁件含量可按实调整，定额附录中的五金配件用量时按标准计量的，仅作参考。

2) 木屋架制作、安装

①木屋架制作安装均按设计断面竣工木料以立方米计算，其后背长度（预留长度）及配料损耗包括在定额内均不另计算。

②方木屋架一面刨光时增加 3mm，两面刨光时增加 5mm，圆木屋架按屋架刨光时的木材体积每立方米增加 0.05m^3计算。

③与屋架相连的挑檐木，支撑等并入屋架竣工木料体积内。

④屋架的夹板、垫木等已包括在相应的屋架项目中，不另计算。

3) 木结构制作、安装

①木柱、木梁制作、安装均按设计断面净料体积以立方米计算，定额中已包括木材刨光的工作内容。

②圆木构件设计规定梢径时，应查原木材积表计算材积。

③封檐板按图示檐口外围长度计算，博风板按斜长计算，每个大刀头增加长度 500mm。

④木楼梯按水平投影面积计算，不扣除宽度小于 300mm，其踢脚板、平台和伸入墙内部分不另计算。

(2) 厂库房大门、特种门、木结构工程清单工程量计算规则

1) 木板大门（编码：010501001）

木板大门项目适用于厂库房的平开、推拉、带观察窗、不带观察窗等各类型木板大门。在工程量清单中应描述开启方式、有框无框、截面尺寸和木种；每樘含门扇数；五金种类、规格；油漆品种、刷漆遍数及运距等项目特征，并按不同特征区分五级编码分别列项。清单工程量按设计图示数量计算。

2) 钢木大门（编码：010501002）

钢木大门项目适用于厂库房的平开、推拉、单项铺木板、双面铺木板、防风型、保暖型等各类型钢木大门。清单中应描述开启方式；有框、无框；每樘含门扇数；框、扇材料品种、规格；五金种类、规格；防风型、保暖型适用的防风材料或保暖材料；油漆品种、刷漆遍数及运距等项目特征，并按不同特征区分五级编码分别列项。清单工程量按设计图

示数量计算。

3）木屋架（编码：010502001）

木屋架项目适用于各种方木、圆木屋架。带气楼屋架、马尾、折角、半屋架应按木屋架项目单独编码列项。清单中应描述：跨度；安装高度；杆件截面尺寸、木种；刨光要求；防腐材料种类；油漆品种、刷漆遍数及运距等项目特征，并按不同特征区分五级编码分别列项。清单工程量按设计图示数量计算。

4）木柱（编码：010503001）、木梁（编码：010503002）

木柱、木梁项目适用于建筑物各部位的柱、梁。清单中应描述构件高度、长度；构件截面；木材种类；刨光要求；油漆品种、刷漆遍数；运距等项目特征，并按不同特征区分五级编码分别列项。清单工程量按设计图示尺寸以体积计算。

5）木楼梯（编码：010503003）

木楼梯适用于楼梯与爬梯。木楼梯的栏杆、扶手，应按 B.1.7 中相关项目编码列项。清单中应描述：构件截面；木材种类；刨光要求；防护材料种类；油漆品种、刷漆遍数及运距的几个项目特征，并按不同特征区分五级编码分别列项。清单工程量按设计图示尺寸以水平投影面积计算，不扣除宽度小于 300mm 的楼梯井，伸入墙内部分不计算。

6. 屋面与防水工程

（1）屋面与防水工程定额工程量计算规则

1）屋面木基层

屋面木基层按斜面积计算，按屋面的水平投影面积乘以屋面的坡度系数以平方米计算。屋面坡度系数可在“屋面坡度系数表”中查找。“屋面坡度系数表”只适用二坡及二坡以上屋面且为同一坡度的情况。表中延尺系数用于计算屋面的斜面积，隅延尺系数用于计算屋面斜脊长度。屋面坡度系数如图 2-23 所示。

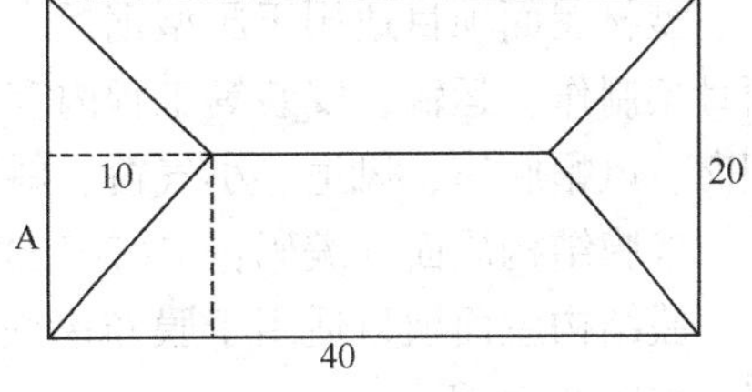

图 2-23　某屋面平面图

【例 2-14】 某四坡屋面，坡度为四分水，且屋面坡度均相同，平面尺寸如图 2-23 所示，试计算斜屋面的面积和脊长。

【解】 已知该坡屋面为四分水屋面，查表可知，延尺系数为 1.077，隅延尺系数为 1.4697，则

屋面水平面积＝40×20＝800m^2

屋面斜面积＝800×1.077＝861.60m^2

水平脊长（正脊）＝40－2×10＝20m

斜脊长＝10×1.4697×4＝58.79m

脊长合计＝20＋58.79＝78.79m

2）屋面防水、排水

①瓦屋面。

按屋面的水平投影面积乘以屋面坡度系数以平方米计算。

②卷材屋面、涂膜屋面。

按图示尺寸的水平投影面积乘以规定的坡度系数以平方米计算，但不扣除房上烟囱、风帽底座、风道、屋面小气窗和斜沟所占的面积，屋面的女儿墙，伸缩缝和天窗等处的弯起部分，按图示尺寸并入屋面工程量内计算。如图纸无规定时，伸缩缝、女儿墙的弯起部分可按250mm，天窗弯起可按500mm计算。

③变形缝。

变形缝子目适用于伸缩缝、沉降缝、防震缝，变形缝以延长米计算。

④其他。

A. 刚性屋面、屋面砂浆找平层、水泥砂浆或细石混凝土保护层按装饰装修工程第一章楼地面工程相应项目计算。刚性屋面的钢筋按建筑工程第四章钢筋工程有关项目计算。

B. 定额防水工程适用于楼地面、墙基、墙身、构筑物及室内卫生间、浴室等处的防水。建筑物±0.000以下的防水、防潮工程按墙、地面防水工程相应项目计算。

(2) 屋面与防水工程清单工程量计算规则

屋面及防水工程共3节，设置12个清单项目，包括瓦、型材屋面，屋面防水，墙、地面防水、防潮。适用于建筑物屋面、墙面、地面防水、防潮工程。

1) 瓦、型材、膜结构屋面

①瓦屋面（编码：010701001）。

瓦屋面适用于黏土瓦、小青瓦、平瓦、琉璃瓦、石棉水泥瓦、玻璃钢波形瓦屋面。瓦屋面项目含屋面基层，包括檩条、椽子、木屋面板、顺水条、挂瓦条等。工程量按设计图示尺寸以斜面积计算，不扣除房上烟囱、风帽底座、风道、小气窗、斜沟等所占面积，小气窗的出檐部分不增加面积。

②型材屋面（编码：010701002）。

型材屋面项目适用于压型钢板、金属压型夹心板、阳光板、玻璃钢屋面。该项目含屋面骨架制作、运输、安装等工程内容。工程量按设计图示尺寸以斜面积计算，不扣除房上烟囱、风帽底座、风道、小气窗、斜沟等所占面积，小气窗的出檐部分不增加面积。

③膜结构屋面（编码：010701003）。

膜结构屋面项目适用于膜布屋面。工程量按设计图示尺寸以需要覆盖的水平面积计算。如图2-24所示。

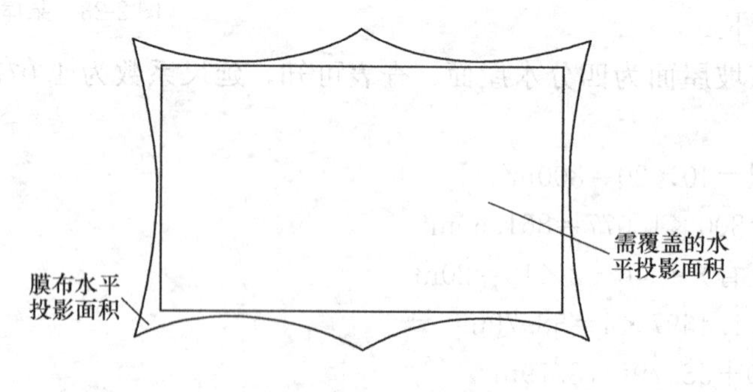

图2-24 膜结构屋面面积示意图

2) 屋面防水

①屋面卷材防水（编码：010702001）、屋面涂膜防水（编码：010701002）。

屋面卷材防水项目适用于利用胶结材料粘贴卷材进行防水的屋面。屋面涂膜防水项目适用于厚质涂料、薄质涂料和有加强材料或无加强材料的涂膜防水。工程量按设计图示尺寸以面积计算。斜屋面按斜面积计算，平屋面按水平投影面积计算。不扣除房上烟囱、风帽底座、风道、小气窗、斜沟等所占面积，屋面女儿墙、伸缩缝和天窗等处的弯起部分，并入屋面工程量内。

②屋面刚性防水（编码：010702003）。

屋面刚性防水项目适用于细石混凝土、补偿收缩混凝土、块体混凝土、预应力混凝土、玻璃钢纤维混凝土刚性防水屋面。工程量按设计图示尺寸以面积计算，不扣除房上烟囱、风帽底座、风道等所占面积。

③屋面排水管（编码：010702004）。

屋面排水管项目适用于各种排水管材。包括排水管、雨水口、箅子板、水斗等工程内容。工程量按设计图示尺寸以长度计算。如未标注尺寸，以檐口至设计室外散水上表面距离计算。

④屋面天沟、檐沟（编码：010702005）。

屋面天沟、檐沟项目适用于水泥砂浆天沟、细石混凝土天沟、预制混凝土天沟板、卷材天沟、玻璃钢天沟、镀锌铁皮天沟；塑料檐沟、镀锌铁皮檐沟、玻璃钢檐沟等。工程量按设计图示尺寸以面积计算。铁皮和卷材天沟按展开面积计算。

3）墙、地面防水、防潮

①卷材防水（编码：010703001）、涂膜防水（编码：010703002）、砂浆防水（潮）（编码：010703003）。

卷材防水、涂膜防水项目适用于基础、楼地面、墙面等部位的防水。砂浆防水（潮）项目适用于地下、基础、楼地面、墙面部位的防水防潮。工程量计算按图示尺寸以面积计算。地面防水、防潮：按主墙间净空面积计算，扣除凸出地面的构筑物、设备基础等所占面积，不扣除间壁墙及单个0.3m^{2}以内的柱、垛、烟囱和孔洞所占面积。墙基防水、防潮：外墙按中心线、内墙按净长线乘以宽度计算。

②变形缝（编码：010703004）。

变形缝项目适用于基础、墙体、屋面等部位的防震缝、温度缝（伸缩缝）、沉降缝。包括止水带安装、盖板制作、安装等工程内容。工程量按设计图示尺寸以长度计算。

7. 防腐、隔热、保温工程

（1）防腐、隔热、保温工程定额工程量计算规则

1）防腐工程

①防腐工程项目应区分不同防腐材料种类及其厚度，按设计实铺面积以平方米计算。应扣除凸出地面的构筑物、设备基础等所占面积，砖垛等突出墙面部分按展开面积计算并入墙面防腐工程量之内。

②踢脚板按实铺长度乘以高度以平方米计算，应扣除门洞所占面积并相应增加侧壁展开面积。

2）保温隔热

①定额适用于中温、低温及恒温的工业厂房（库房）隔热工程，以及一般保温工程。

②保温隔热工程中定额只包括了保温隔热材料的铺贴，不包括隔气防潮湿，保护层及衬墙等。

③混凝土板架空隔热层中钢筋和标准砖的实际用量与定额不同时，允许按实调整。

④保温隔热层应区别不同保温材料，除另有规定外，均按设计实铺厚度以立方米计算。保温隔热层的厚度按隔热材料（不包括胶结材料）净厚度计算。

⑤屋面、地面隔热层按围护结构墙体间净面积乘以设计厚度以立方米计算，不扣除柱、垛所占的体积。屋面架空隔热层按实铺面积以平方米计算。

⑥墙体隔热层、外墙按隔热层中心线，内墙按隔热层净长乘以图示尺寸的高度及厚度以立方米计算。应扣除冷藏的洞口和管道穿墙洞口所占的体积。门窗洞口侧壁周围的隔热部分，按图示隔热层尺寸以立方米计算，并入墙面的保温隔热工程量内。

（2）防腐、隔热、保温工程清单工程量计算规则

防腐、隔热、保温工程共3节，设14个清单项目。包括防腐面层、其他防腐、隔热、保温工程。

1）防腐混凝土面层（编码：010801001）、防腐砂浆面层（编码：010801002）、防腐胶泥面层（编码：010801003）、玻璃钢防腐面层（编码：010801004）

防腐混凝土面层、防腐砂浆面层、防腐胶泥面层项目适用于平面或立面的水玻璃混凝土、水玻璃砂浆、水玻璃胶泥、沥青混凝土、沥青砂浆、沥青胶泥、树脂砂浆、树脂胶泥以及聚合物水泥砂浆等防腐工程。玻璃钢防腐面层项目适用于树脂胶料与增强材料复合塑料而成的玻璃钢防腐层。工程量按设计图示尺寸以面积计算，扣除凸出地面的构筑物、设备基础等所占面积，砖垛等突出部分按展开面积并入墙面积内。

2）保温隔热屋面（编码：010803001）

保温隔热屋面项目适用于各种材料的屋面隔热保温。屋面保温隔热层上的防水层应按屋面的防水项目单独列项。预制隔热板的隔热板与砖墩分别按混凝土及钢筋混凝土工程和砌筑工程相关项目编码列项。屋面保温隔热的找坡、找平层应包括在报价内，如果屋面防水层项目包括找平层和找坡，屋面保温隔热不再计算，以免重复。工程量按设计图示尺寸以面积计算。不扣除柱、垛所占面积。

3）保温隔热顶棚（编码：010803002）

保温隔热顶棚项目适用于各种材料的下贴式或吊顶上搁置式的保温隔热的顶棚。下贴式如需底层抹灰时，应包括在报价内。保温隔热材料需加药物防虫剂时，应在清单中进行描述。工程量按设计图示尺寸以面积计算。不扣除柱、垛所占面积。

4）保温隔热墙（编码：010803003）

保温隔热墙项目适用于工业与民用建筑物外墙、内墙保温隔热工程。工程量按设计图示尺寸以面积计算，扣除门窗洞口所占面积；门窗洞口侧壁需做保温时，并入保温墙体工程量内。

8. 施工技术措施项目

（1）施工技术措施项目定额工程量计算规则

1）模板及支撑工程

①现浇混凝土构件。

A. 一般规定

现浇混凝土及钢筋混凝土模板工程量，除另有规定者外，均应区别模板的不同材质，按混凝土与模板的接触面的面积，以平方米计算。模板工程在结构划分、长度规定等方面

与混凝土及钢筋混凝土工程基本相同。如基础与墙、柱的划分，柱高和梁长的规定等。

有梁式带型基础，梁高与梁宽之比在 4∶1 以内的按有梁式带型基础模板计算，梁宽与梁高之比超过 4∶1 的，其底板按无梁式带形基础模板计算，底板以上部分按墙模板计算。

平板与圈梁、过梁连接时，板算至梁的侧面。

预制板缝宽度在 60mm 以上时，按现浇平板计算，60mm 宽以下的板缝已在接头灌缝子目内考虑，不再列项计算模板费用。

墙与梁重叠，当墙厚等于梁宽时（暗梁），墙与梁合并按墙计算，当墙厚小于梁宽时，墙、梁分别计算模板工程量。

墙与板相交、墙高算至板的底面。

墙的长度大于厚度的四倍，小于等于厚度的 7 倍时，按短肢墙模板计算。

与有梁板一起浇捣的阳台、雨篷并入有梁板子目计算。

B. 超高支撑增加费的计算

现浇钢筋混凝土柱、梁、板、墙（仅指这四类构件）定额的支模高度（即室外底面或板面至板底之间的高度）以 3.6m 为准，高度超过 3.6m 时，另按超过部分模板工程量计算支撑增加费用。

a. 柱、墙

柱支撑超高增加费子目适用于矩形柱、异形柱、圆形柱等。墙模板高度超高 3.6m 以上支撑增加费计算方法同柱支撑增加费计算方法。墙支撑超高增加子目适用于直行墙、电梯井壁、短肢剪力墙、圆弧形墙等。柱、墙模板支撑超高增加费的工程量以超高部分模板接触面积计算。

b. 板、梁

板支撑超高增加费子目，适用于有梁板、无梁板、平板、单曲拱形板等。

梁高度超过 3.6m 以上支撑增加费计算方法同板支撑增加费计算方法。梁支撑超过增加费子目适用于单梁、连续梁、拱形梁、弧形梁、异形梁，不适用于圈梁、过梁。梁板模板支撑超过增加费的工程量以构件超高部分模板接触面积计算。

C. 杯形基础的颈高大于 1.2m 时（基础扩大顶面至杯口底面）按柱模板定额执行，其杯口部分和基础合并按杯形基础模板计算。

D. 构造柱按图示外露部分计算模板面积，留马牙槎的按包括马牙槎最宽处计算模板面积。构造柱与墙的接触部分不计算模板面积。

E. 后浇带两侧面如需加铺钢板网，可按混凝土的接触面积，每平方米增加钢板网 1.05m^2，人工 0.08 个工日。后浇带的模板工程量应计算在相应的构件工程量内，如有梁板的后浇带，其模板包括在有梁板的模板工程量内。

F. 现浇钢筋混凝土阳台、雨篷，按图示外挑部分的水平投影面积计算模板工程量，挑出墙外的悬臂梁及板边模板不另计算。这种情况适用于现浇混凝土阳台、雨篷，预制混凝土板楼板。雨篷翻边突出板面高度在 200mm 以内时，并入雨篷模板内计算；雨篷翻边突出板面高度在 600mm 以内时，翻边按天沟模板计算；雨篷翻边突出板面高度在 1200mm 以内时，翻边按栏板模板计算；雨篷翻边突出板面高度超过 1200mm 时，翻边按墙模板计算。

G. 楼梯模板包括楼梯间两端的休息平台，梯井斜梁、楼梯板及支承斜梁的梯口梁及平台梁，以图示露明面的水平投影面积计算，不扣除宽度300mm以内的梯井面积，楼梯的踏步、踏步板、梯口梁、平台梁及斜梁等侧面模板不另计算。当梯井宽度大于300mm时，应扣除梯井面积，以图示净水平投影面积乘以1.08系数计算。圆弧形楼梯按图示露明面的水平投影面积计算模板工程量，不扣除直径小于500mm的梯井面积。

②预制混凝土构件。

预制钢筋混凝土构件模板工程量除另有规定者外，均按第四章预制钢筋混凝土构件工程量计算规则，以立方米计算。钢筋混凝土预制构件接头灌缝的模板工程量按构件灌缝数量以立方米计算。

2）脚手架工程

①综合脚手架

综合脚手架适用于一般工业与民用建筑工程，均以建筑面积计算，建筑面积以《建筑工程建筑面积计算规范》为准。单层建筑物在檐高6m以上至20m以下时，除计算综合脚手架基本费（6m高为准）外，另按每增加1m计算综合脚手架增加费（单层建筑面积乘增高米数）。增加高度若不足0.6m（包括0.6m）时，舍去不计，超过0.6m按一个增加层计算。

单层建筑物的檐高，应自室外地面至檐口滴水的高度为准。多跨建筑物如高度不同时，应分别按不同高度的建筑面积计算综合脚手架。多层建筑物的综合脚手架，应自建筑物室外地面以上的自然层的建筑面积计算。高度超过2.2m（包括2.2m），如管道层既计算建筑层数又计算面积，但走廊部分的局部管道层不计算层数，只计算建筑面积。地下室不作为层数计算，但应计算建筑面积。综合脚手架包括外墙砌筑及装饰，内墙仅考虑砌筑用架。

②单项脚手架。

凡不能以建筑面积计算脚手架的，但又必须搭设的脚手架，均执行单项脚手架。

凡室外单独砌筑砖、石挡土墙、沟道墙高度超过1.2m以上时，按单面垂直墙面面积套用相应的里脚手架定额。高度超过2m以上的石砌墙，按相应里脚手架定额乘以1.8系数。

围墙脚手架按相应的里脚手架计算，其高度应以自然地面至围墙顶，如围墙顶上装有金属网者，其高度应算至金属网顶，按围墙的中心线长度乘以高度以平方米计算，不扣除围墙门所占的面积，但对独立门柱砌筑用的脚手架也不增加。

凡捣制梁（除圈梁、过梁）、柱、墙（仅指这三类构件），每立方米混凝土需计算$13m^2$的3.6m以内钢管里脚手架，施工高度（一个层次的高度）在6～10m以内的梁、柱、墙应另增加计算$26m^2$的单排9m以内钢管外脚手架；施工高度在10m以上时按施工组织设计方案计算脚手架费用。现浇板因施工需支模板和立支撑，不需单独搭设施工脚手架，因此不计算此项费用。

砖、石砌基础深度超过1.5m时（室外自然地面以下），应按相应里脚手架定额计算，其面积为基础底至室外地面的垂直面积。

混凝土、钢筋混凝土带形基础同时满足底宽超过1.2m（包括工作面的宽度），深度超过1.5m，满堂基础、独立基础同时满足底面积超过$4m^2$（包括工作面），深度超过1.5m，

均按水平投影面积套用基础满堂脚手架定额子目（仅指 3.6m 高基本层子目）

高颈杯形混凝土基础，其基底至自然地面高度超过 3m 时，应按基础周边长度乘高度计算工程量，套用相应的单排外脚手架定额子目。

砖砌化粪池深度超过 1.5m 时，按池内空的投影面积套用基础满堂脚手架，砖砌内外壁套用相应的里脚手架。

悬空吊篮脚手架以墙面垂直投影面积计算，高度应以设计室外地面至墙顶高度计算，长度应以墙的外围长度计算。

外脚手架安全围护网和架子封席按实挂面积计算。安全围护网为密目网（软质），架子封席材料为竹笆（硬质）。

定额中的外脚手架，均综合了上料平台因素，但未包括斜道，应根据工程需要和实挂组织设计规定计算，斜道按座计算。

3）垂直运输工程

定额中垂直运输工程包括建筑物垂直运输费和高差建筑增加费两个方面的内容。高层建筑增加费包括内容如下：

①脚手架一次使用期延长的增加费。

②超高施工人工降效费。

③脚手架与建筑物连接固定增加费

④安全网增加费；

⑤脚手板增加费；

⑥垂直运输机械塔吊台班增加（机械降效）、机型的要求提高而增加费用；

⑦使用施工电梯增加费；

⑧因施工用水加压使用电动多级离心水泵增加费。

建筑物垂直运输及增加费以建筑物的檐高及层数（实有层数）两个指标划分定额子目。凡檐高达到上一档指标而层数未达到时，以檐高为准；如层数达到上一档指标而檐高未达到时，以层数为准。

如某工程为 6 层，层高 6m，屋面标高 36m，采用塔吊施工，建筑物垂直运输应套用 A12—5 檐高 40m 以内定额子目，而不应套用 6 层以内的定额子目。如某工程 9 层，层高 3m，屋面标高 27m，采用塔吊施工，建筑物垂直运输应套用 A12—5 檐高 40m 以内定额子目，而不应套用 28m 以内的定额子目。

建筑物檐高是指建筑物自设计室外地面至檐口滴水线的高度。无组织排水的建筑物滴水线为屋面板顶，有组织排水的建筑物滴水线为天沟板底。

垂直运输定额中的层数指室外地面以上的自然层（包含层高 2.2m 的设备管道层），地下室和屋顶有围护结构的楼梯间、电梯机房、水箱间、塔楼、瞭望台等，不纳入计算檐高或层数的范围，但这些部位的建筑面积应计为建筑物垂直运输的工程量。

8 层（檐高 28m）以内的建筑物垂直运输费分为卷扬机施工和塔吊施工两种形式，可依据实际采用的垂直运输机械套用相应定额子目。9 层及其以上（檐高 28m 以上），定额均按自升式塔式起重机和室外施工电梯考虑。

7 层及以上（檐高 20m 以上）的高层建筑垂直运输及增加费，包括因超过而增加的人工、脚手架、机械费用。

建筑物垂直运输费和高层建筑垂直运输及增加费工程量以建筑面积计算，建筑面积以《建筑工程建筑面积计算规范》（GB/T 50353—2005）为准。

凡建筑物层数在6层以下或檐高在20m以下时，按建筑面积计算垂直运输费。如带有地下室和屋顶梯间等应包括其建筑面积。

凡建筑物在6层以上或檐高超过20m以上者，均可计取垂直运输及增加费。

当建筑物檐高在20m以下，层数在6层以上而又未达到9层者，以6层以上建筑面积套用7～8层的高层建筑垂直运输及增加费，以6层及其以下建筑面积套用6层以内建筑物垂直运输费。

当建筑物檐高超过20m，但未达到23.3m时，则无论层数多少，均以最高一层建筑面积套用7～8层高层建筑垂直运输及增加费，余下建筑面积套用20m以内建筑物垂直运输费。

当建筑物檐高在28m以上，又未超过29.9m，并未达到9层，按3个折算层的建筑面积计算高层建筑垂直运输及增加费，套用9～12层子目。檐高超过20m以上时，以建筑物檐高与20m之差，除以3.3m折算超高层数，余数不计层数，以折算层数乘以每层的建筑面积累计计算工程量，而不以自然层的建筑面积计算工程量。

当上一层建筑面积小于次下一层建筑面积的50%时，应垂直分割为两部分，层数（或檐高）高的范围与层数（或檐高）低的范围分别计算工程量，地下室及垂直分割后的高层范围外的1～6层（20m以内），如裙房部分，仍以建筑面积套用6层以内（20m以内）子目，计算此部分的垂直运输费。

当建筑物在6层或檐高在20m以上，而每层建筑面积不同，又不符合垂直分割计算条件，则以折算的超高层乘以实际层数建筑面积的算术平均值，计算工程量。

9层及其以上（檐高28m以上）的高层建筑垂直运输及增加费除包含7层及以上（檐高20m以上）的垂直运输和因超高而增加的人工、脚手架、机械外，还包括6层（檐高20m）内的垂直运输费。

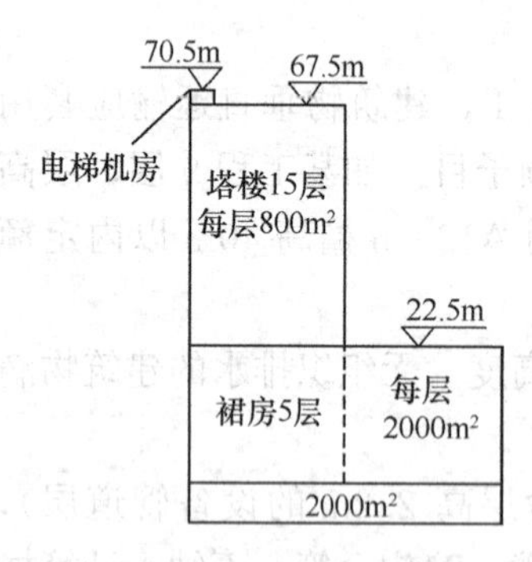

图2-25　建筑物示意图

【例2-15】 某建筑物，地下室1层，层高4.2m，建筑面积2000m²；裙房共5层，层高4.5m，室外标高－0.6m，每层建筑面积2000m²，裙房屋面标高22.5m；塔楼共15层，层高3m，每层建筑面积800m²，塔楼屋面标高67.5m，上有一出屋面的楼梯间和电梯机房，层高3m，建筑面积50m²，如图2-25所示。采用塔吊施工，计算该建筑物垂直运输及高层增加费。

【解】 塔楼每层建筑面积800m²，小于裙房每层建筑面积2000m²的50%，符合垂直划分的原则。地下室和出屋面的楼梯间、电梯机房不计算层数和高度，因此塔楼的檐高＝0.6＋67.5＝68.1m，层数为20层，裙房的檐高为0.6＋22.5＝23.1m。

第一部分：

A12—8　高层建筑垂直运输及增加费　19～21层　檐高69.5m以内。

（67.5－20）÷3.3＝14个折算超高层

工程量＝800×14－50＝11150m²

第二部分：

A12—4　高层建筑垂直运输及增加费　檐高 20～28m 以内

工程量＝2000－800＝1200m^2

第三部分：

A12—2　建筑物垂直运输　20m 以内

工程量＝（2000－800）×4＋2000＝6800m^2

4）大型机械设备进出场及安拆

大型机械设备进出场及安拆费是指这一类机械整体或分体自停放场地运至施工现场或由一个施工地点运至另一个施工地点，所发生的机械进出场运输及转移费用及这一类机械在施工现场进行安装、拆卸所需的人工费、材料费、机械费、试运转费和安装所需的辅助设施的费用。

大型机械安拆每台机械只计算一台次费用；场外运输每台机械一般可计算二台次费用，进出场各一台次。但机械施工完毕后进入了另一施工现场，及不返回施工单位基地，只能计算一台次费用，本工程的出场费是下一工程的进场费。

（2）施工技术措施项目清单工程量计算规则

措施项目中可以计算工程量的项目清单计算工程量；不能计算工程量的项目清单，以“项”为计量单位。

（三）装饰装修工程计量规则

1. 楼地面工程

（1）楼地面工程定额工程量计算规则

楼地面工程设置了垫层、找平层、整体面层、块料面层、栏杆扶手等 5 个小节，共 199 个子目。适用于工业与民用建筑的地面和楼面工程的垫层、找平层、装饰面层（整体面层和块料面层），同时也适用于屋面工程。垫层项目也适用于基础工程。扶手带栏杆、栏板项目适用于楼梯、走廊、回廊及其他装饰栏杆、栏板。

1）地面垫层按室内主墙间净空面积乘以设计厚度以立方米计算，应扣除凸出地面的构筑物、设备基础、室内管道、地沟等所占体积，不扣除柱、垛、间壁墙、附墙烟囱及面积在 0.3m^2以内孔洞所占体积。垫层依其位置不同，可分为基础垫层和地面垫层，其工程量按体积计算。基础垫层按设计尺寸计算；地面垫层应扣除占有面积大于 0.3m^2以上的孔洞体积，反之可以不扣，但间壁墙是指小于 120mm 的隔断墙，一般不做称重基础，因此这类墙所占面积不大，为简便计算可以不扣，但对于有基础的半砖墙所占体积应扣除。

2）整体面层、找平层均按主墙间净空面积以平方米计算。扣除凸出地面构筑物、设备基础、室内管道、地沟等所占面积，不扣除柱、垛、间壁墙、附墙烟囱及面积在 0.3m^2以内的孔洞所占面积，但门洞、空圈、暖气包槽、壁龛的开口部分亦不增加。整体面积指水泥砂浆面层、混凝土面层、水磨石面层，均按墙内净面积计算。凡大于 0.3m^2和大于等于 120mm 厚间壁墙等所占面积应予扣除。门洞、空圈等部分的面层，无论尺寸如何，一律不再增加面积，但没有墙体的通廊过道应计算在整体面层的面积内。

3）块料面层按图示尺寸实铺面积以平方米计算。门洞、空圈、暖气包槽、壁龛的开口部分的工程量，应并入相应的面层内计算。块料面层的面料价值，都要高于整体面层，故其工程量应按实计算。

4）楼梯面层（包括踏步、平台、以及小于500mm宽的楼梯井），按水平投影面积计算。有楼梯间的按楼梯间净面积计算，楼梯与走廊连接的，以楼梯踏步梁或平台梁外缘为界，线内为楼梯面积，线外为走廊面积。

5）台阶面层（包括踏步及最上一层踏步外沿300mm），按水平投影面积计算。

6）楼梯找平层按水平投影面积乘系数1.365，台阶乘系数1.48。

7）其他

①踢脚板按延长米计算，洞口、空圈长度不予扣除，但洞口、空圈、垛、附墙烟囱等侧壁长度亦不增加。这里是指水泥砂浆和水磨石踢脚板而言，而块料踢脚板应按实长计算。

②石材线脚磨边加工按延长米计算。弧形石材边人工乘1.3系数。

③栏杆、扶手包括弯头长度按延长米计算。

④楼梯栏杆弯头计算，一个拐弯计算二个弯头，顶层加一个弯头。

⑤防滑条按楼梯踏步两端距离减300mm以延长米计算。在楼梯踏步上的防滑条，其长度一般都不需要做到踏步端头，这里统一规定按300mm扣减。

（2）楼地面工程清单工程量计算规则

楼地面工程量清单包括9节共42个项目。即整体面层、块料面层、橡塑面层、其他材料面层、踢脚线、楼梯装饰、扶手、栏杆、台阶装饰、零星装饰项目。适用于楼地面、楼梯、台阶等装饰工程。

1）整体面层（编码：020101）、块料面层（编码：020102）

清单工程量按设计图示尺寸以面积计算。扣除凸出地面构筑物、设备基础、室内铁道、地沟等所占面积，不扣除间壁墙和0.3m²以内的柱、垛、附墙烟囱及孔洞所占面积。门洞、空圈、暖气包槽、壁龛的开口部分不增加面积。

在编制工程量清单时应注意：

①描述不同地面的项目特征。

A. 垫层应描述厚度、材料种类，若不做垫层或垫层另行计量时，不予描述。

B. 找平层应注明厚度、砂浆配合比。

C. 防水层应注明材料种类、厚度。

D. 面层应注明厚度、砂浆配合比。

E. 若是彩色水磨石应注明石子种类、颜色、图案要求和嵌条种类、规格。

F. 应注明磨光、酸洗、打蜡要求。

G. 如果设计采用标准图，只注明标准集图号和页次即可，局部和标准图不一致，则需单独列出。

②含垫层的地面和不含垫层的楼面应分别列项编码，分别计算工程量。

③不扣除0.3m²以内的柱、垛、附墙烟囱及孔洞面积与《消耗量定额》计算规则有所不同。

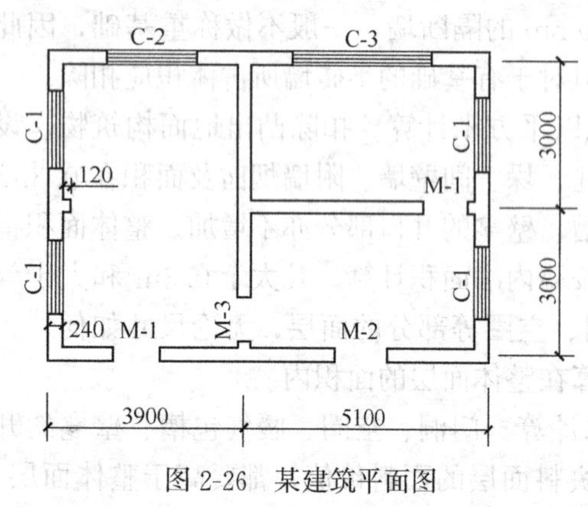

图2-26 某建筑平面图

【例2-16】 某建筑平面如图2-26所示，

试计算水泥砂浆楼地面的工程量。

门 窗 表　　　　表 2-10

M—1	1000mm×2000mm	C—1	1500mm×1500mm
M—2	1200mm×2000mm	C—2	1800mm×1500mm
M—3	900mm×2400mm	C—3	3000mm×1500mm

【解】 工程量＝（3.9－0.24）×（3＋3－0.24）＋（5.1－0.24）×（3－0.24）×2
＝47.91m²

2）橡塑面层（编码：020103）、其他面层（编码：020104）

项目特征描述要求同前，另需注意：

①有压条应注明压线条种类。

②龙骨应注明材料种类、规格、铺设间距。

③若有基层应注明材料种类、规格。

④若用填充材料应注明材料种类。

⑤油漆应注明品种、刷漆遍数，若是成品地板不需刷漆时，不予描述。

清单工程量按设计图示尺寸以面积计算。门洞、空圈、暖气包槽、壁龛的开口部分并入相应的工程量内。

3）踢脚线（编码：020105）

清单项目描述项目特征时应注意：

①应注明踢脚线高度。

②底层应注明厚度、砂浆配合比。

③面层应注明厚度及水泥砂浆配合比或规格、颜色。

④磨光、酸洗、打蜡要求要注明。

清单工程量按设计图示长度乘以高度以面积计算。注意该规则与《消耗量定额》计算规则不同。清单是计算面积，定额时计算长度。

【例 2-17】 某建筑平面如图 2-26 所示，室内贴 150mm 高的木质踢脚线，试计算其工程量。

【解】 木质踢脚线工程量＝长度×0.15

长度＝(3.9－0.24＋3×2－0.24）×2＋（5.1－0.24＋3－0.24）×2×2－（0.9×2＋1×3＋1.2）＋0.12×2×3
＝44.04m

木质踢脚线工程量＝44.04×0.15＝6.61m²

4）楼梯装饰（编码：020106）

①清单项目描述项目特征时应注意：

A. 找平层应注明厚度、砂浆配合比。

B. 粘结层应注明厚度、材料种类。

C. 面层应注明材料品种、规格、品牌、颜色。

D. 防滑条应注明材料种类、规格。

E. 勾缝应注明材料种类。

F. 如酸洗打蜡应注明要求。

②清单工程量按设计图示尺寸的楼梯（包括踏步、休息平台、500mm 以内的楼梯井）水平投影面积计算。楼梯与楼地面相连时算至梯口梁内侧边沿；无梯口梁者，算至最上一层踏步边沿加 300mm。

③在编制工程量清单时应注意：

A. 不同面层应注意项目特征描述。

B. 楼梯与楼地面相连时，算至梯口梁内侧边沿；无梯口梁者，算至最上一层踏步边沿加 300mm。这与《消耗量定额》计算规则不同。

C. 休息平台仅指层间平台，不包括楼层平台。

D. 单跑楼梯不论其中间是否有休息平台，其工程量与双跑楼梯同样计算。

5）扶手、栏杆、栏板装饰（编码：020107）

①扶手、栏杆、栏板适用于楼梯、阳台、走廊、回廊及其他装饰性扶手、栏板。清单项目描述项目特征时应注意：

A. 扶手、栏杆、栏板应注明材料种类、规格、品牌、颜色。

B. 应注明固定配件种类。

C. 油漆应注明品种、刷漆遍数。

②清单工程量按设计图示尺寸以扶手中心线长度（包括弯头长度）计算。在编制工程量清单时应注意：

A. 长度必须是中心线长。

B. 长度中包括弯头长。

C. 斜长系数通过计算求得或利用常用系数 1.15。

6）台阶装饰（编码：020108）

①清单项目描述项目特征时应注意：

A. 垫层应描述厚度、材料种类，若不做垫层或垫层另行计算时，不予描述。

B. 找平层应注明厚度、砂浆配合比。

C. 粘结层应注明材料种类。

D. 面层应注明材料品种、规格。

E. 应注明勾缝材料种类。

F. 防滑条应注明材料种类、规格。

G. 应注明磨光、酸洗、打蜡要求。

②清单工程量按设计图示尺寸以台阶（包括最上层踏步边沿加 300mm）水平投影面积计算。在编制工程量清单时应注意：

A. 各个项目应区分项目特征。

B. 台阶面层与平台面层使用同一种材料时，平台计算面层后台阶不再计算最上一层踏步面积。

C. 如台阶计算最上一层踏步加 300mm，平台面层中必须扣除该面积。

7）其他

①零星装饰适用于小面积（0.5m^{2}以内）少量分散的楼地面装饰，其工程部位或名称应在清单项目中进行描述。

②楼梯、台阶侧面装饰，可按零星装饰项目的编码列项，并在清单项目中进行描述。

2. 墙柱面工程

（1）墙柱面工程定额工程量计算规则

1）内墙抹灰

内墙抹灰工程量按以下规定计算：

①内墙抹灰面积，应扣除门窗洞口和空圈所占的面积，不扣除踢脚板、挂镜线、0.3m^2以内的孔洞和墙于构件交接处的面积，洞口侧壁和顶面亦不增加，墙垛和附墙烟囱侧壁面积与内墙抹灰工程量合并计算。

②内墙面抹灰的长度，以主墙间的图示净尺寸计算，其高度确定如下：

A. 无墙裙的，其高度按室内地面或楼面至顶棚底面之间距离计算。

B. 有墙裙的，其高度按墙裙顶至顶棚底面之间距离计算。

C. 钉板顶棚的内墙面抹灰，其高度按室内地面或楼面至顶棚底面另加100mm计算。

③内墙裙抹灰面积按内墙净长乘以高度计算，应扣除门窗洞口和空圈所占的面积，门窗洞口和空圈的侧壁面积不另增加，墙垛、附墙烟囱侧壁面积并入墙裙抹灰面积计算。

2）外墙抹灰工程量按以下规定计算：

①外墙抹灰面积，按外墙面的垂直投影面积以平方米计算，应扣除门窗洞口、外墙裙和大于0.3m^2孔洞所占面积，洞口侧壁和顶面面积不另增加。附墙垛、梁、柱侧面抹灰面积并入外墙面抹灰工程量内计算，栏板、栏杆、窗台线、门窗套、扶手、压顶、挑檐、遮阳板、突出墙外的腰线等，另按相应规定计算。

②外墙裙抹灰面积按其长度乘以高度计算，扣除门窗洞口和大于0.3m^2孔洞所占的面积，门窗洞口及孔洞的侧壁不增加。

③窗台线、门窗套、挑檐、腰线、遮阳板等展开宽度在300mm以内者按装饰线以延长米计算，如展开宽度超过300mm以上时，按图示尺寸以展开面积计算，套零星抹灰定额项目。

④栏板、栏杆（包括立柱、扶手或压顶等）抹灰按中心线的立面垂直投影面积乘以2.20系数以平方米计算，套用零星项目子目；外侧与内侧抹灰砂浆不同时，各按1.10系数计算。

⑤雨篷外边线按相应装饰或零星项目执行。

⑥墙面勾缝垂直投影面积计算，应扣除墙裙和墙面抹灰的面积，不扣除门窗洞口、门窗套、腰线等零星抹灰所占的面积，附墙柱和门窗侧面的勾缝面积亦不增加。独立柱、房上烟囱勾缝，按图示尺寸以平方米计算。

3）外墙装饰抹灰工程量按以下规定计算：

①外墙各种装饰抹灰均按图示尺寸以实抹面积计算，应扣除门窗洞口空圈的面积，其侧壁面积不另增加。

②挑檐、天沟、腰线、栏杆、栏板、门窗套、窗台线、压顶等均按图示尺寸展开面积以平方米计算。

4）块料面层工程量按以下规定计算：

①墙面贴块料面层按图示尺寸以实贴面积计算。

②墙裙以高度在1500mm以内为准，超过1500mm时按墙面计算，高度低于300mm以内时，按踢脚板计算。

5）木隔墙、墙裙、护壁板及内、外墙面层饰面均按图示尺寸长度乘以高度按实铺面积以平方米计算。

6）玻璃隔墙按上横档顶面至下横档底面之间高度乘以宽度（两边立挺外边线之间）以平方米计算。

7）浴厕木隔断、塑钢隔断、水磨石隔断，按下横档底面至上横档顶面高度乘以图示长度以平方米计算，同材质门扇并入隔断面积内计算。

8）铝合金、轻钢隔墙、幕墙，按四周框外围面积计算。

9）独立柱、梁工程量按以下规定计算：

①一般抹灰、装饰抹灰、镶贴块料按结构断面（除注明者外）周长乘以高度（长度）以平方米计算。

②其他装饰按外围饰面尺寸乘以高度（长度）以平方米计算。

③大理石、花岗石包圆柱饰面、钢骨架干挂大理石、花岗石柱饰面，按柱外围饰面尺寸乘以高度计算；大理石、花岗石柱墩、柱帽、腰线、阴角线，按最大外径周长计算；石材现场倒角磨边加工按延长米计算。

10）石膏装饰计算：

①石膏装饰壁面，平面外形不规则的按外围矩形面积以个计算。

②石膏装饰柱以不同直径和高度按套计算。

（2）墙柱面工程清单工程量计算规则

墙、柱面工程的工程量清单共分为10节25个清单项目，即墙面抹灰、柱面抹灰、零星抹灰、墙面镶贴块料、柱面镶贴块料、零星镶贴块料、墙饰面、柱（梁）饰面、隔断、幕墙等工程，适用于一般抹灰、装饰抹灰工程。

1）墙面抹灰（编码：020201）

①清单项目描述项目特征时应注意：

A. 应注明墙体类型：指砖墙、石墙、混凝土墙、砌块墙及内墙、外墙等。

B. 应注明各层砂浆的配合比、种类、厚度；外墙水泥砂浆还应注明总遍数（如为块料打底砂浆则不必注明）

C. 如设计要求在砂浆中加入防水剂，还应注明防水剂的种类和用量（占水泥用量的百分比）。

D. 注明罩面材料，如满刮腻子，应注明腻子种类和遍数，如油漆涂料，应注明材料名称及涂刷遍数。

E. 应注明分隔缝的宽度和使用的分格材料。

F. 石墙应注明石料类型和勾缝的类型。

G. 加浆勾缝应注明砂浆种类和配合比。

②清单工程量按设计图示尺寸以面积计算，扣除墙裙、门窗洞口及单个0.3m^{2}以外的孔洞面积，不扣除踢脚线、挂镜线和墙与构件交接处的面积，门窗洞口和孔洞的侧壁及顶面不增加面积。附墙柱、梁、垛、烟囱侧壁并入相应的墙面面积内。外墙抹灰面积按外墙垂直投影面积计算。外墙裙抹灰面积按其长度乘以高度计算。内墙抹灰面积按主墙间净长乘以高度计算。无墙裙的，高度按室内楼地面至顶棚底面计算。有墙裙的，高度按墙裙顶至顶棚底面计算。内墙裙抹灰面积按内墙净长乘以高度计算。需要注意的是：

A. 墙与构件交接处的面积是指墙与梁交接处的面积，不包括墙与楼板的交接面积。

B. 墙裙抹灰面积，按其长度乘以高度计算，是指按外墙裙自身的长度。

C. 墙面勾缝工程量规则与《消耗量定额》有较大差别。

D. 墙面装饰性抹灰与《消耗量定额》的工程量计算规则有所不同。

2）柱面抹灰（编码：020202）

清单项目描述项目特征时应注意事项与墙面抹灰。清单工程量按设计图示柱断面周长乘以高度的面积计算。需要注意的是：柱断面周长是指结构断面周长。

3）零星抹灰（编码：020203）

清单项目描述项目特征时应注意事项同墙面抹灰。清单工程量按设计图示尺寸的面积计算。这是与《消耗量定额》计算规则有本质区别的。

4）墙面镶贴块料（编码：020204）

清单项目描述项目特征时应注意：

①应注明墙体类型。

②应注明石材安装方式：如砂浆或粘结剂粘贴、挂贴、化学螺栓或普通螺栓、型钢骨架干挂应注明型钢规格间距，如果有多种规格间距可表述为按设计图号及大样编号。

③如果实时作业，应注明砂浆配合比及其分层做法。

④应注明面层材料的品种、规格。

⑤应注明缝宽及其嵌缝材料

⑥应注明磨光、酸洗、打蜡要求。

清单工程量按设计图示尺寸的面积计算。需要注意的是：设计图示尺寸面积是指实际饰面面积。即：门窗洞口等要扣除，洞口侧壁等要增加。

5）柱面镶贴块料（编码：020205）

清单项目描述项目特征应注意事项同墙面镶贴块料。

清单工程量按设计图示尺寸的面积计算。需要注意的是：这里所强调的面积是指设计图示外围饰面尺寸乘以高度。外围饰面尺寸是指饰面的表面尺寸。

6）零星镶贴块料（编码：020206）

清单项目描述项目特征应注意事项同墙面镶贴块料。清单工程量按设计图示尺寸的面积计算，一般情况下是指 $0.5m^2$ 以内的少量分散的镶贴块料。

7）墙饰面（编码：020207）和柱（梁）饰面（编码：020208）

墙饰面清单工程量按设计图示墙净长度乘以净高度的面积计算，扣除门窗洞口及单个 $0.3m^2$ 以上的孔洞所占面积。柱（梁）饰面清单工程量按设计图示饰面外围尺寸的面积计算，柱帽、柱墩并入相应柱饰面工程量内。

8）隔断（编码：020209）

清单工程量按设计图示框外围尺寸的面积计算，扣除单个 $0.3m^2$ 以上的孔洞所占面积，浴厕门的材质与隔断相同时，门面积并入隔断面积内。

9）幕墙（编码：020210）

带骨架幕墙按设计图示框外围尺寸以面积计算，与幕墙同种材质的窗所占面积不扣除。全玻璃幕墙按设计图示尺寸的面积计算，带肋全玻璃幕墙按展开面积计算。

3. 顶棚工程

（1）顶棚工程定额工程量计算规则

1）顶棚抹灰工程量按以下规定计算：

①顶棚抹灰面积，按主墙间的净面积计算，不扣除间壁墙、垛、柱、附墙烟囱、检查口和管道所占的面积。带梁顶棚、梁两侧抹灰面积，并入顶棚抹灰工程量内计算。

②密肋梁和井字梁顶棚抹灰面积，按展开面积计算。

③顶棚抹灰如带有装饰线时，区别三道线以内或五道线以内按延长米计算，线角的道数以一个突出的棱角为一道线。

④檐口顶棚的抹灰面积，并入相同的顶棚抹灰工程量内计算。

⑤顶棚中的折线、灯槽线、圆弧形线、拱形线等艺术形式的抹灰，按展开面积计算。

⑥楼梯底面抹灰按水平投影面积（梯井宽超过200mm以上者，应扣除超过部分的投影面积）乘以系数1.30，套用相应的顶棚抹灰定额计算。

⑦阳台底面抹灰按水平投影面积以平方米计算，并入相应顶棚抹灰面积内。阳台如带悬臂梁者，其工程量乘系数1.30。

⑧雨篷底面或顶面抹灰分别按水平投影面积以平方米计算，并入相应顶棚抹灰面积内。雨篷顶面带反沿或反梁者，其工程量乘系数1.20；底面带悬臂梁者，其工程量乘系数1.20。

2）各种吊顶顶棚龙骨按主墙间净空面积计算，不扣除间壁墙、检查口、附墙烟囱、柱、垛和管道所占面积。但顶棚中的折线、迭落等圆弧形，高度吊灯槽等面积也不展开计算。

3）顶棚装饰工程量按以下规定计算：

①顶棚装饰面积按主墙间实铺面积以平方米计算，不扣除间壁墙、检查口、附墙烟囱、附墙垛和管道所占面积，应扣除独立柱、灯槽及与顶棚相连的窗帘盒所占面积。

②顶棚基层按展开面积计算。

③顶棚中的折线、迭落等圆弧形、拱形、高度灯槽及其他艺术形式顶棚面层均按展开面积计算。

④定额中龙骨、基层、面层合并的子目，工程量按主墙间净空面积计算，不扣除间壁墙、检查口、附墙烟囱、柱、垛和管道所占面积。但顶棚中的折线、迭落等圆弧形，高度吊灯槽等面积也不展开计算。

⑤灯带、灯槽按其延长米计算。

4）格栅吊顶、吊筒吊顶、藤条造型悬挂吊顶、织物软雕吊顶、网架（装饰）吊顶均按设计图示的吊顶尺寸水平投影面积计算。

5）石膏装饰计算：

①石膏装饰角线、平线工程量以延长米计算。

②石膏灯座花饰工程量以实际面积按个计算。

③石膏装饰配花，平面外形不规则的按外围矩形面积以个计算。

（2）顶棚工程清单工程量计算规则

顶棚工程清单项目有3节9个项目。

1）顶棚抹灰（编码：020301）

清单项目描述项目特征应注意：

①基层应说明是现浇板、预制板或其他类型板。

②应由底层到面层分层说明抹灰厚度、砂浆种类及配合比。

③有装饰线的，应说明装饰线道数。

清单工程量按设计图示尺寸以水平投影面积计算。不扣除间壁墙、垛、柱、附墙烟囱、检查口和管道所占的面积。带梁顶棚，梁两侧抹灰面积并入顶棚面积内，板式楼梯底面抹灰按斜面积计算，锯齿形楼梯底面抹灰按展开面积计算。阳台底面抹灰、雨篷底面抹灰，按设计图示尺寸乘以水平投影面积计算，并入相应的顶棚抹灰面积内。

2）顶棚吊顶（编码：020302）

清单项目描述项目特征应注意：

①应说明吊顶形式：上人型或不上人型，平面、跌级或其他特殊形式。

②应描述龙骨的材料种类、规格、中距。

③应描述基层及面层材料的种类、规格（长×宽×厚）和品牌，以及对基层等材料有无特殊要求：如防火、防潮等。

④有防护或罩面材料的，应描述其种类、涂刷遍数、部位。

⑤如施工图设计标注做法见标准图集时，可注明标注图集编号、页号及节点大样或做法说明。

清单工程量按设计图示尺寸以水平投影面积计算。顶棚面中心灯槽及跌级、锯齿形、吊挂式、藻井式顶棚抹灰面积不展开计算。不扣除间壁墙，检查口、附墙烟囱、柱、垛和管道所占面积，扣除单个 $0.3m^2$ 以外的孔洞、多立柱及与顶棚相连的窗帘盒所占的面积。格栅吊顶、吊筒吊顶、藤条造型悬挂吊顶、织物软雕吊顶、网架（装饰）吊顶均按设计图示尺寸以水平投影面积计算。

注意顶棚抹灰与顶棚吊顶工程量计算规则有所不同：顶棚抹灰不扣除柱垛所占面积；顶棚吊顶不扣除柱垛所占面积，但应扣除独立柱所占面积。柱垛时指与墙体相连的柱面突出墙体部分。

3）顶棚其他装饰（编码：020303）

清单项目描述项目特征应注意：

①应描述灯带型式、尺寸及格栅材料品种、规格、品牌。

②应说明灯带的安装固定方式的。

③应描述风口材料品种、规格、品牌。

④应描述风口的安装固定方式。

⑤木质风口需刷防护材料的，应说明防护材料品种及涂刷遍数。

灯带按设计图示尺寸的框外围面积计算。

送风口、回风口按设计图示数量计算。

4. 门窗工程

（1）门窗工程定额工程量计算规则

1）普通木门、普通木窗

定额中普通木门窗、天窗均按框制作、框安装、扇制作、扇安装分列项目；框、扇项目分列的原因是：框扇、制作安装分开计算，便于明确框、扇材料明细要求；作为构件增值税，其计取基础是制作价格，而不是安装价格，分开制作、安装，有利于计取构件增值税；满足清单计价法的要求。

普通木门、普通木窗框扇制作、安装工程量均按门窗洞口面积计算。

①普通窗上部带有半圆窗的工程量应分别按半圆窗和普通窗计算，其分界线以普通窗和半圆窗的横框上裁口线为分界线。

②门窗扇包镀锌铁皮，按门窗洞口面积以平方米计算；门窗框包镀锌铁皮，钉橡皮条，钉毛毡按图示门窗洞口尺寸以延长米计算。

③纱扇制作安装按扇外围面积计算。

2）铝合金门窗制作、安装，铝合金、不锈钢门窗（成品）安装，彩板组角钢门窗安装，塑料门窗安装，塑钢门窗安装，橱窗制作安装均按设计门窗洞口面积计算。

3）卷闸门安装按洞口高度增加600mm乘以门实际宽度以平方米计算；电动装置安装以套计算，小门安装以个计算。

4）防盗门窗安装按框外围以平方米计算。

5）豪华型木门安装子目均指工厂预制品（含门框及门扇），即以工厂成品进行现场安装。工程量按设计门洞面积计算，其地弹簧未包括在定额内，使用时应另计。

6）不锈钢板包门框按框外表面面积以平方米计算；彩板组角钢门窗附框安装按延长米计算；无框玻璃门安装按设计门洞口以平方米计算。

7）电子感应门及旋转门安装按樘计算。

8）不锈钢电动伸缩门按樘计算。

9）包橱窗框以橱窗洞口面积计算。

10）门窗套及包门框按展开面积以平方米计算。

11）包门扇及木门扇镶贴饰面板均以门扇垂直投影面积计算。

12）硬木刻花玻璃门按门扇面积以平方米计算。

13）豪华拉手安装按副计算。

14）金属防盗网制作、安装按阳台、窗户洞口面积以平方米计算。

15）窗台板、筒子板及门、窗洞口上部装饰均按实铺面积计算。

16）门窗贴脸按延长米计算。

17）窗帘盒、窗帘轨、钢筋窗帘杆均以延长米计算。

18）门、窗、洞口安装玻璃按洞口面积计算。

19）铝合金踢脚板安装按实铺面积计算。门锁安装按“把”计算。

20）玻璃黑板按连框外围尺寸以垂直投影面积计算。

21）玻璃加工：划圆孔、划线按平方米计算，钻孔按个计算。

22）闭门器按“副”计算。

23）木门窗运输：单层门窗按洞口面积以平方米计算；双层门窗按洞口面积1.36（包括双重门窗或一玻一纱门窗）以平方米计算。

（2）门窗工程清单工程量计算规则

门窗工程量清单项目共分9节59个清单项目，包括木门；金属门；金属卷帘门；其他门；木窗；金属窗；门窗套；窗帘盒；窗帘轨；窗台板等项目。

1）木门（编码：020401）：

包括镶板木门、企口木板门、实木装饰门、胶合板门、夹板装饰门、木质防火门、木纱门等八个项目。清单项目描述项目特征应注意：

①门应说明门类型、并与建施图的标注一致。

②截面尺寸应注明，单扇面积应注明，在门框洞口尺寸或框外围尺寸已注明时，也可不注明。

③骨架、面层应注明材料种类。

④如设计采用的是标注图做法时，以上②③可不详细描述，直接描述成详见标准图号及门代号即可。

⑤涂刷玻璃的应注明玻璃品种、厚度。

⑥油漆应注明品种、刷漆遍数。

清单工程量均按实际图示数量，以“樘”计算，或设计洞口图示尺寸以面积计算。

2）金属门（编码：020402）

包括金属平开门、金属推拉门、金属地弹门、彩板门、塑钢门、防盗门、钢质防火门七个项目。清单项目描述项目特征应注意：

①金属门应说明门类型。

②框、扇应说明材质。

③框应说明外围尺寸，扇可不描述外围尺寸。

④五金材料应说明品种、规格。

⑤镶有玻璃的应注明玻璃品种、厚度。

⑥应注明油漆品种、刷漆遍数。

清单工程量按设计图示数量计算或设计洞口图示尺寸以面积计算。

3）金属卷帘门（编码：020403）

包括金属卷闸门、金属隔扇门、防火卷帘门等三个项目。清单项目描述项目特征应注意：

①金属卷帘门应说明材质、框外围尺寸。

②应注明卷闸门的启动方式。

③五金材料应注明品种。

清单工程量按设计图示数量计算或设计图示洞口尺寸以面积计算。

4）其他门（编码：020404）

包括电子感应门、转门、电子对讲门、电动伸缩门、全玻门（带框扇）、全玻自由门（无框扇）、半玻门（带框扇）以及镜面不锈钢饰面门等八个项目。清单项目描述项目特征应注意：

①应注明门材质、外围尺寸。

②应注明玻璃品种、厚度。

③五金材料应注明品种。

④电子感应门应注明电子配件名称和开启方式。

⑤转门应说明门翼数目。

⑥对讲门应说明对讲户数。

⑦若油漆应注明种类、遍数。

清单工程量按设计图示数量计算或设计图示洞口尺寸以面积计算。

5）木窗（编码：020405）

包括木质平开门、木质推拉门、矩形木百叶窗、异型木百叶窗、木组合窗、木天窗、矩形木固定窗、异型木固定窗、装饰空花木窗等9个项目。

清单项目描述项目特征应注意事项同木门。清单工程量按设计图示数量计算或设计图示洞口尺寸以面积计算。

6）金属窗（编码：020406）

包括金属推拉窗、金属平开窗、金属固定窗、金属百叶窗、金属组合窗、彩板窗、塑钢窗、金属防盗窗、金属格栅窗以及特殊五金等十个项目。

清单项目描述项目特征应注意事项同金属窗。清单工程量按设计图示数量计算或设计图示洞口尺寸以面积计算。

7）门窗套（编码：020407）

包括木门窗套、金属门窗套、石材门窗套、门窗木贴脸、硬木筒子板、饰面夹板筒子板等六个项目。

清单项目描述项目特征应注意：

①门窗套应说明基层、面层材质、规格。

②找平层应说明砂浆配合比及厚度。

③面板应说明材质、规格。

④门窗木贴脸应说明材质、厚度。

清单工程量按设计图示尺寸以展开面积计算。

8）窗帘盒、窗帘杆（编码：020408）

包括木窗帘盒、饰面夹板、塑料窗帘盒、铝合金属窗帘盒及窗帘轨等四个项目。清单项目描述项目特征应注意：

①窗帘盒应说明材质。

②窗帘轨应说明材质、规格。

清单工程量按设计图示尺寸以长度计算。

9）窗台板（编码：020409）

包括木窗台板、铝塑窗台板、石材窗台板及金属窗台板四个项目。

清单项目描述项目特征应注意：窗台板应说明材质。清单工程量按设计图示尺寸以长度计算。

5. 油漆、涂料、裱糊工程

（1）油漆、涂料、裱糊工程定额工程量计算规则

1）楼地面、顶棚面、墙、柱、梁面的喷（刷）涂料、抹灰面油漆及裱糊工程，均按楼地面、顶棚面、墙、柱、梁面装饰工程相应的工程量计算规则规定计算。但柱、梁面的工程量应乘以系数1.15计算。

2）定额中的隔墙、护壁、柱、顶棚木龙骨及木地板中木龙骨带毛地板刷的防火涂料工程量计算规则如下：

①隔墙、护壁龙骨按其面层正立面投影面积计算。

②柱木龙骨按其面层外围面积计算。

③顶棚木龙骨按其水平投影面积计算。

④木地板中木龙骨及木龙骨带毛地板按地板面积计算。

3）隔墙、护壁、柱、顶棚面层及木地板刷防火涂料，执行其他木材面刷防护涂料相应子目。

4）木材面、金属面油漆的工程量以系数乘以平方米或吨计算。系数如表 2-11～表 2-19 所示。

①木层面油漆

单层木门工程量系数表　表 2-11

项目名称	系　数	工程量计算方法
单层木门	1.00	按单面洞口面积
双层（一板一纱）木门	1.36	
双层（单裁口）木门	2.00	
单层全玻门	0.83	
木百叶门	1.25	
仓库大门	1.10	

单层木窗工程量系数表　表 2-12

项目名称	系　数	工程量计算方法
单层玻璃窗	1.00	按单面洞口面积
双层（一玻一纱）木窗	1.36	
双层（单裁口）木窗	2.00	
三层（二玻一纱）木窗	2.60	
单层组合窗	0.83	
双层组合窗	1.13	
木百叶窗	1.50	

木扶手（无托板）工程量系数表　表 2-13

项　目　名　称	系　数	工程量计算方法
木扶手（不带托板）	1.00	按长度计算
木扶手（带托板）	2.60	
窗帘盒	2.04	
封檐板、顺水板	1.74	
挂衣板、黑板框、单独木线条 100mm 以外	0.52	
挂镜线、窗帘棍、单独木线条 100mm 以内	0.35	

其他木材面工程量系数表　表 2-14

项目名称	系　数	工程量计算方法	项目名称	系　数	工程量计算方法
木板、纤维板、胶合板顶棚、檐口	1.00	长×宽	屋面板（带檩条）	1.11	斜长×宽
清水板条顶棚、檐口	1.07		木间壁、木隔断	1.90	单面外围面积
木方格吊顶顶棚	1.20		玻璃间壁露明墙筋	1.65	
吸声板墙面、顶棚面	0.87		木栅栏、木栏杆（带扶手）	1.82	
鱼鳞板墙	2.48		木屋架	1.79	跨度（长）×中高×1/2
木护墙、墙裙	1.00		衣柜、壁柜	1.00	按实刷展开面积
窗台板、筒子板、盖板、门窗套、踢脚线	1.00		零星木装修	1.10	展开面积
暖气罩	1.28		梁柱饰面	1.00	

木地板工程量系数表　表 2-15

项目名称	系　数	工程量计算方法	项目名称	系　数	工程量计算方法
木地板	1.00	长×宽	木楼梯	2.30	水平投影面积

②金属面油漆

单层钢门窗工程量系数表　　表 2-16

项目名称	系　数	工程量计算方法
单层钢门窗	1.00	洞口面积
双层（一玻一纱）钢门窗	1.48	
钢百叶门	2.74	
半截百叶钢门	2.22	
满钢门或包铁皮门	1.63	
钢折叠门	2.30	
射线防护门	2.96	框（扇）外围面积
厂库房平开、推拉门	1.70	
铁丝网大门	0.81	
间壁	1.85	长×宽
平板屋面	0.74	斜长×宽
瓦垄板屋面	0.89	
排水、伸缩缝盖板	0.78	展开面积
吸气罩	1.63	水平投影面积

其他金属面工程量系数表　　表 2-17

项目名称	系　数	工程量计算方法
钢屋架、天窗架、挡风架、屋架梁、支撑、檩条	1.00	重量（吨）
墙架（空腹式）	0.50	
墙架（格板式）	0.82	
钢柱、吊车梁、花式梁、柱、空花构件	0.63	
操作台、走台、制动梁、钢梁车档	0.71	
钢栅栏门、栏杆、窗栅	1.71	
钢爬梯	1.18	
轻型屋架	1.42	
踏步式钢扶梯	1.05	
零星铁件	1.32	

平板屋面涂刷磷化、锌黄底漆工程量系数表　　表 2-18

项目名称	系　数	工程量计算方法
平板屋面	1.00	斜长×宽
瓦垄板屋面	1.20	
排水、伸缩缝盖板	1.05	展开面积
吸气罩	2.20	水平投影面积
包镀锌铁皮门	2.20	洞口面积

抹灰面工程量系数表　　表 2-19

项目名称	系　数	工程量计算方法
槽形底板、混凝土折板	1.30	长×宽
有梁板底	1.10	
密肋、井字梁底板	1.50	
混凝土平板式楼梯底	1.30	水平投影面积
混凝土花格窗、栏杆花饰	1.82	单面外围面积

③抹灰面油漆、涂料

5）槽型底板、混凝土折板、有梁板、密肋板、井字梁底板、混凝土平板式楼梯底油漆或涂料的工程量按表 2-18 规定并乘以表列系数计算。

（2）油漆、涂料、裱糊工程清单工程量计算规则

油漆、涂料、裱糊工程量清单有 9 节 29 个清单项目。

1）门油漆（编码：020501）、窗油漆（编码：020502）

清单项目描述项目特征应注意：

①应说明门的类型。

②应说明腻子的种类和要求。

③应说明防护材料种类及涂刷遍数。

④应说明油漆品种及刷漆遍数。

⑤门窗洞口或框外围尺寸规范虽未要求描述，但应根据设计图或标准图集列入特征描述，以便正确计价。

清单工程量按设计图示数量计算或设计图示单面洞口面积计算。

2）木扶手及其他板条线条油漆（编码：020503）

清单项目描述项目特征应注意：

①应说明门的类型。

②应说明腻子的种类和要求。

③应说明防护材料种类及涂刷遍数。

④应说明油漆品种及刷漆遍数。

清单工程量按设计图示尺寸长度计算。

3）木材面油漆（编码：020504）

清单工程量按设计图示尺寸以面积计算。其中：

①木间壁、木隔断油漆、玻璃间壁露明墙筋油漆、木栅栏、木栏杆（带扶手）油漆：按设计图示尺寸以单面外围面积计算。

②衣柜、壁柜油漆、梁柱饰面油漆、零星木装修油漆，按设计图示尺寸以油漆部分展开面积计算。

③木地板油漆、木地板烫硬蜡面按设计图示尺寸以面积计算。空调、空圈、暖气包槽、壁龛的开口部分应并入相应工程量内。

4）金属面油漆（编码：020505）

清单项目描述项目特征应注意：

①应说明腻子的种类和要求。

②应说明防护材料种类及涂刷遍数。

③应说明油漆品种及刷漆遍数。

清单工程量按设计图示尺寸以质量计算。

5）抹灰面油漆（编码：020506）

清单项目描述项目特征应注意：

①应说明腻子的种类和要求。

②应说明防护材料种类及涂刷遍数。

③应说明油漆品种及刷漆遍数。

清单工程量按设计图示尺寸以面积计算；抹灰线条油漆按设计图示尺寸以长度计算。

6）喷刷涂料（编码：020507）

清单项目描述项目特征应注意：

①应说明基层类型。

②应说明腻子种类及要求。

③应说明涂料品种及刷漆遍数。

④线条应说明宽度。

清单工程量按设计图示尺寸以面积计算。

7）裱糊（编码：020509）

清单项目描述项目特征应注意：

①应说明裱糊部位及基层类型。

②应说明腻子种类及要求。

③应说明粘结材料种类。

④应说明墙纸品种、规格、品牌、颜色。

清单工程量按设计图示尺寸以面积计算。

6. 其他工程

（1）其他工程定额工程量计算规则

1）货架、橱柜类均以正立面的高（包括脚的高度在内）乘以宽以平方米计算。

2）收银台、试衣间等以个计算，其他以延长米为单位计算。

3）招牌、灯箱：

①平面招牌基础按正立面面积计算，复杂形的凹凸造型部分亦不增减。

②沿雨篷、檐口或阳台走向的立式招牌基层，按平面招牌复杂型执行时，应按展开面积计算。

③箱体招牌和竖式标识箱的基层，按外围体积计算。突出箱外的灯饰、店徽及其他艺术装潢等均另行计算。

④灯箱的面层按展开面积以平方米计算。

⑤广告牌钢骨架以吨计算。

4）美术字安装按字的最大外围矩形面积以个计算。

5）压条、装饰线条、挂镜线均按延长米计算。

6）暖气罩（包括脚的高度在内）按边框外围尺寸垂直投影面积计算。

7）镜面玻璃安装、盥洗室木镜箱以正立面面积计算。

8）塑料镜箱、毛巾环、肥皂盒、金属帘子杆、浴缸拉手、毛巾杆安装以只或副计算。不锈钢旗杆以延长米计算。大理石洗漱台以台面投影面积计算（不扣除孔洞面积）。

9）混凝土书架、碗架按垂直投影面积计算。

10）博物架按垂直投影面积计算，含底部小柜及柜门。

11）牌面板、店牌制作工程按块计算。

12）窗帘布制作与安装工程量以垂直投影面积计算。

13）壁画、国画、平面雕塑按图示尺寸，无边框分界时，以能包容该图形的最小矩形或多边形的面积计算。有边框分界时，按边框间面积计算。

14）立体雕塑（除木雕塑按立方米计算外）按中心线长度以延长米计算。重叠部分1.5m以内乘以系数1.18。超过1.5m分别计算。

15）不锈钢造型，以平方米为单位者，按展开面积计算。同一造型中有管、圆、板、球组合者，应分别计算，分别套项。球造型，如果是半球，大于1/2者，执行球定额；小于1/2者，执行板定额。

（2）其他工程清单工程量计算规则

其他工程清单项目共7节48个项目。

1）柜类、货架（编码：020601）

清单项目描述项目特征应注意：

①应说明台面和台体材料种类、规格。

②应说明骨架及木质面层的油漆种类和涂刷遍数。

清单工程量按设计图示数量以个为单位计算，即能分离的同规格的单体个数计算。如柜台有同规格为1500×400×1200的5个单体，另有一个柜台规格为1500×400×1150，台底安装胶轮4个，以便柜台内营业员由此出入。这样，1500×400×1200规格的柜台数为5个，500×400×1150规格的柜台数为1个。

2）暖气罩（编码：020602）

清单项目描述项目特征应注意：

①应说明骨架及面层材质。

②应说明暖气罩的形式和单个罩的垂直投影面积。

③如油漆，应说明油漆品种及刷漆遍数。

清单工程量按设计图示尺寸以垂直投影面积（不展开）计算

3）浴厕配件（编码：020603）

清单项目描述项目特征应注意：应说明材料品种、规格、颜色；应说明支架、配件品种、规格；如油漆，应说明油漆品种及刷漆遍数；玻璃应注明玻璃的规格（平面尺寸和厚度）。

①洗漱台清单工程量按外形矩形计算。洗漱台放置洗面盆的地方必须挖洞，根据洗漱台摆放的位置有些还需选形，产生挖弯、削角，为此洗漱台的工程量按外接矩形计算。挡板和吊沿均以面积计算并入台面面积内计算。挡板指镜面玻璃下边沿到洗漱台面和侧墙与台面接触部位的竖挡板。

②晒衣架、帘子杆、浴缸拉手、毛巾杆（架）按设计图示数量以根（套）计算。毛巾环按设计图示数量以副为单位计算；卫生纸盒、肥皂盒按设计图示数量以个为单位计算。

③镜面玻璃按设计图示尺寸以边框外围面积计算。

④镜箱按设计图示数量以个为单位计算。

4）压条、装饰线（编码：020604）

清单项目描述项目特征应注意：

①应说明基层类型。

②应说明线条的材料品种和规格、颜色。

③如需油漆，应说明油漆品种及刷漆遍数。

清单工程量设计图示尺寸以水平投影面积计算。

5）雨篷、旗杆（编码：020605）

清单项目描述项目特征应注意：

①应说明基层类型。

②应说明龙骨、面层、吊顶材料的品种、规格、品牌。

③应说明油漆品种及刷漆遍数。

④应注明嵌缝材料种类。

⑤旗杆应注明旗杆的材料品种、规格、高度、基础材料及其贴面材料品种、规格。

雨篷、吊挂饰面按设计图示尺寸以水平投影面积计算。

旗杆按实际设计图示数量以根为单位计算。

6）招牌、灯箱（编码：020606）

清单项目描述项目特征应注意：

①应说明箱体规格。

②应说明基层、面层材料品种、规格。

③应说明防护材料和油漆品种及刷漆遍数。

平面、箱式招牌按设计图示尺寸以正立面边框外围面积计算。复杂的凹凸造型部分不增加面积；竖式标箱，灯箱按设计图示数量以个为单位计算。

7）美术字（编码：0206087）

清单工程量按设计图示数量以个为单位计算。

清单项目描述项目特征应注意：

①应说明基层类型。

②应说明镌字材料品种、颜色、字体规格、固定方式。

③如需油漆，应说明油漆品种及刷漆遍数。

（四）安装工程计量规则

安装定额工程量计算规则如下。

1. 电气设备安装工程

电气设备安装工程预算定额是《某地区统一安装工程消耗量定额及统一基价表》第二册，该定额适用于工业与民用新建、扩建工程中10kV以下变配电设备及线路安装工程、车间动力电气设备及电气照明器具、防雷及接地装置安装、配管配线、电梯电气装置、电气调整试验等的安装工程，该定额共分十四个分部工程。

（1）变压器安装

1）变压器安装

变压器是一种静止设备。它的作用是在交流输配电系统中作为分配电能、变换电压之用。

定额套用与工程量计算：定额按油浸式变压器和干式变压器两大类型，并按变压器额定容量等级划分项目。变压器安装根据系统图按型号、规格的不同分别统计变压器台数，以“台”为单位计算。

2）变压器干燥

定额套用与工程量计算：变压器的干燥与变压器安装定额相对应，按电压等级来套，计量单位为“台”。应该注意，只有需要干燥的变压器才能计取此项费用（变压器经过试验，判定受潮时才须进行干燥），编制施工图预算时计算此项，工程结算时根据实际情况再做处理。

3）变压器油过滤

定额套用与工程量计算：变压器油过滤不考虑过滤次数，直到过滤合格为止，以“t”为单位计算。

（2）配电装置

1）断路器安装

定额应用与工程量计算：断路器安装定额，根据断路器的种类与电流的大小分项。工程量根据系统图来统计，真空断路器安装、SF6断路器、大型空气断路器、油断路器（不分多油和少油）按额定电流大小以“台”计量。

2）隔离开关、负荷开关安装

定额应用与工程量计算：隔离开关、负荷开关安装的预算定额分为户外与户内两种，根据开关的额定电流分项，定额的计量单位为“组”。

3）互感器安装

定额应用与工程量计算：电压互感器安装不区分三相和单相、油浸式或浇注式、安装于室内或室外，基础上或支架上，均套用同一定额。电流互感器主要以一次测量额定电流大小划分项目，不分电流互感器的具体型号、规格及其安装形式，以台为单位计算。

4）熔断器安装

定额应用与工程量计算：额定电压在 10kV 以上的高压熔断器不论装于室内或室外，装于柱上、墙上或构架上，均套用同一定额，计量单位为“组”，定额按每三相为一组计算。熔断器与负荷开关或隔离开关已按成品组装成套的，在套用隔离开关安装定额后不能再计算熔断器安装工程量。

5）电力电容器安装

定额应用与工程量计算：移相式及串联式电容器、集合式并联电容器按单个重量划分子目。计量单位为“个”，电容器安装仅指本体安装，连接导线按导线连接形式另套定额。

6）高压成套配电柜安装

定额应用与工程量计算：成套高压配电柜安装定额分为单母线柜和双母线柜安装。在两类母线柜中又按柜中主要元件分为断路器、电压互感器或其他电气元件分别立项。定额的计量单位为“台”。定额中不包括基础槽钢的安装埋设、母线配制及设备的干燥。

7）组合式成套箱式变电站安装

组合式成套箱式变电站又称“箱式变电所”，它由生产厂家成套供应，现场组合安装即成。这种成套变电所不必建造变压器室和高低压配电室，从而减少了土建投资，而且便于深入负荷中心，简化供配电系统。这种组合式变电所已在高层建筑中广泛应用。

定额应用与工程量计算：定额按箱式变电站是否带有高压开关柜和变压器容量划分子目。不带高压开关柜的箱式变电站的高压侧进线一般采用负荷开关。计量单位为“台”。

（3）母线及绝缘子安装

1）绝缘子安装

定额应用与工程量计算：绝缘子安装定额按绝缘子的特征和安装条件编有悬挂式绝缘子、户内支持绝缘子和户外支持绝缘子。

①悬式绝缘子串安装，悬式绝缘子悬垂绝缘子串安装，指垂直或 V 形安装的提挂导线、跳线、引下线，设备连接线或设备等所用的绝缘子串安装，它依据电压等级的高低和使用要求可以由 1 片到几片直至几十片组装成串。计量单位为“10 串”，耐张绝缘子串的安装已包括在软母线的安装定额内。

②定额根据 10kV 电压等级及绝缘子的安装孔数立项，有 1 孔及 2 孔、4 孔等项，定额以“10 个”为计量单位。按平面图、剖面图统计计算，且绝缘子为未计价材料。

2）穿墙套管安装

穿墙套管适用于变配电站配电装置及电器设备中，供导线穿过建筑物墙板或电器设备箱壳作导电部分与地绝缘起支持之用，分户内型和户外型两类。

定额应用与工程量计算：定额不分穿墙套管的型号、电流大小、水平安装、垂直安装、安装在墙上或其他设备的箱壳上，均套用同一定额。计量单位为“个”，穿墙套管为未计价材料。1kV 以下的低压穿墙装置（板），应套用第二册第四章“穿通板制作、安装”定额。

3）母线安装

母线安装分变配电装置高压母线和车间配电低压母线，母线安装定额按母线种类划分软母线、组合软母线、带形硬母线、槽形母线、共箱母线、低压封闭式插接母线槽、重型母线以及各种母线的引下线、跳线与设备连接线、母线伸缩接头（补偿器）等项目。一般10kV电压等级变配电工程中通常采用带形硬母线、低压封闭式插接母线槽。

①带形母线安装。

定额套用与工程量计算：带形母线安装的预算定额根据每相片数及每片的截面积立项。通常母线截面不大于1200mm²时采用一片，如需要更大截面时则采用多片。定额的计量单位为“10m/单相”。母线为计价材料。

②带形母线引下线安装。

带形母线安装与带形母线引下线安装的区别在于：某段母线，若其一端与馈线连接，另一端与设备（如变压器、隔离开关等）相连接，则该母线称母线引下线。

定额套用与工程量计算：定额按母线材质，每相片数及每片母线截面积大小划分子目。计量单位为“10m/单相”，工程量均按图示单相“延长米”计算。母线、金具为未计价材料。

③带形母线伸缩接头安装。

定额套用与工程量计算：带形母线伸缩接头的定额按不同材质（铜、铝）和每相片数立项。定额的计量单位为“个”。而铜过渡板以“块”为计量单位。所用伸缩接头、铜过渡板按成品考虑，为未计价材料。

④低压封闭式插接母线槽安装。

定额套用与工程量计算：低压封闭式插接母线槽定额按母线每相导体额定电流的大小划分子目，封闭式母线槽进出分线箱安装定额按分线箱额定电流大小划分子目。母线槽安装以“10m”为计量单位，长度按施工图设计母线的轴线长度计算，母线槽为未计价材料；封闭式母线槽进出分线箱安装，按施工图设计数量以“台”为计量单位，分线箱本体为未计价材料。

（4）电缆线路敷设

电缆线路敷设适用于10kV以下的电力电缆和控制电缆敷设，不适宜用在河流积水区、水底、井下等条件下的电缆敷设。

1）电缆沟填挖、人工开挖路面

定额套用与工程量计算：直埋电缆的挖、填土（石）方除特殊要求外，可按表2-20计算土方量。

直埋电缆的挖、填土（石）方量 **表2-20**

项目	电缆根数	
	1～2	每增加1根
每米沟长挖方量（m³）	0.45	0.153

注意事项：

①两根以内的电缆沟，系按上口宽度600mm，下口宽度400mm，深度900mm计算的常规土方量（深度按规范的最低标准）；

②每增加一根电缆，其宽度增加170mm；

③以上土方量系按埋深从自然地坪起算，如设计埋深超过 900mm 时，多挖的土方量应另行计算。

电缆沟挖填按电缆沟的土质不同立项，计量单位为“m^3”；人工开挖路面按路面的材料不同立项，计量单位为“m^2”。

2）电缆沟铺砂、盖砖及移动盖板

定额套用与工程量计算：

①铺砂、盖砖（或盖保护板）

铺砂、盖砖（或盖保护板）以电缆沟内敷设 1～2 根电缆作为基本定额子目，以每增 1 根电缆为辅助定额子目。计量单位为“100m”。

②揭盖盖板

揭盖盖板预算定额用于电缆沟沟内明敷电缆，定额按盖板长度分项。定额中包括揭盖盖板的人工费。移动盖板或揭或盖，定额均按一次考虑，如又揭又盖则按两次计算。

3）电缆保护管及顶管敷设

定额套用与工程量计算：电缆保护管长度，除按设计规定长度计算外，遇有下列情况，应按以下规定增加保护管长度：

①横穿道路，按路基宽度两端各加 2m；

②垂直敷设时，管口距地面加 2m；

③穿过建筑物外墙时，按基础外缘以外增加 1m；

④穿过排水沟，按沟壁外缘以外加 1m。

4）电缆桥架安装

桥架安装是指电缆敷设时所需的一种支架和槽（又称托盘）合称桥架或电缆桥架。

定额套用与工程量计算：桥架安装定额按桥架材质和形式分有：钢制桥架、玻璃钢桥架、铝合金桥架，组合桥架及桥架支撑架，桥架支撑架适用于立柱、托臂及其他的各种支撑的安装。

各种材质桥架安装工程量均区分不同规格，以“m”为计量单位，定额单位为“10m”；组合式桥架以“片”为计量单位，定额单位为“100”片；桥架支撑架以“100kg”为计量单位。

5）电缆敷设

定额套用与工程量计算：电缆敷设的预算定额根据电缆芯的材质不同（铝芯、铜芯），按电缆截面分项。电缆敷设以“100m”为定额计量单位。不包括终端电缆头和中间电缆盒的制作安装。电缆为未计价材料。电缆敷设定额中均未考虑波形增加长度及预留等富余长度，该长度应计入工程量之内。电缆敷设长度应根据敷设路径的水平和垂直距离计算，并另按规定增加附加长度。

单根电缆长度=（水平长度 + 垂直长度 + 预留长度）×（1+2.5%曲折弯余量）（2-36）

其预留（附加）长度见表 2-21 所示。

注意事项：

①电力电缆的定额截面面积系指一根电缆的截面积，而非一根电缆所包含电缆芯数的全部截面积。因此计算电力电缆截面时，不得将三芯和零线截面相加计算（电缆头制作安装定额中的截面也与此相同）

电缆敷设的附加长度 表 2-21

序号	项　　目	预留长度（附加）	说　　明
1	电缆敷设弛度、波形弯度、交叉	2.5%	按电缆全长计算
2	电缆进入建筑物	2.0m	规范规定最小值
3	电缆进入沟内或吊架时引上（下）预留	1.5m	规范规定最小值
4	变电所进线、出线	1.5m	规范规定最小值
5	电力电缆终端头	1.5m	检修余量最小值
6	电缆中间接头盒	两端各留 2.0m	检修余量最小值
7	电缆进控制、保护屏及模拟盘等	高＋宽	按盘面尺寸
8	高压开关柜及低压配电盘、箱	2.0m	盘下进出线
9	电缆至电动机	0.5m	从电机接线盒起算
10	厂用变压器	3.0m	从地坪起算
11	电缆绕过梁柱等增加长度	按时计算	按被绕物的断面情况计算增加值
12	电梯电缆与电缆架固定点	每处 0.5m	规范最小值

②电力电缆敷设定额是按三芯（包括三芯连地）制定的，5 芯电力电缆敷设定额乘以系数 1.3，6 芯乘以系数 1.6，每增加 1 根定额增加 30%，以此类推。单芯电力电缆敷设按同截面电缆定额乘以系数 0.67。截面 $400mm^2$ 以上至 $800mm^2$ 的单芯电力电缆敷设按 $400mm^2$ 电力电缆定额执行；截面 800～$1000mm^2$ 的单芯电力电缆敷设按 $400mm^2$ 电力电缆定额乘以系数 1.25 执行。

③厂外电缆（包括进厂部分）敷设，由于距离较远，需要按第二册定额第十章“工地运输”定额另计工地运输费，厂内外电缆的划分原则上以厂区的围墙为界，没有围墙的以设计规定的全厂平面范围来确定。

④电缆在一般山地、丘陵地区敷设时，其定额人工乘以系数 1.3。该地段所需的施工材料如固定桩、夹具等按实另计。

6）电缆头制作安装

定额套用与工程量计算：各种电缆头制作安装的预算定额以不同形式及不同作用分别立项。电力电缆的电缆头预算定额根据电压等级，按照电缆截面的大小分项，控制电缆按照电缆芯数分项。定额均以“个”为计量单位。电力电缆定额均按铝芯电缆考虑的，铜芯电力电缆头按同截面的电缆头定额乘以系数 1.2，双屏蔽电缆头制作、安装，人工乘以系数 1.05。

（5）防雷及接地系统工程

防雷接地装置，一般都有三大部分构成，分别是接闪器、引下线和接地体。接闪器通常有避雷针、避雷网、避雷带等形式；引下线一般由引下线、引下线支持卡子、断接卡子、引下线保护管等组成；接地体一般由接地母线、接地极组成。

1）避雷针制作安装

普通避雷针制作、安装，以“根”为计量单位，独立避雷针安装以“基”为计量单位。工程量计算时，其长度、高度、数量均按施工图图示设计的规定。

定额项目分为普通避雷针制作、安装及独立避雷针安装。避雷针制作按钢管、圆钢及针长划分子目，避雷针安装按安装地点、安装高度划分子目。

2）避雷网安装

①避雷网敷设以“10m”为计量单位，工程量按施工图图示“延长米”计算，其长度按施工图设计水平和垂直规定长度另加3.9%的附加长度（包括转弯、上下波动、避绕障碍物、搭接头所占长度）计算，即：

$$避雷网敷设长度（m）=施工图设计长度（m）\times（1+3.9\%） \quad (2\text{-}37)$$

②敷设避雷网用混凝土块制作以“10块”为计量单位，工程量按施工图图示数量计算，施工图未说明时，避雷网直线段可按每1～1.5 m设1块、转弯段可按每0.5～1m设1块考虑。

③均压环敷设以“10m”为计量单位，主要考虑利用圈梁内主筋作均压环接地连线，焊接按两根主筋考虑，超过两根时，可按比例调整。长度按施工图设计需要作均压接地的圈梁中心线长度，以“延长米”计算。

注意：均压环的敷设方式有两种，一种是利用圈梁钢筋做均压环，另一种是单独用扁钢圆钢做均压环。单独用扁钢、圆钢做“均压环”时，仍以延长米计量，用第二册第九章“户内接地母线敷设”子目。

④利用圈梁钢筋做均压环，利用柱子主筋做引下线时，柱子主筋与圈梁钢筋要互相焊接成网的，焊接工程量按焊接点以“10处”为计量单位，每处按两根主筋与两根圈梁钢筋焊接连接考虑，超过两根时，可按比例调整，需要连接的柱子主筋和圈梁钢筋“处”数按施工图计算。

⑤定额按沿混凝土块敷设、沿折板支架敷设、混凝土块制作、利用圈梁钢筋均压环敷设和柱子主筋与圈梁钢筋焊接划分子目。使用时按规定套用相应定额子目。

3）避雷引下线敷设

①沿建筑物、构筑物引下：引下线安装工程量计算，按施工图建筑物高度计算，以“延长米”计量。计量公式为：

$$引下线长度=按图示尺寸计算垂直和水平长度\times（1+3.9\%） \quad (2\text{-}38)$$

②利用金属构件、建筑物主筋引下，按引下长度以“延长米”计。利用建筑物主筋作引下线的，每一柱子内按焊接两根主筋考虑，如果焊接主筋数超过两根时，可按比例调整。

③断接卡子制作、安装，按施工图设计规定装设的数量计算。接地检查井内的断接卡子安装按每井一套计算。

④引下线敷设定额根据引下线敷设方式不同分为利用金属构件引下、沿建筑物、构筑物引下、利用建筑物主筋引下三个子目。安装定额包括支持卡子的制作与埋设，使用时分别套用其定额子目。引下线为未计价材料。

4）接地极（板）制作安装

定额套用与工程量计算：接地极制作安装以“根”为计量单位，工程量按施工图图示数量计算，其长度按设计长度计算，设计无规定时，每根长度按2.5m计算。若设计有管帽时，管帽另按加工件计算。

定额项目分为钢管、角钢、圆钢接地板和铜、钢接地极板（块），分普通土、坚土，使用时分别套用相应定额子目。

注意事项：

①钢管、角钢、圆钢、铜板、钢板均为未计价主材。接地极材料一般应按镀锌考虑。

②工程如果利用基础钢筋作接地体，则不套用本定额。

5）接地母线敷设

定额套用与工程量计算：接地母线敷设，按施工图设计长度以“10m”为计量单位计算工程量，其长度应按图示“延长米”另加3.9%的附加长度计算，即：

接地母线敷设长度（m）＝施工图设计长度（m）×（1＋3.9%）　(2-39)

定额分户内、户外接地母线和铜接地绞线敷设，户外接地母线和铜接地绞线敷设还按截面划分子目。使用时分别套用相应定额子目。

注意事项：

①外接地母线敷设定额系按自然地坪和一般土质综合考虑的，包括地沟的挖填土和夯实工作，执行本定额时不应再计算土方量。如遇有石方、矿渣、积水、障碍物等情况时可另行计算。

②接地母线为未计价材料。

③电缆支架的接地线安装应执行“户内接地母线敷设”定额。

6）接地跨接线安装

定额套用与工程量计算：接地线遇有障碍时，需跨越而相连的接头线称为跨接线。接地跨接线一般出现在建筑物伸缩缝、沉降缝等处。接地跨接线、钢铝窗接地以“10处”为计量单位，构架接地以“处”为计量单位。工程量按施工图图示数量计算。定额分构架接地及钢铝窗接地，使用时套用相应定额子目。

注意事项：

①金属线管通过箱、盘、柜、盒等焊接的连接线，线管与线管连接管箍处的连接线，箱、盘、柜、盒等的安装定额、配管定额均已包括了该工作内容，不得再计算为接地跨接线工程量。

②高层建筑6层以上的金属窗，设计部门一般要求接地。钢铝窗接地工程量应按施工图设计规定接地的金属窗数量进行计算。

7）接地装置调试

接地装置调试主要是对接地装置的接地电阻值进行测试，以确定接地装置是否达到工程设计要求。

定额套用与工程量计算：独立接地装置调试以“组”为计量单位，接地网以“系统”为计量单位，工程量按施工图图示数量计算。接地装置调试，定额分为独立接地装置调试和接地网调试，使用时分别套用相应定额子目。

注意事项：

①独立的接地装置按“组”计算，如一台柱上变压器有一个独立的接地装置，若测试一次，即按一组计算。

②避雷针接地电阻的测定，每一避雷针均有单独接地网（包括独立的避雷针、烟囱避雷针等），均按一组计算。

③接地网接地电阻的测定，发电厂或变电站连为一体的母网，按一个系统计算；自成

母网不与厂区母网相连的独立接地网，另按一个系统计算，如厂区内某一独立变电所接地网不与厂区母网相连，则应按一个系统计算。大型建筑群各有自己的接地网（接地电阻值设计有要求），虽然最后也将各接地网联在一起，但应按一个系统计算。

④接地装置调试定额适用于所有电气设备安装工程的接地装置调试。

(6) 电气调整试验

电气调试分有系统调试、设备单体调试、设备单体元件和单个仪表调试、各工序调试。

电气调试系统的划分以电气原理系统图为依据，电器设备元件的单体试验均包括在相应定额的系统调试之内，不得重复计算。如对变压器的系统调试中已包括该系统的变压器、互感器、开关、仪表和继电器等一、二次设备的本体调试和回路试验。绝缘子和电缆等单体试验，只在单独试验时使用。而工序调试包括在系统调试中，在系统调试定额中各工序的调试费用如需单独计算时，可按一次设备本体试验40%，附属高压二次设备试验20%，一次电流及二次回路检查20%，机电器及仪表试验20%计算。

1）送配电系统调试

送配电系统是指配电用的开关、控制设备及一、二次回路。系统调试即指对上述的各个电气设备及电气回路的调试。

定额套用与工程量计算：送配电设备系统调试预算定额适用于各种送配电设备和低压电回路。定额根据电流种类和电压等级分项，定额以“系统”为计量单位。

1kV以下交流供电设备系统调试定额为综合定额，10kV以下交流供电系统调试定额为单项定额。直流供配电系统调试按500V、1650V划分子目。

2）变压器系统调试

10kV电力变压器系统调试的预算定额根据变压器容量大小分别立项，以“系统”为计量单位。

3）发电机、调相机系统调试

定额按发电机、调相机的功率划分子目，以“系统”为计量单位。定额不包括特殊保护装置、信号装置、同期装置及备用励磁机的调试。

4）特殊保护装置调试

特殊保护装置，均已构成一个保护回路为一套考虑。

5）母线、避雷器、电容器及接地装置调试

定额套用与工程量计算：

①母线系统调试：

母线系统是指变电所内的高、低压母线装置，系统调试包括：母线耐压试验，接触电阻测量、电压互感器、绝缘监视装置的调试。

定额根据电压等级分项，区分1kV以下及10kV以下，以“段”为计量单位。定额中的1kV以下母线系统调试定额适用于低压配电装置及控制站（电磁站）母线，不适用于动力配电箱母线，动力配电箱至电动机的母线已综合考虑在电动机调试定额内。

10kV母线系统是以一段母线上有一组电压互感器为一个系统计算的，定额中不包括特殊保护装置的高度以及35kV上母线、设备耐压试验。1kV以下母线系统调试定额不包含电压互感器。

②避雷器调试：

避雷器、电容器的调试按每三相为一组计算，以“组”为计量单位，电容器调试按1kV及10kV以下划分子目。单个装设的亦按一组计算。上述设备如设置在发电机、变压器输配电线路的系统或回路内，仍应按相应定额计算调试费用。

③接地装置调试：

接地装置调试包括接地极和接地网的调试，接地极以“根”为计量单位，不论几根接地极均作一次试验套一次定额。接地网的“系统”为计量单位。

(7) 配管配线工程

照明线路的工程量计算，一般先算干线，后算支线，按不同的敷设方式、不同型号和规格的导线分别进行计算。建筑照明进户线的工程量，原则上是从进户横担到配电箱的长度。对进户横担以外的线段不计入照明工程量中。计算程序是根据照明平面图和系统图，按进户线，总配电箱，向各照明分配电箱配线，经各照明分配电箱向灯具、用电器具的顺序逐项进行计算。这样思路清晰，有条理，既可以加快看图、提高计算速度，又可避免重算和漏算。

配管线路安装预算由两部分组成，管路敷设即配管和管内穿线即配线。

1）配管工程

①工程量计算规则。

各种配管工程量以管材质、敷设方式和规格不同，按“延长米”计量，不扣除接线盒(箱)、灯头盒、开关盒所占长度。

②工程量计算方法。

从配电箱起按各个回路进行计算，或按建筑物自然层划分计算，或按建筑平面形状特点及系统图的组成特点分片划块计算，然后汇总。千万不要“跳算”，防止混乱，影响工程量计算的正确性。以图2-27为例讲述其计算方法。图2-27中，QA表明沿墙暗敷设(新符号为WC)，QM表明沿墙明敷设（新符号为WE)。*n*1、*n*2分别表示两个回路。

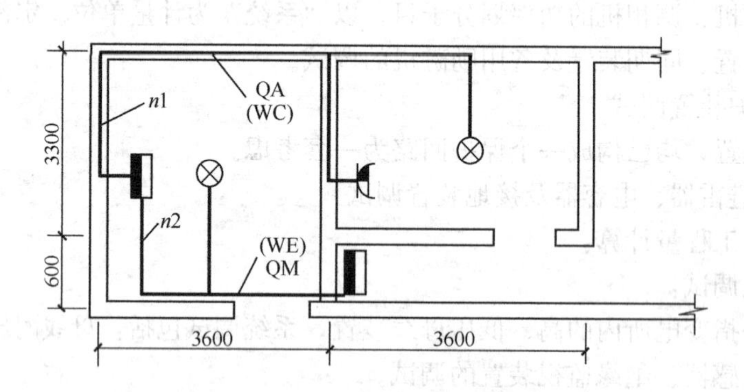

图2-27 线管水平长度计算示意图

A. 水平方向敷设的线管，以施工平面布置图的线管走向和敷设部位为依据，并借用建筑物平面图所标墙、柱轴线尺寸进行线管长度的计算。当线管沿墙暗敷时（WC)，按相关墙轴线尺寸计算该配管长度。当线管沿墙明敷时（WE)，按相关墙面净空长度尺寸计算线管长度。

B. 垂直方向敷设的管（沿墙、柱引上或引下)，其工程量计算与楼层高度及与箱、柜、盘、板、开关等设备安装高度有关。无论配管是明敷或暗敷均按图 2-28 计算线管长度。一般来说，拉线开关距顶棚 200～300mm，开关插座距地面距离为 1300mm，配电箱底部距地面距离为 1500mm。在此要注意从设计图纸或安装规范中查找有关数据。

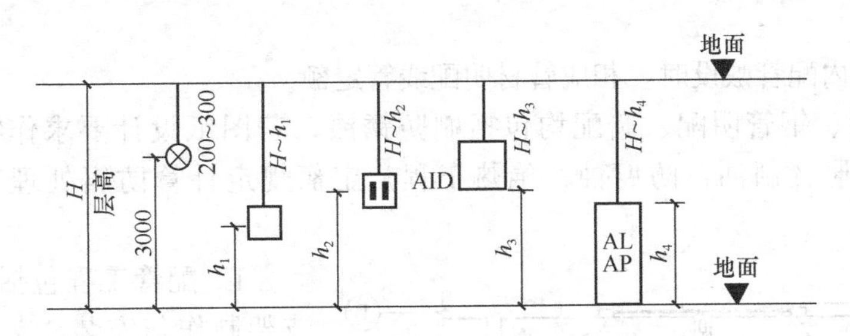

图 2-28　引下线管长度计算示意图

可知，拉线开关 1 配管长度为 200～300mm，开关 2 配管长度为（$H-h_1$），插座 3 的配管长度为（$H-h_2$），配电箱 4 的配管长度为（$H-h_3$），配电柜 5 的配管长度为（$H-h_4$）。

C. 当埋地配管时（FC），水平方向的配管按墙、柱轴线尺寸及设备定位尺寸进行计算。穿出地面向设备或向墙上电气开头配管时，按埋的深度和引向墙、柱的高度进行计算。

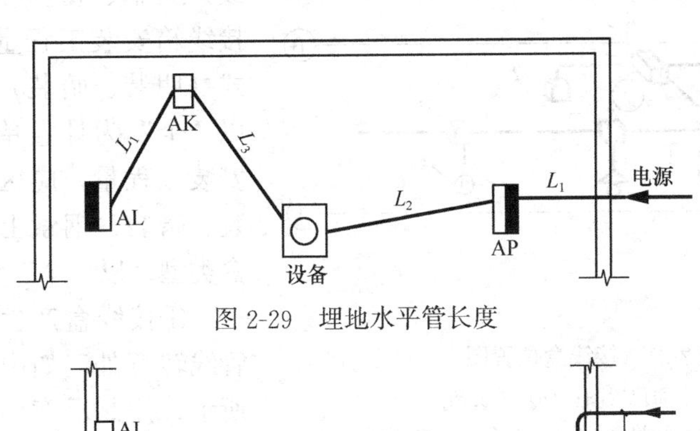

图 2-29　埋地水平管长度

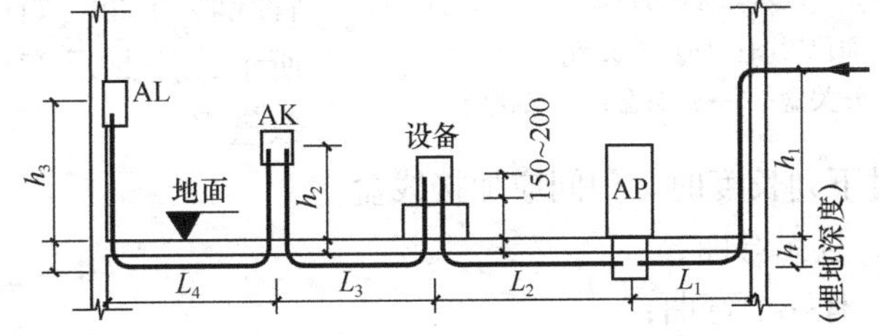

图 2-30　埋地管出地面长度

若电源架空引入，穿管进入配电箱（AP），再进入设备，又连开关箱（AK），再连照明箱（AL）。水平方向配管长度为 $L_1+L_2+L_3+L_4$，均算至各中心处。垂直方向配管长度为（h_1+h）[电源引下线管长度] +（h+设备基础高+150～200mm）[引向设备线管长度] +（$h+h_2$）[引向刀开关线管长度] +（$h+h_3$）[引向配电箱线管长度]。

配管安装用定额第二册第十二章相应子目。

③配管工程量计算中的其他规定

A. 在钢索上配管时，除计算钢索配管外，还要计算钢索架设和钢索拉紧装置制作与安装两项。钢索架设工程量，应区分圆钢、钢索（直径 6mm、9mm）按图示墙（柱）内缘距离，以“延长米”为计量单位计算，不扣除拉紧装置所占长度。钢索拉紧装置制作安装工程量，应区别花篮螺栓直径（12、16、18）以“套”为计量单位计算。

B. 当动力配管发生刨混凝土地面沟时，应区别管子直径，以“m”为计量单位计算，用相应定额。

C. 在吊顶内配管敷设时，相应管材明配线管定额。

D. 电线管、钢管明配、暗配均包括刷防锈漆，若图纸设计要求作特殊防腐处理时，按第十一册《刷油、防腐蚀、绝热工程》定额规定计算防腐处理工程量并用相应定额。

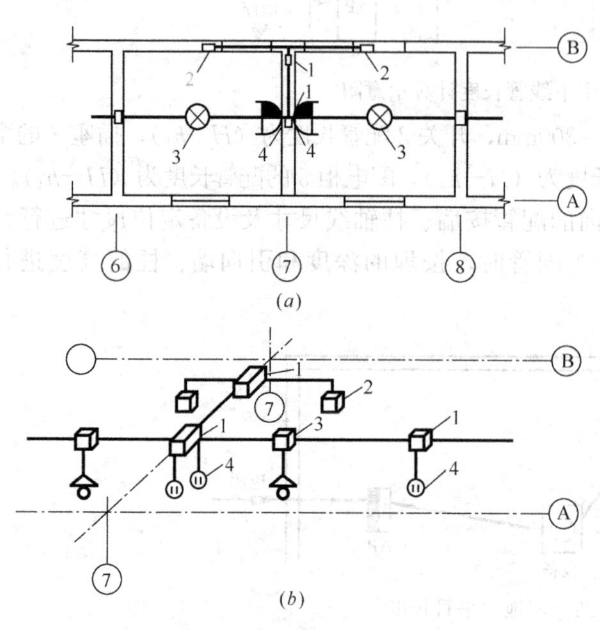

图 2-31　接线盒位置图

(a) 平面位置图；(b) 透视图

1—接线盒；2—开关盒；3—灯头盒；4—插座盒

E. 配管工程包括接地，不包括支架制作与安装，支架制作安装另列项计算。

2）配管接线箱、接线盒安装工程量计算

明配线管和暗配线管，均发生接线盒（分线盒）或接线箱安装，或开关盒、灯头盒及插座盒安装。接线箱安装工程量，应区别安装形式（明装、暗装）、接线箱半周长，以“个”为计量单位计算。接线盒安装工程量，应区别安装形式（明装、暗装、钢索上安装）以及接线盒类型，以“个”为计量单位计算。

①接线盒产生在管线分支处或管线转弯处，如图 2-31（a）、（b）所示，按此示意图位置计算接线盒数量。

②线管敷设超过下列长度时，中间应加接线盒。

A. 管长>45m，且无弯曲；

B. 管长>30m，有一个弯曲；

C. 管长>20m，有 2 个弯曲；

D. 管长>12m，有 3 个弯曲。

3）管内穿线

①管内穿线工程量计算。

管内穿线工程量计算应区分线路性质（照明线路和动力线路）、导线材质（铝芯线、铜芯线和多芯软线）、导线截面，按单线“延长米”为计量单位计算。照明线路中的导线截面超过 $6mm^2$ 以上时，按动力穿线定额计算。

管内穿线长度可按下式计算：

管内穿线长度 =（配管长度 + 导线预留长度）× 同截面导线根数　　(2-40)

②导线进入开关箱、柜及设备预留长度见表 2-22 及图 2-32 所示：

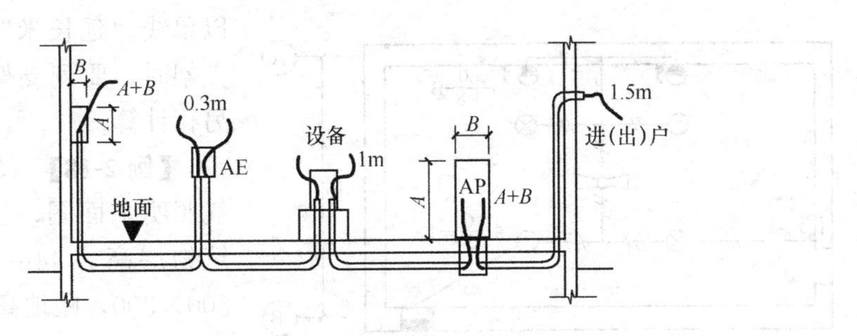

图 2-32　导线预留长度

导线预留长度　　　　表 2-22

序号	项　　目	预留长度/m	说　明
1	各种开关箱、柜、板各种开关箱、柜、板	宽+高	盘面尺寸
2	单独安装（无箱、盘）的铁壳开关、闸刀开头、启动器、母线槽进出线盒	0.3	从安装对象中心算起
3	由地面管子出口引至动力接线箱	1.0	从管口算起
4	由电源与管内导线连接（管内穿线与硬、软母线接头）	1.5	从管口算起
5	出户线（或进户线）	1.5	从管口算起

接头线、进入灯具及明暗开关、插座、按钮等预留导线长度已分别综合在相应定额中，不得另行计算导线长度。

③导线与设备相连需焊（压）接头端子的，工程量按“个”计量，用相应定额。

4）其他配线工程量计算

配线工程用第二册第十二章定额

①线夹配线工程量，应区别线夹材质（塑料线夹或瓷质线夹）、线式（两线式或三线式）、敷设位置（在木结构、砖结构或混凝土结构上）以及导线规格，以“线路延长米”为计量单位计算。

②绝缘子配线工程量，应区分鼓形绝缘子（瓷柱）、针式绝缘子和蝶式绝缘子配线以及绝缘子配线位置、导线截面积，以单线“延长米”计量。

绝缘子配线沿墙、柱、屋架或跨屋架、跨柱敷设。需要支架时，按施工图规定或标准图计算支架质量以 100kg 计量，并列项计算支架制作。

当绝缘子配线跨越需要拉紧装置时，按“套”计算制作安装，用第二册第十二章相应子目。

③槽板配线工程量，区分为槽板的材质（木槽板或塑料槽板）、导线截面、线式（两线式或三线式）以及配线位置（敷设在木结构、砖结构或混凝土结构上）以“线路延长米”计量。

④塑料护套线配线，应区别导线截面导线芯数（二芯或三芯）、敷设位置（敷设于木结构、砖混凝土结构上或沿钢索敷设）区别，按“单根线路延长米”计量。

塑料护套线沿钢索敷设时，需另列项计算钢索架设及钢索拉紧装置两项。

⑤线槽配线工程量，金属线槽和塑料线槽安装，按“m”计量，金属线槽宽 100mm 的，用加强塑料线槽定额，>100mm 的母线槽时用槽，用槽式桥架定额。线槽进出线盒以容量分档按“个”计量；灯头盒、开关盒按“个”计量；线槽内配线以导线规格分档，

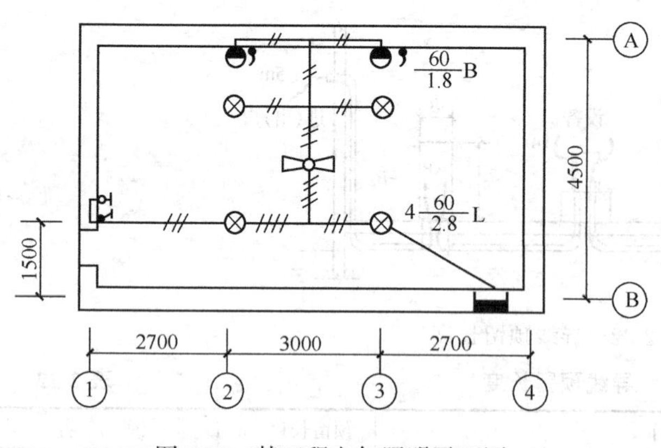

图 2-33 某工程电气照明平面图

以单线“延长米”计量。线槽需要支架时，要列支架制作与安装项目另行计算。

【例 2-18】 图 2-33 为某工程电气照明平面图，三相四线制。该建筑物层高 3.44m，配电箱 M_1 规格 500×300，距地高度 1.5m，线管为 PVC 管 VG15，暗敷设，开关距地 1.5m。试计算回路①配电箱、配管配线工程量。

【解】 沿电流方向，根据管内穿线根数不同分段计算。

①成套配电箱安装一套

②PVC 管 VG15（3.44－1.5－0.5） [配电箱引出、埋墙敷设 2 根导线]＋$\sqrt{2.7\times2.7+1.5\times1.5}$ [④轴至③轴 2 根导线]＋（3/2） [③轴至②轴穿 3 根导线]＋（3/2）[③轴至②轴穿 4 根导线]＋2.7 [②轴至①轴 3 根导线]＋1 [①轴至吊扇 4 根导线]＋1 [吊扇至灯具 3 根导线]＋1 [灯具至 A 轴 2 根导线]＋3×2 [去花灯及壁灯 2 根导线]＋（3.44－1.8）×2 [壁灯垂直方向 2 根导线]＋（3.44－1.5）×4 [至吊扇、灯具、壁灯开关 2 根导线]＝30.26m

③BV-2.5 导线对照管段计算式子，按管段长×穿线根数计算。

$[(3.44-1.5-0.5+0.5+0.3)\times2]+[\sqrt{2.7\times2.7+1.5\times1.5}\times2]+[(3\div2)\times3]+[(3\div2)\times4]+(2.7\times3)+(1\times4)+(1\times3)+(1\times2)+[3\times2\times2]+[(3.44-1.8)\times2\times2]+[(3.44-1.5)\times4\times2]=70.08\text{m}$

④开关盒等：开关盒 4 个（3 个灯具开关各一个开关盒，吊扇调速开关暗装一个），灯头盒 7 个（6 个灯具、1 个吊扇处各安装一个），接线盒 4 个（导线分支处）。

（8）照明器具安装

照明器具安装包括灯具安装、照明用开关、按钮、安全变压器、插座、电铃和风扇及盘管风机开关等安装，其中以灯具安装为重点。照明灯具种类繁多，根据它们的用途及发光方法，将其安装预算定额分为七大类，即：普通灯具安装定额、装饰灯具安装定额，荧光灯具安装定额、工厂灯及防水防尘灯安装定额、工厂其它灯具安装定额、医院灯具安装定额、艺术花灯安装定额和路灯安装定额。此外，照明用开关、按钮、安全变压器、插座、电铃和风扇及盘管风机开关、请勿打扰灯、须刨插座、钥匙取电器安装等的安装预算定额也划归照明器具中。

定额中各型灯具的接线，除注明者外，均综合在定额内使用时不再计算。灯具安装定额包括灯具和灯管的安装，灯具的未计价材料计算，以各地灯具预算价或市场价为准。灯具预算价格材料价格包括灯具和灯泡（管）时，就不分别计算。若不包括灯泡（管）时，应另计算灯泡（管）的未计价材料价值。

1）照明灯具安装工程量计算

照明灯具安装工程量计算应区别灯具的种类、型号、规格、安装方式分别列项，以

“套”为计量单位计算。其中：

①普通灯具安装，包括吸顶灯、其他普通灯具两大类，均以“套”计量。

其他灯具包括，软线吊灯和链吊灯，它们均不包括吊线盒价值，必须另计。软线吊灯未计价材料价值按下式计算：

软线吊灯未计价材料价值 = 吊线盒价 + 灯头价 +（灯伞价）+ 灯泡价　(2-41)

②荧光灯具安装，分组装型和成套型两类。

A. 成套型荧光灯，凡由工厂定型生产成套供应的灯具，因运输需要，散件出厂、现场组装者，执行成套型定额。这类有链吊式、管吊式、一般吸顶式安装方式。

B. 组装型荧光灯，凡不是工厂定型生产的成套灯具，或由市场采购的不同类型散件组装起来，甚至局部改装者，执行组装定额。这类有链吊式、管吊式、一般吸顶式和嵌入吸顶式等安装方式。组装型荧光灯每套可计算一个电容安装及电容器的未计价材料价值。

③装饰灯具安装工程量计算。

装饰灯具安装以“套”计量，根据灯的类型和形状，以灯具直径、灯垂吊长度、方形、圆形等分档，对照灯具图片套用定额。

2）开关、按钮、插座及其他器具安装工程计算。

A. 开关安装包括拉线开关、板把开关、板式开关、密闭开关、一般按钮开关安装，并分明装与暗装，均以“套”计量。

应注意本处所列“开关安装”是指第二册第十三章“照明器具”用的开关，而不是指第二册第四章“控制设备及低压电器”所列的自动空气开关、铁壳开关和胶盖开关等电源用“控制开关”，故不能混用。

计算开关安装同时应计算明装开关盒或暗装开关盒安装一个，用相应开关盒安装子目。

第十三章定额所列一般按钮、电铃安装，应与第二册定额第四章的普通按钮、防爆按钮、电铃安装分开，前一个用于照明工程，后一个用于控制，注意区别。

B. 插座安装定额分普通插座和防爆插座两类，又分明装与暗装，均以“套”计量。计算插座安装同时应计算明装或暗装插座盒安装，执行开关盒安装定额。

C. 风扇、安全变压器、电铃安装。

风扇安装，吊扇不论直径大小均以“台”计量，定额包括吊扇调速器安装；壁扇、排风扇、鸿运扇安装，均以“台”计量。

安全变压器安装，以容量（VA）分档，以“台”计量；但不包括支架制作，支架制作应另立项计算。

电铃安装，以铃径大小分档，以“套”计量；门铃安装分明装与暗装以“个”计量。

2. 消防工程

水灭火系统通常分为普通消防系统（又称消火栓给水灭火系统）和自动喷淋给水灭火系统两种。普通消防系统由管网和消火栓等组成；自动喷水系统由管网、控制设备和喷头组成。

（1）定额的适用范围

适用于工业与民用建筑中的消防系统的新建、扩建和整体更新改造工程。

(2) 与其他相关册定额的关系

1) 本册各种消防泵、稳压泵等机械设备安装及二次灌浆执行第一册相应项目。

2) 本册内容所涉及的电力、控制电缆敷设、桥架安装配管、配线、接线盒、动力、应急照明控制设备及器具，电动机检查接线，防雷接地装置等安装均执行第二册相应项目。

3) 泡沫液储罐、设备支架制作安装等执行第五册相应项目。

4) 各种套管的制作安装，焊接或法兰连接的不锈钢、铜管及泵间管道安装执行第六册相应定额。

5) 自动喷淋灭火系统、室外消防管道及室内外消火栓管道系统的阀门、法兰安装使用第八册定额；自动水喷雾灭火系统、气体灭火系统以及泡沫灭火系统的阀门、法兰安装执行第六册《工业管道工程》相应项目。

6) 消火栓管道、室外给水管道安装及水箱制作安装，执行第八册相应项目。

7) 各种消防泵、稳压泵等的安装及二次灌浆，执行第一册《机械设备安装工程》相应项目。

8) 各种仪表的安装，水流指示器、压力开关的接线、校线，执行第十册《自动化控制仪表安装工程》相应项目。

9) 各种设备支架的制作安装等，执行第五册《静置设备与工艺金属结构制作安装》相应项目。

10) 设备及支架、法兰焊口除锈刷油，执行第十一册相应项目。

(3) 工程量计算规则与定额应用

1) 界线划分

①室内外界线：入口处设阀门者以阀门为界，无阀门者以建筑物外墙皮 1.5m 为界。

②设在高层建筑内的消防泵间管道界线，以泵间外墙皮为界。

2) 工程量计算规则

①管道安装按设计管道中心线长度，以“10m”为计量单位，不扣除阀门、管件及各种组件所占长度。

②喷头安装按有吊顶、无吊顶分别以“10 个”为计量单位。

③报警装置安装按成套产品以“组”为计量单位。

④温感式水幕装置安装，按不同型号和规格以“组”为计量单位。

⑤水流指示器、减压孔板安装，按不同规格以“个”为计量单位。

⑥末端试水装置按不同规格以“组”为计量单位。

⑦集热板制作安装以“个”为计量单位。

⑧室内消火栓安装，区分单口栓、双口栓、自救式三种形式，以“套”为计量单位，所带消防按纽的安装另行计算。

⑨室外消火栓安装，工作压力按 1.6MPa 考虑，区分不同规格和覆土深度，以“套”为计量单位。

⑩消防水泵接合器安装，区分不同安装方式和规格，以“套”为计量单位。如设计要求用短管时，其本身价值可另行计算，其余不变。

3) 定额应用说明

①管道安装定额包括管道、管件安装、管道支架制作安装及除锈刷漆、管道强度及严密性试验、冲洗、吹扫等。

②镀锌钢管法兰连接定额中的管件，是按成品管件现场（接短管）焊法兰考虑的，管件、法兰及螺栓的主材数量应按设计图纸另行计算。

③镀锌钢管安装定额也适用于镀锌无缝钢管。其对应关系见表 2-23。

公称直径与管外径的对应表 **表 2-23**

公称直径（mm）	15	20	25	32	40	50	70	80	100	150	200
无缝钢管外径（mm）	20	25	32	38	45	57	76	89	108	159	219

④管道安装定额只适用于自动喷水灭火系统，若管道公称直径大于 100mm 采用焊接时，其管道和管件安装等应执行第六册相应定额。

⑤消防、报警装置安装定额按成套产品考虑的。

⑥喷头、报警装置及水流指示器均按管网系统试压、冲洗合格后安装考虑的，定额中已包括丝堵、临时短管的安装、拆除及其摊销。

⑦雨淋、干式（含干湿两用）及预作用报警装置的安装，执行湿式报警装置安装定额，人工乘以系数 1.14，其余不变。

⑧温感式水幕装置安装定额中已包括给水三通后至水幕系统的管道、管件、阀门、喷头等全部安装内容，管道的主材数量和喷头数量均按设计用量另加损耗计算。

⑨室内消火栓组合卷盘安装，按室内自救式 65 型消火栓执行。

⑩隔膜式气压水罐安装，定额中地脚螺栓是按设备带有考虑的，定额中已包括指导二次灌浆用工，但二次灌浆费另计。

（4）消防工程实例

【例 2-19】 如图 2-34 所示某自动喷淋系统，试列项计算自动喷淋系统工程量。

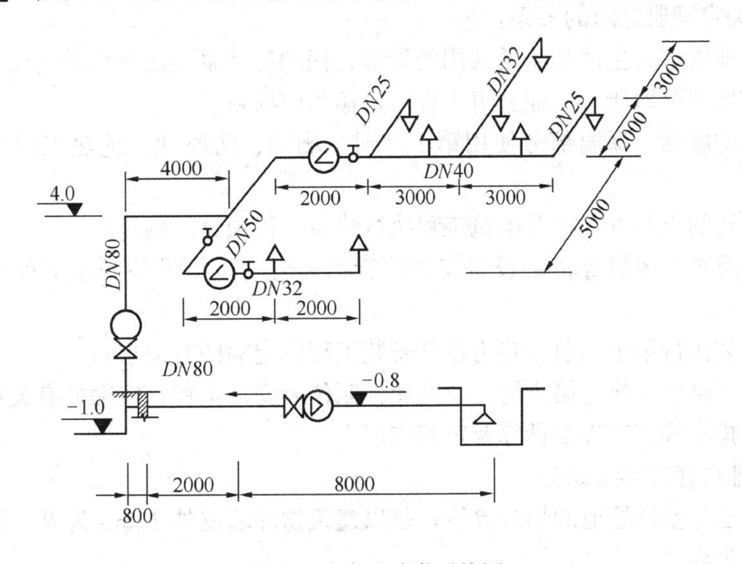

图 2-34 自动喷淋系统图

【解】 工程量计算如表 2-24 所示。

工程量计算表 **表 2-24**

序号	工程名称	单位	数量	计算公式
1	镀锌钢管（螺纹）*DN*80	m	11.10	1.5+0.8+0.8+4.0+4.0
2	镀锌钢管（螺纹）*DN*50	m	5.00	5
3	镀锌钢管（螺纹）*DN*40	m	8.00	2.0+3.0+3.0
4	镀锌钢管（螺纹）*DN*32	m	9.00	2.0+2.0+2.0+3.0
5	镀锌钢管（螺纹）*DN*25	m	4.00	2.0+2.0
6	湿式喷淋自动报警阀 *DN*80	组	1.00	1.0
7	水流指示器 *DN*40	个	2.00	2.0
8	螺纹阀 *DN*50	个	1.00	1.0
9	螺纹阀 *DN*40	个	1.00	1.0
10	螺纹阀 *DN*32	个	1.00	1.0
11	自动喷淋头 *DN*15	个	8.00	8.00
12	管网冲洗	m	37.10	11.1+5.0+8.0+9.0+4.0

3. 给排水、采暖工程

给水排水、采暖工程内容包括：室内、外给水排水系统组成；室内给水排水工程分类；室内外给水排水管道安装要求。

给水排水工程预算定额内容包括：定额适用范围；给水排水工程预算定额与其相关定额册的关系；给水排水工程预算定额中有关费用系数等。主要掌握室内给水排水系统组成内容及预算编制范围；熟悉该部分定额的有关内容，达到能准确的使用定额的目的。

（1）定额适用范围与相关定额

1）定额的适用范围：

第八册《给排水、采暖、煤气工程》适用于新建、扩建项目中的生活用给水、排水、煤气、采暖热源管道以及附件配件安装、小型容器制作安装。

2）与相关定额册之间的关系：

①对于工业管道、生产和生活共用的管道、锅炉房和泵类配管以及高层建筑物内加压泵间的管道应使用第六册《工业管道工程》定额相应项目。

②刷油、防腐蚀、保温部分使用第十一册《刷油、防腐蚀、绝热工程》定额的相关项目。

③埋地管道的土石方工程及砌筑工程执行建筑工程预算定额。

④有关各类泵、风机等传动设备安装执行第一册《机械设备安装工程》定额的有关项目。

⑤锅炉安装执行第十三册《热力设备安装工程》定额的有关项目。

⑥压力表、温度计执行第十册《自动化控制仪表安装工程》定额的有关项目。

（2）给水排水管道工程量计算及定额应用

1）给水排水管道界线划分。

①室内管道与室外管道的划分界线，是以建筑物外墙皮外 1.5m 为界，如果入口处设阀门者以阀门为界。

②室外管道与市政管道划分界线，是以水表井为界，如无水表井，以与市政管道碰头点为界。

2）排水管道界限划分。

①室内管道与室外管道的划分界线，是以出户第一个排水检查井为界。

②室外管道与市政管道的划分界线，是以室外管道与市政管道碰头点为界。

由以上的划分规定，把给排水工程划分为三部分：室内给水排水工程、室外给水排水工程、市政给水排水工程。由于市政给水排水工程属于市政工程预算的范围，本课程不涉及，下面我们就围绕室内外给水排水工程预算的编制进行讲解。

3）给水排水管道安装的工程量计算与定额套用

①管道工程量计算。

室内给排水管道安装工程量均应区分不同材质、连接方式、接头材料（铸铁管）、公称直径分别按施工图所示管道中心线长度以“m”为单位计算，不扣除阀门及管件（包括减压器、疏水器、水表、伸缩器等组成安装）所占的长度。

管道长度的确定：水平敷设管道，以施工平面图所示管道中心线尺寸计算；垂直安装管道，按立面图、剖面图、系统轴测图与标高尺寸配合计算。

②定额应用：

定额已包括以下工作内容：

A. 管道及接头零件安装；

B. 水压试验或灌水试验；

C. 室内 *DN*32 以内（包括 *DN*32）的钢管包括了管卡及挂钩制作安装；

D. 钢管包括弯管制作安装（伸缩器除外）；

E. 穿墙及过楼板铁皮套管安装人工。

定额中不包括以下工作内容，应另行计算。

A. 室内外管道沟土方及管道基础，应执行土建工程预算定额；

B. 管道安装中不包括法兰、阀门及伸缩器的制作安装，按相应定额子目另计；

C. 室内外给水铸铁管安装，包括接头零件所需人工，但接头零件价格另计；

D. *DN*32 以上的钢管支架按管道支架另计；

E. 过楼板的钢套管的制作、安装，按室外钢管（焊接）项目计算。

【例 2-20】 如图 2-35 所示，计算给水管道的工程量。

【解】 工程量的计算方法、计算公式及计算结果如表 2-25 所示。

给水管道工程量计算表 **表 2-25**

序号	项目名称	单位	数量	部位提要	计 算 式
1	镀锌钢管 *DN*50	m	3.845	GL1	出户管（1.5+0.345+1）+1（GL1）
2	镀锌钢管 *DN*40	m	6.455	GL1	（4.2−1）+（3.6−0.28−0.065×2）
3	镀锌钢管 *DN*32	m	14.165	GL1	（7.4−4.2）+（4.5−0.345−0.5）×3层
4	镀锌钢管 *DN*25	m	9.1	GL2	（8.8+0.3）
5	镀锌钢管 *DN*20	m	8.633	GL2 支管	（4.5−0.345−1）÷2×3层+（2.4−1.1）×3层
6	镀锌钢管 *DN*15	m	8.783	GL2 支管	（4.5−0.345−1）÷2×3层+（2.4−1.2）×3层+0.15×3层
7	镀锌钢管 *DN*15 冲流管	m	8.1	GL2	（3−0.15×2）×3层

【例 2-21】 如图 2-36 所示，计算排水管道工程量。

【解】 工程量计算方法、计算过程如表 2-26 所示。

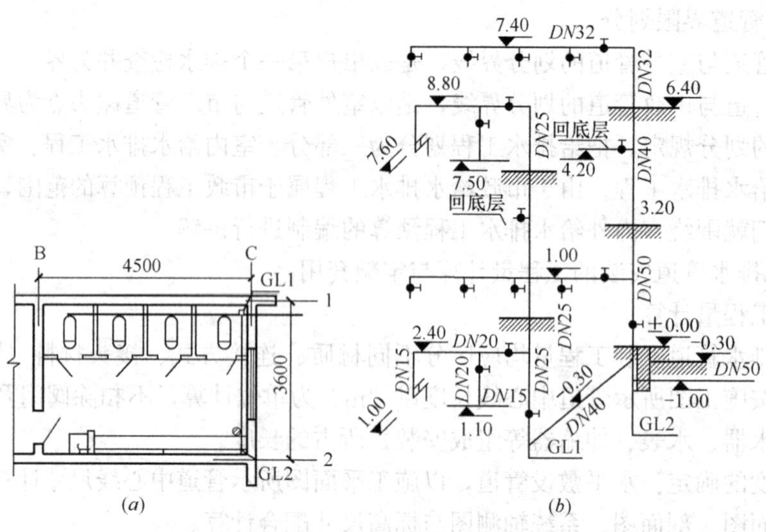

图 2-35 某工程给水工程图

(*a*) 平面图；(*b*) 系统图

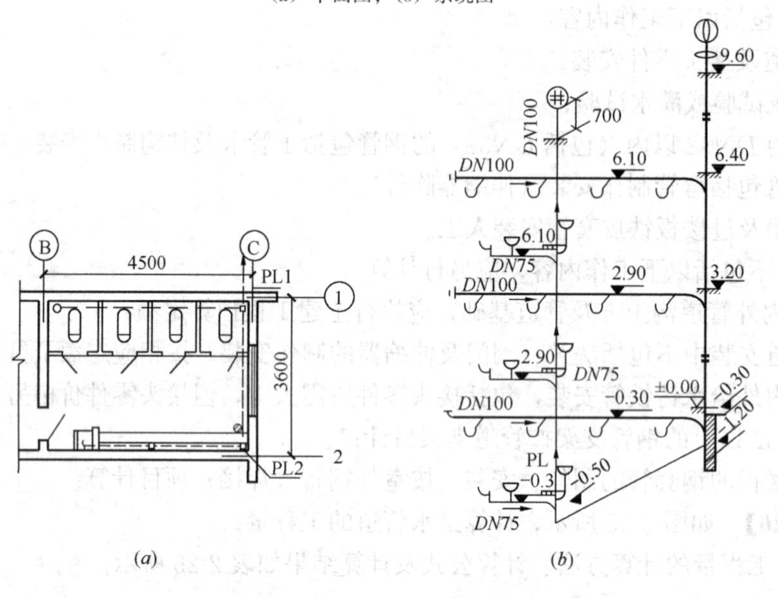

图 2-36 某工程排水工程图

(*a*) 平面图；(*b*) 系统图

排水管道工程量计算表 **表 2-26**

序号	项目名称	单位	数量	部位提要	计 算 式
1	排水铸铁管 *DN*100	m	40.94	PL1、PL2	出户管 PL12.5＋0.28＋0.13＋1.2＋（9.6＋0.7）＋（4.5－0.28－0.13－0.2）×3＋0.25×4＋PL2（3.6－0.28－0.13×2）＋9.6＋0.5＋0.7
2	排水铸铁管 *DN*75	m	13.77	PL2 支	（4.5－0.28－0.13－1）×3 层＋（0.6＋0.3＋0.3＋0.3）×3 层

（3）套管及管道支架制作安装

1）钢套管按设计长度以“m”计，套用相应室外钢管安装定额。

2）$DN32$ 以上钢管支架的制作及安装，按支架型钢的重量“kg”为单位计算，执行定额相应子目。型钢为未计价材。

（4）法兰安装

法兰安装应区分不同材质（铸铁、碳钢）、连接方式（丝接、焊接）、直径大小，分别以“副”为单位计算，法兰为未计价材。

（5）管道伸缩器制作安装

伸缩器应按不同类型分别以“个”计，除方形伸缩器项目外，伸缩器为未计价材。

（6）室内给水管的消毒、冲洗

管道消毒、冲洗区分不同直径，按管道长度（不扣除阀门、管件所占长度）分别以“m”为单位计算。

（7）管道除锈、刷油工程量计算及定额应用

1）钢管除锈工程量计算。

钢管除锈工程量按管道展开面积以“m^2”为单位计算工程量，其计算公式为：

$$S = \pi DL \tag{2-42}$$

式中 D——钢管外径；

L——钢管长度。

$DN32$ 以上管道，内外壁除锈时分别计算；$DN32$ 以下定额包括内外壁除锈工程量。定额套第十一册《刷油、防腐蚀、绝热工程》定额相应子目。

2）管道刷油工程量计算

管道表面刷油应区分油漆涂料的不同种类和涂刷（喷）遍数，分别以“m^2”为单位计算，钢管、铸铁管刷油表面积计算公式同管道除锈。定额套用第十一册定额相关子目。

管道刷油工程量计算注意事项：

A. 各种管件、阀门的刷油已综合考虑在定额内，不得另计；

B. 同一种油漆刷三遍时，第三遍套用第二遍的定额子目；

C. 刷油工程定额项目是按安装地点就地刷（喷）油漆编制的，如安装前集中刷油时，人工乘以系数 0.7 计算。

（8）土方及基础。

管道沟及管道基础，应按建筑工程预算定额的规定计算。

（9）阀门安装工程量计算及定额应用

1）各种阀门安装工程量应按其不同类别、规格型号、公称直径和连接方式，分别以“个”为单位计算。阀门为未计价材。

2）水表组成与安装工程量计算及定额应用。

水表是一种计量建筑物或设备用水量的仪表，根据连接方式及管道直径不同分为螺纹水表（$DN \leqslant 40$）及法兰水表（$DN \geqslant 50$）两种。见图 2-37 所示。

螺纹水表按公称直径的不同，以“个”为单位计算；焊接法兰水表（带旁通管及止回阀）按公称直径不同，以“组”为单位进行计算。

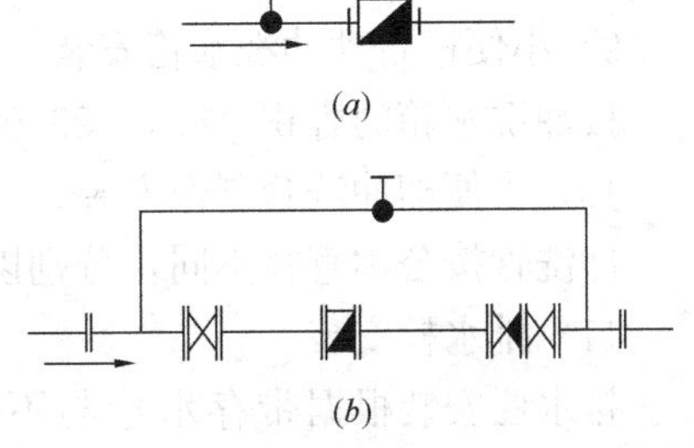

图 2-37 水表组成示意图
（a）螺纹连接水表；（b）法兰连接水表组

法兰水表安装是按 S145《全国通用给水、排水

标准图集》编制的，定额内包括旁通管及止回阀，如实际安装形式与此不同时，阀门可按实调整，其余不变。

（10）卫生器具制作与安装

卫生器具的种类和规格繁多，有盆类、水龙头（喷头）类、便器类、排水口类、开（热）水器具等。

1）浴盆安装。

浴盆按材质可分为铸铁搪瓷、陶瓷、玻璃钢、塑料等，外形尺寸又有大小之分，按安装形式又可分为自带支撑和砖砌支撑，按使用情况又可分为不带淋浴器、带固定淋浴器、带活动淋浴器等几种形式。工程量计算时根据浴盆材质及供水种类（冷水、冷热水、冷热水带喷头）等情况以“组”为单位计算。安装范围是：给水是水平管与支管交接处；排水是存水弯处。

2）洗脸盆安装。

根据接管种类（钢管、铜管）、开启方式（普通开关、肘式开关、脚踏开关）、供水种类（冷水、冷热水）不同，分别以“组”为单位计算；安装范围同浴盆。

3）洗涤盆安装。

洗涤盆安装，根据洗涤盆规格（单嘴、双嘴）、开启方式（肘式开关、脚踏开关、鹅颈水嘴）不同，分别以“组”为单位计算。安装范围同洗脸盆。

4）淋浴器组成与安装。

按材质（钢管、铜管）、供水种类（冷水、冷热水）不同，分别以“组”为单位计算。安装范围：水平管与支管交接处。

5）水龙头安装。

水龙头安装按公称直径，以“个”为单位计算。

6）大便器安装。

大便器安装按其形式（蹲式、坐式）、冲洗方式（瓷高水箱、瓷低水箱、普通冲洗阀、手压阀冲洗、脚踏阀冲洗、自闭冲洗阀）、接管材料等不同，以“套”为单位计算。安装范围：给水是水平管与支管交接处；排水是存水弯处。

7）小便器安装。

根据其形式（挂斗式、立式）、冲洗方式（普通冲洗、自动冲洗）、联数（一联、二联、三联）不同，分别以“套”为单位计算。安装范围：水平管与支管交接处。

8）大便槽自动冲洗水箱安装。

按冲洗水箱的容积（40～108L）不同，分别以“套”为单位计算。

9）小便槽自动冲洗水箱安装

按冲洗水箱的容积（8.4～25.9L）不同，分别以“套”为单位计算。

10）小便槽冲洗管制作安装。

冲洗管按公称直径不同，分别以“m”为单位计算。

11）排水栓安装

排水栓安装根据带存水弯与不带存水弯、公称直径的不同，分别以“组”为单位计算。

12）地漏、地面扫除口安装。

地漏、地面扫除口安装根据其公称直径的不同，分别以“个”为单位计算。

(11) 小型容器制作安装工程量计算及定额套用

1) 钢板水箱制作，按施工图所示尺寸，不扣除人孔、手孔重量，以“kg”为单位计算。法兰和短管水位计另计。

2) 钢板水箱安装按总容量（m^3）不同以“个”为单位计算。

3) 集气罐制作安装，按直径大小不同，分别以“个”为单位计算，套用第六册“工艺管道工程”相关子目。

安装清单工程量计算规则如下。

工程量清单计价时，按照计价规范规定，安装工程清单工程量应严格按《计价规范》(GB 50500—2008) 附录C的工程量计算规则计算，清单项目的工程量应以实体工程量为准，并以完成后的净值计算，不能同消耗量定额的工程量计算规则相混淆。

附录C清单项目适用于采用工程量清单计价的工业与民用建筑（含公用建筑）的给水排水，采暖，通风空调，电气，照明，通信，智能等设备，管线的安装工程和一般机械设备安装工程，共13章。

1. 电气工程

《计价规范》“附录C.2”包括10kV以下的变配电设备、控制设备、低压电器、蓄电池等安装，电机检查接线及调试，防雷及接地装置，10kV以下的配电线路架设、动力及照明的配管配线、电缆敷设、照明器具安装等清单设置和计量。

(1) 变压器安装（项目编码030201）

本分部项目适用于10kV以下各种类型、各种容量的电力变压器、消弧线圈安装工程。

1) 因干燥、油过滤而发生的干燥棚搭拆应按措施项目计价。

2) 干式变压器干燥无对应定额，以“待补”字样注明。报价时可参照其他相关定额。

3) 干式变压器安装、整流变压器安装、干燥，自耦式变压器安装、干燥，带负荷调压器安装、干燥，电炉变压器的安装，消弧线圈的干燥，均在其工作内容名称后面以“*”号注明。

(2) 配电装置安装（项目编码030202）

本分部项目适用于各种配电装置安装工程。

1) 干式电抗器、移相及串联电容器、集合式并联电容器项目名称中有“质量”二字，“质量”表示的不是安装工程的工程质量是优良还是合格，而是指设备的重量“t”，或“kg”。其他各分项工程项目中“质量”二字的涵义均同。

2) 因干燥、油过滤而发生的干燥棚搭拆应按措施项目计价。

3) 组合型成套箱式变电站安装的基础浇注，应按“××省建筑工程工程量清单计价办法”中相关项目编码列项。

4) 本分部设备安装若发生端子板安装、端子板外部接线时，计价人应予考虑。

5) 互感器的干燥和环网柜的安装，均无对应定额，以“待补”字样注明。报价时可参照其他相关定额。

6) 工程内容中的干式电抗器安装以“*”注明。计价时应注意计算规则和定额中的相关说明。

(3) 母线安装（项目编码 030203）

本分部项目适用于各种母线安装工程。

1) 重型母线的计量单位为“t”，其他各种母线的计量单位为“m”。清单编制时的工程数量，是按设计图示尺寸以质量或长度计算的。计价时应按清单给定工程数量加上定额规定的预留长度和损耗量计算。

2) 轻型母线清单计价时，应注意清单给定工程数量与定额工程数量的换算。

3) 工程内容中的悬式绝缘子串安装和低压封闭式插接母线槽安装均以“*”注明。计价时应注意计算规则和定额中的相关说明。

(4) 控制设备及低压电器安装（项目编码 030204）

本分部项目适用于各种控制设备及低压电器安装工程。

1) 本部分中的分项工程项目“控制开关”包括：自动空气开关、刀形开关、铁壳开关、胶盖刀闸开关、组合控制开关、万能转换开关、漏电保护开关等。

2) 本部分中的分项工程项目“小电器”是各种小型电器元（器）件的统称，包括：按钮、照明用开关、插座、电笛、电铃、电风扇、水位电器信号装置、测量表计、继电器、电磁锁、屏上辅助装设备、辅助电压互感器、小型安全变压器等。

3) 各种配电屏、柜、箱的外部进出线预留长度在计价时应予考虑。

4) 各种配电屏、柜、箱上若增加少量小电器而发生盘柜配线、端子板外部接线以及发生的焊（压）接线端子，计价时均应考虑。

5) 可控硅柜安装和风扇安装均以“*”注明。计价时应注意计算规则和定额中的相关说明。

6) 030204018 配电箱项目中。床头柜须说明回路数。其他配电箱（板）须说明半周长。

(5) 蓄电池安装（项目编码 030205）

本分部项目适用于各种蓄电池安装工程。

1) 当蓄电池的抽头连接采用电缆及保护管时，计价时应予考虑。

2) 各种蓄电池的安装、充放电、清单计量单位均是“个”，而免维护铅酸蓄电池的安装，定额计量单位时“组件”，各种蓄电池的充放电定额计量单位是“组”。计价时应注意换算。

(6) 电机检查接线及调试（项目编码 030206）

本分部项目适用于各种发电机、调相机、交直流电动机检查接线及调试工程。

1) 按规范要求从管口到电机接线盒之间要有金属软管保护，计价时应注意其材质和长度。

2) 分项工程项目中的计价单位，除电动机组检查接线及调试以“组”外，其他分项工程项目均以“台”为计量单位。而定额的大中型电机检查接线和干燥均以每台吨重和平均每吨为计量单位。计价时，可按电机铭牌上或产品说明书上的重量与定额项目相对应。

3) 励磁电阻器安装，以“待补”字样注明。计价时可参照其他相关定额。

4) 电加热器检查接线及其干燥、备用励磁机组检查接线及其干燥、励磁电阻器（综合）干燥均以“*”注明。计价时应注意计算规则和定额中的相关说明。

(7) 滑触线装置安装（项目编码 030207）

本分部项目适用于干燥滑触线安装工程。

安全节能型滑触线安装以“*”注明。计价时应注意计算规则和定额中的相关说明。

(8) 电缆安装（项目编码 030208）

本分部项目适用于各种电缆敷设、电缆保护管、电缆桥架和电缆支架安装工程。

1）电力电缆工程数量在清单编制时，按设计图示尺寸以长度计算（即净长度）。计价时，应按清单给定工程数量加上定额规定的预留长度、附加长度和损耗量计算。

2）电力电缆敷设和电缆桥架安装均以“*”注明。计价时应注意计算规则和定额中的相关说明。

3）电缆桥架的规格是指桥架的高＋宽。

(9) 防雷及接地装置（项目编码 030209）

本分部项目适用于各种防雷及接地装置安装工程。

1）接地装置中的换土或化学处理、避雷装置中的接地桩制作和换土或化学处理均以“待补”字样注明。计价时可参照其他相关定额。

2）平层顶上烟囱及凸起的构筑物所做避雷针安装和采用扁钢或圆钢做均压环，均以“*”注明。计价时应注意计算规则和定额中的相关说明。

(10) 10kV 以下架空配电线路（项目编码 030210）

本分部项目适用于 10kV 以下架空配电线路安装工程。

1）杆上变配电设备安装为山东省的补充项目，编制清单时注意项目编码为 11 位。

2）分项工程项目“导线架设”，计价时应按清单给定数量，再加上定额规定的预留长度和损耗量计算。

(11) 电气调整试验（项目编码 030211）

本分部项目适用于以上各种系统的电气设备的本体试验和主要设备分系统调整试验工程。

10kV 以下变压器系统调试以“*”注明。计价时应注意计算规则和定额中的相关说明。

(12) 配线、配管（项目编码 030212）

本分部项目适用于各种形式的电气配线、配管安装工程。

1）电机中配用的金属软管不单设分析工程项目，应在相关电机检查接线分析工程项目的计价中考虑。

2）“电气配管”计价时，设计若无要求，可按施工及验收规范的规定计量接线箱（盒）。

3）“电气配线”工程数量在清单编制时，按设计图示尺寸以单线延长米计算（即净长度）。计价时，应按清单给定工程数量加上定额规定的预留长度和损耗量计算。

(13) 照明器具安装（项目编码 030213）

本分部项目适用于工业与民用建筑（含公共设施）内和厂区、住宅区内一般路灯安装工程。

1）030213001 普通吸顶灯及其他灯具包括：圆球、半圆球吸顶灯，方形吸顶灯，软线吊灯，吊链灯，防水吊灯，一般弯脖灯，一般墙壁灯，软线吊灯头、座灯头。

2）030213002 工厂灯及其他灯具包括：直杆工厂吊灯，吊链式工厂灯，吸顶式工厂灯，弯杆式工厂灯，悬挂式工厂灯，防水防尘灯，防潮灯，腰形舱顶灯，碘钨灯，管形氙气灯，投光灯，安全灯，防爆灯，高压水银防爆灯，防爆荧光灯。

3）030213003 装饰灯具包括：吊式艺术装饰灯，吸顶式艺术装饰灯，荧光艺术装饰灯，几何形状组合艺术灯，标志诱导艺术装饰灯，水下艺术装饰灯，点光源艺术装饰灯，草坪灯，歌舞厅灯。

4）030213004 荧光灯具包括：组装形荧光灯，成套形荧光灯。

5）030213005 医疗专用灯具包括：病房指示灯，病房暗脚灯、紫外线杀菌灯、无影灯。

2. 消防工程

《建设工程工程量清单计价规范》“附录 C. 7”为消防工程，清单项目有管道安装、系统组件安装（喷头、报警装置、水流指示器）、其他组件安装（减压孔板、末端试水装置、集热板）、消火栓（室内外消火栓、水泵接合器）、气压水罐、管道支架等工程，并按安装部位（室内外）、材质、型号规格、连接方式、及除锈、油漆、绝热等不同特征设置清单项目。其中主要项目工程量计算规则有：

（1）水灭火系统（项目编码 030701）

1）水灭火系统包括消火栓灭火和自动喷淋灭火的管道安装、系统组件安装（喷头、报警装置、水流指示器）、其他组件安装（减压孔板、末端试水装置、集热板）、消火栓（室内外消火栓、水泵接合器）、气压水管等工程。

2）“项目名称”中要求描述的安装部位：管道是指室内、室外；消火栓是指室内、室外、地，上、地下；消防水泵接合器是指地上、地下、壁挂等。要求描述的型号规格：管道是指口径（一般为公称直径，无缝钢管应按外径及壁厚表示）：阀门是指阀门的型号，如 Z41T-10-50、J11T-16-25；报警装置是指湿式报警、干湿两用报警、电动雨淋报警、预作用报警等；连接形式是指螺纹连接、焊接或法兰连接。

（2）气体灭火系统（项目编码 030702）

1）气体火火系统包括卤代烷（1211、1301）灭火和二氧化碳灭火系统的管道安装、系统组件安装（喷头、选择阀、储存装置）二氧化碳称重检漏安装等。

2）管道的材质：无缝钢管（冷拔、热轧、钢号要求）不锈钢管（1Cr13、1Cr18Ni9、1Cr18Ni9Ti 等）、铜管为纯铜管（T1、T2、T3）黄铜管（H59～H96）。规格为公称直径或外径（外径应按外径 *X* 壁厚表示），连接方式是指螺纹连接或焊接等。

（3）泡沫灭火系统（项目编码 030703）

泡沫灭火系统包括管道安装、阀门安装、法兰安装及泡沫发生器、混合储存装置等。

（4）管道支架制作安装（项目编码 030704）

管道支架制作安装适用于个灭火系统项目的支架制作安装

（5）火灾自动报警系统（项目编码 030705）

火灾自动报警系统包括点型探测器、线型探测器、按钮、模块（接口）报警探测器、联动控制器、报警联动一体机、重复显示器、报警装置形式、远程控制器等。

（6）消防系统调试（项目编码 030706）

各消防系统调试工作范围如下：

自动报警装置调试为各种探测器、报警按钮、报警控制器，以系统为单位按不同点数编制工程量清单并计价。

水灭火系统控制装置调试为水喷头、消火栓、消防水泵接合器；水流指示器、末端试水装置等，以系统为单位按不同点数编制工程量清单并计价。

气体灭火控制系统装置调试包括电动防火门、防火卷帘门、正压送风阀、排烟阀、防火阀等装置的调试，并按其类型以“处”为单位编制工程量清单项目。

3. 给排水、采暖、燃气工程

《计价规范》“附录 C. 8 给水排水、采暖、燃气工程”系指生活用给水排水工程、采暖工程、生活用燃气工程安装，及其管道、附件、配件安装和小型容器制作等。

附录 C. 8 中给水排水工程与其他工程的界限划分为：给水管道以建筑外墙皮 1. 5m 处为分界点，入口处设有阀门的以阀门为分界点；排水管道以排水管出户后第一个检查井为分界点，检查井与检查井之间的连接管道为室外排水管道。附录 C. 8 中常见的给水排水工程项目计量规则主要包括：

（1）附录 C. 8. 1 给水排水、采暖、燃气管道

给水排水、采暖、燃气管道安装项目划分、项目特征、工程内容及工程量计算规则详见《计价规范》C. 8. 1 所示。其中管道工程量按设计图示管道中心线长度以延长米计算，不扣除阀门、管件（包括减压器、疏水器、水表、伸缩器等组成安装）及各种井类所占的长度；方形补偿器以其所占长度按管道安装工程量计算。

（2）管道支架制作安装

《计价规范》C. 8. 21 所示的清单项目，适用于暖、卫、燃气器具、设备的支架制作与安装工程，按设计图示质量以“kg”计算。

（3）管道附件安装

附录 C. 8. 3 清单项目包括阀门、法兰、计量表、伸缩器、PVC 排水管道消声器和伸缩节、水位标尺、抽水缸、调长器，如《计价规范》C. 8. 3 所示。各清单项目应按附件的具体名称、类型、材质、型号、规格、连接方式等不同特征分项，按设计图示数量以相应的计量单位计算。

（4）卫生器具安装

各项目工程内容及计算规则详见《计价规范》C. 8. 4，卫生器具安装工程按卫生器具名称、材质及组装形式、型号、规格、开关种类、连接方式等不同特征编制清单项目，按设计图示数量以相应的计量单位计算。

（5）采暖工程系统调整

附录 C. 8. 7 采暖工程系统调整为非实体工程项目，但由于工程需要必须单独列项。应按由采暖管道、管件、阀门、法兰、供暖器具工程的，以“系统”为单位计量，执行《计价规范》附录 C. 8. 7 规定。

三、工程造价计价

（一）工程造价构成

1. 我国现行投资构成和工程造价的构成

所谓工程建设项目投资，一般是指进行某项工程建设花费的全部费用，即该工程项目有计划地进行固定资产再生产形成相应固定资产、无形资产、递延资产以及铺底流动资金的一次性费用总和，它由固定资产投资和流动资产投资两大部分组成。我国现行工程造价的构成主要划分为设备及工、器具购置费用、建筑安装工程费用、工程建设其他费用、预备费、建设期贷款利息、固定资产投资方向调节税等几项。具体内容构成如图 3-1 所示。

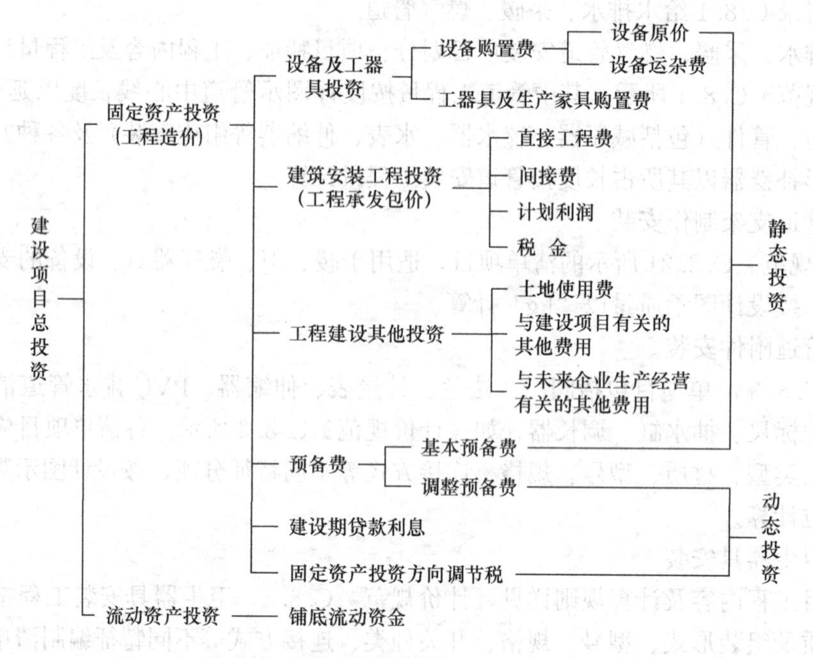

图 3-1　我国现行工程建设项目投资构成

2. 设备及工、器具购置费用的构成

（1）设备购置费

设备购置费是指为建设项目而购置或自制的达到固定资产标准的各种设备的购置费用。确定固定资产标准是：使用年限在一年以上；单位价值在 1000 元、1500 元或 2000 元以上。具体标准由主管部门规定。设备购置费由设备原价和设备运杂费构成。

$$设备购置费 = 设备原价 + 设备运杂费 \quad (3\text{-}1)$$

1）设备原价的构成及计算

设备原价指国产标准设备、国产非标准设备、进口设备的原价。

①国产标准设备原价的构成及计算。

国产标准设备是指按照主管部门颁布的标准图纸和技术要求，由我国设备生产厂批量生产的，符合国家质量检验标准的设备。国产标准设备原价一般是指设备制造厂的交货价，即出厂价或订货合同价。国产标准设备原价有两种：带有备件的原价和不带备件的原价。一般在计算设备原价时按带有备件的原价计算。

②国产非标准设备原价的构成及计算。

国产非标准设备是指国家尚无定型标准，各设备生产厂不可能在工艺过程中采用批量生产，只能一次定货，并根据具体的设计图纸制造的设备。国产非标准设备原价有多种计算方法，如成本计算估价法、系列设备插入估价法、分部组合估价法、定额估价法等。但无论采用哪种方法都应该使非标准设备计价接近实际出厂价。

按成本计算估价法，非标准设备的原价由以下各项组成：材料费、加工费、辅助材料费、专用工具费、废品损失费、外购配套件费、包装费、利润、税金、非标准设备设计费等。综上所述，单台非标准设备原价可用下式表达：

单台非标准设备原价 ＝{[(材料费＋加工费＋辅助材料费)×(1＋专用工具费率)
×(1＋废品损失率)＋外购配套件费]×(1＋包装费率)
－外购配套件费}×(1＋利润率)＋增值税＋非标准设备设计费
＋外购配套件费 (3-2)

③进口设备原价的构成及计算。

进口设备的原价是指进口设备的抵岸价，即抵达买方边境港口或边境车站，且交完关税为止形成的价格。

通常，进口设备采用最多的是装运港交货方式，即卖方在出口国装运港交货，主要有以下几种价格：装运港船上交货价（*FOB*），习惯称离岸价格；运费在内价（*CFR*）以及运费、保险费在内价（*CIF*），习惯称到岸价格。装运港船上交货价（*FOB*）是我国进口设备采用最多的一种货价。进口设备抵岸价的构成可概括如下：

进口设备抵岸价 ＝货价＋国外运费＋运输保险费＋银行财务费＋外贸手续费＋关税
＋增值税＋消费税＋海关监管手续费＋车辆购置税 (3-3)

2）设备运杂费的构成及计算

运杂费是指除设备原价之外的有关设备采购、运输、途中包装及仓库保管等方面费用的总和。通常由下列各项构成：

①运费和装卸费。国产设备是由设备制造厂交货地点起至工地仓库（或施工组织设计指定的需要安装设备的堆放地点）止所发生的运费和装卸费；进口设备是由我国到岸港口或边境车站起至工地仓库（或施工组织设计指定的需要安装设备的堆放地点）止所发生的运费和装卸费。

②包装费。在设备原价中没有包含的、为运输而进行的包装所支出的各种费用。

③设备供销部门手续费。按有关部门规定的统一费率计算。

④采购与仓库保管费。指采购、验收、保管和收发设备所发生的各种费用，包括设备采购人员、保管人员和管理人员的工资、工资附加费、办公费、差旅交通费、仓库和设备供应部门的固定资产使用费、工具用具使用费、劳动保护费、检验试验费等。这些费用应按有关部门规定的采购与保管费费率计算。

设备运杂费按设备原价乘以设备运杂费率计算，其公式为：

$$设备运杂费 = 设备原价 \times 设备运杂费率 \tag{3-4}$$

其中，设备运杂费率按有关部门的规定计取。

（2）工具、器具及生产家具购置费

工具、器具及生产家具购置费，是指新建或扩建项目初步设计规定的，为保证初期正常生产所必须购置的，没有达到固定资产标准的设备、仪器、工卡模具、器具、生产家具和备品备件的购置费用。一般以设备购置费为计算基数，按照部门或行业规定的工具、器具及生产家具费率计算。计算公式为：

$$工具、器具及生产家具购置费 = 设备购置费 \times 工具器具及生产家具费率 \tag{3-5}$$

3. 建筑安装工程费用的构成

建筑安装工程费用，是建筑安装工程价值的货币表现，是指在建筑安装工程施工过程中直接发生的费用和施工企业在组织管理施工中间接为工程支出的费用，以及按国家规定施工企业应获得的利润和应缴纳的税金的总和。

根据建设部颁布的《建筑安装工程费用项目组成》（建标［2003］206号）文件规定，我国现行的建筑安装工程费用包括直接费、间接费、利润和税金四大部分。

（1）直接费

建筑安装工程直接费由直接工程费和措施费构成。

直接工程费是指施工过程中耗费的构成工程实体的各项费用，包括人工费、材料费、施工机械使用费。

措施费是指为完成工程项目施工，发生于该工程施工前和施工过程中的非工程实体项目的费用，措施费可根据专业和地区的情况自行补充。各专业工程的专用措施费项目的计算方法由各地区或国务院有关专业主管部门的工程造价管理机构自选制定。

（2）间接费

建筑安装工程间接费是指与工程的总体条件有关的建筑安装企业为组织施工和进行经营管理以及间接为建筑安装生产服务的各项费用。建筑安装工程间接费由规费和企业管理费组成。

规费是指政府规定的建筑施工企业应缴纳的相关费用。企业管理费是指建筑安装企业组织施工生产和经营管理所需要的费用。

（3）利润

利润是指施工企业完成承包工程后获得的盈利，是建筑安装企业职工所创造的价值在建筑安装工程造价中的体现，是建筑安装工程费用扣除成本后的余额。

（4）税金

税金是指国家按照法律向建筑安装工程生产经营者（单位和个人）收取的部分财政收入，包括：建筑营业税、城市维护建设税及教育费附加。

4. 工程建设其他费用的构成

（1）土地使用费

土地使用费是指建设项目通过划拨方式取得土地使用权而支付的土地征用及迁移补偿费，或者通过土地使用权出让方式取得土地使用权而支付的土地使用权出让金。

1）土地征用及迁移补偿费，是指建设项目通过划拨方式取得无限期的土地使用权，依照《中华人民共和国土地管理法》等规定所支付的费用。其总和一般不得超过被征土地年产值的20倍，土地年产值则按该地被征用前3年的平均产量和国家规定的价格计算。

土地征用及迁移补偿费包括征用集体土地的费用和对城市土地实施拆迁补偿所需费用。具体内容包括：土地补偿费，青苗补偿费及被征用土地上的房屋、水井、树木等附着物补偿费，安置补助费，耕地占用税或城镇土地使用税，土地登记费及征地管理费，征地动迁费，水利水电工程、水库淹没处理补偿费等。

2）土地使用权出让金，是指建设项目通过土地使用权出让方式，取得有限期的土地使用权，依照《中华人民共和国城镇国有土地使用权出让和转让暂行条例》规定，支付的土地使用权出让金。

（2）与项目建设有关的其他费用

1）建设单位管理费。是指建设项目从立项、筹建、建设、联合试运转到竣工验收交付使用全过程管理所需费用。内容包括：

①建设单位开办费，是指新建项目为保证筹建和建设工作的正常进行所需要的办公设备、生产家具、用具、交通工具等的购置费。

②建设单位经费，包括工作人员的基本工资、工资性津贴、职工福利费、劳动保护费、劳动保险费、办公费、差旅交通费、工会经费、职工教育经费、固定资产使用费、工具用具使用费、技术图书资料费、生产人员招募费、工程招标费、合同契约公证费、工程质量监督检测费、工程咨询费、法律顾问费、审计费、业务招待费、排污费、竣工交付使用清理及竣工验收费、后评价等费用。不包括应计入设备和材料预算价格的、建设单位采购及保管设备材料所需的费用。

2）研究试验费。是指为本建设项目提供或验证设计参数、数据资料等进行必要的研究试验以及设计规定在施工中必须进行的试验、验证所需的费用，包括自行或委托其他部门研究试验所需要的人工费、材料费、实验设备及仪器使用费，支付的科技成果和先进技术的一次性技术转让费。

3）勘察设计费。是指为本建设项目提供项目建议书、可行性研究报告及设计文件等所需要的费用，内容包括：

①编制项目建议书、可行性研究报告及投资估算、工程咨询、评价以及为编制上述文件所进行的勘察、设计、研究试验等所需要的费用；

②委托勘察和设计单位进行初步设计、施工图设计及概预算编制等所需要的费用；

③在规定范围内由建设单位自行完成的勘察、设计工作所需要的费用。

4）工程监理费。是指委托工程监理单位对工程实施监理工作所需支出的费用。

5）工程保险费。是指建设项目在建设期间根据需要实施工程保险所支出的费用，包括以各种建筑工程及其在施工过程中的物料、机器设备为保险标的的建筑工程一切险，以安装工程中的各种机器、机械设备为保险标的的安装工程一切险，以及机器损坏保险等。

6）建设单位临时设施费。是指建设期间建设单位所需临时设施的搭设、维修、摊销费用或租赁费用。临时设施包括：临时宿舍、文化福利及公用事业房屋与构筑物、仓库、办公室、加工厂以及规定范围内的道路、水、电、管线等临时设施和小型临时设施。

7）供电贴费。是指按照国家规定，建设项目应交付的供电工程贴费、施工临时用电贴费，是解决电力建设资金不足的临时对策。供电贴费是用户申请用电时，由供电部门统一规划并负责建设的110kV以下各级电压外部供电工程的建设、扩充、改建等费用的总称。

8）施工机构迁移费。是指施工机构根据建设任务的需要，经有关部门决定成建制地（指公司或公司所属工程处、工区）由原驻地迁移到另一个地区的一次性搬迁费用。

9）引进技术和设备进口项目的其他费用。

①为了引进技术和进口设备，派出人员进行设计、联络、设备材料监检、培训等所发生的差旅费、置装费、生活费用等。

②国外工程技术人员来华差旅费、生活费和接待费等。

③国外设计及技术资料费、专利和专有技术费、延期或分期付款利息。

④引进设备检验及商检费。

（3）与未来生产经营有关的其他费用

1）联合试运转费。是指新建企业或新增加生产工艺过程的扩建企业在竣工验收前，按照设计规定的工程质量标准，进行整个车间的负荷或无负荷联合试运转发生的费用支出超出试运转收入的亏损部分。其内容包括：试运转所需的原料、燃料、油料和动力的费用，机械使用费用，低值易耗品及其他物品的购置费用及施工单位参加联合试运转人员的工资等。试运转收入包括试运转产品销售和其他收入，不包括应在设备安装工程费项目下列支的单台设备调试费和试车费用。联合试运转费一般根据不同性质的项目，按需要试运转车间的工艺设备购置费的百分比计算。

2）生产准备费。是指新建企业或新增生产能力的企业，为保证竣工交付使用而进行必要的生产准备所发生的费用。其内容包括：

①生产人员培训费，包括自行培训、委托其他单位培训的人员的工资、工资性补贴、职工福利费、差旅交通费、学习资料费、学习费、劳动保护费等。

②生产单位提前进厂参加施工、设备安装、调试以及熟悉工艺流程和设备性能等人员的工资、工资性补贴、职工福利费、差旅交通费、劳动保护费等。

3）办公和生活家具购置费，是指为保证新建、改建、扩建项目初期的正常生产和管理所必须购置的办公和生活家具、用具的费用。改、扩建项目所需的办公和生活用具的购置费应低于新建项目。

5. 预备费、建设期贷款利息、固定资产投资方向调节税

（1）预备费：预备费包括基本预备费和涨价预备费。

1）基本预备费。是指在初步设计及概算范围内难以预料的工程费用。内容包括：

①在批准的初步设计范围内，技术设计、施工图设计及施工过程中所增加的工程费用；设计变更、局部地基处理等增加的费用。

②一般自然灾害造成的损失和预防自然灾害所采取的措施费用，实行工程保险的工程项目费用应适当降低。

③竣工验收时为鉴定工程质量，对隐蔽工程进行必要的挖掘修复费用。

2）涨价预备费。是指建设项目在建设期间内由于价格变化引起工程造价变化的预测预留费用。内容包括：人工费、设备费、材料费、施工机械的价差费，建筑安装工程费及工程建设其他费用调整、利率和汇率调整等增加的费用。

（2）建设期贷款利息

是指为筹措建设项目资金而发生的各项费用，包括：建设期间投资贷款利息、企业债券发行费、国外借款手续费和承诺费、汇兑净损失及调整外汇手续费、金融机构手续费以及为筹措建设资金发生的其他财务费用等。

(3) 固定资产投资方向调节税

按国家有关部门规定，自2000年1月起新发生的投资额，暂停征收固定资产投资方向调节税。

对于经营性建设项目，工程造价还包括铺底流动资金，是指经营性项目为保证生产和经营正常进行，按规定应列入建设项目总资金的铺底流动资金。

(二)工程造价的定额计价方法

1. 工程定额计价的基本程序

工程定额计价的基本程序如图3-2所示。

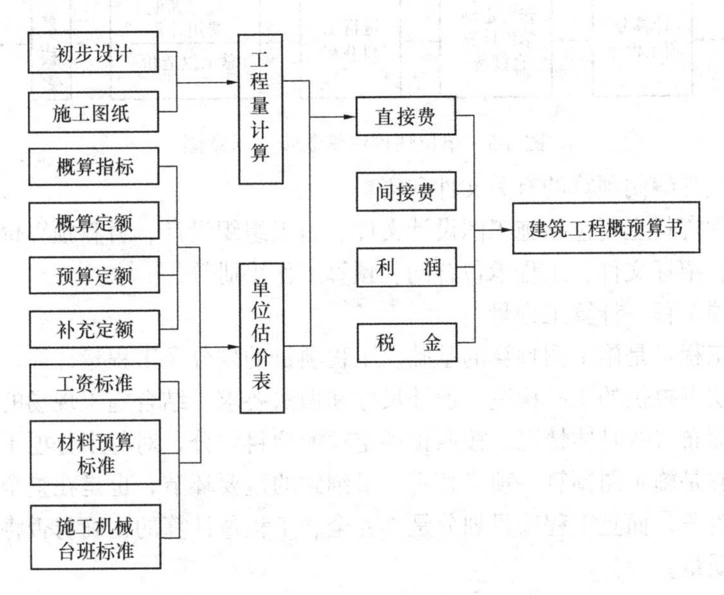

图3-2 工程定额计价基本程序示意图

从上面的工程定额计价程序示意图中可以看出，编制工程造价最基本的过程有两个：工程量计算和工程计价。工程定额计价方式的特点就是一个量与价结合的问题。工程概预算中单价的形成过程，是依据概预算定额所确定的消耗量乘以定额单价或市场单价，经过多次的计算达到量与价的最优结合过程。

2. 工程定额计价的性质

工程定额计价是以各种概预算定额、费用定额为基础依据，按照规定计算程序确定建筑产品造价的特殊计价方式。它是一种与计划经济相适应的工程造价管理制度，国家通过颁布统一的估价指标、概算指标、概预算定额和相关的费用定额，来对建筑产品进行有计划的管理，体现了工程造价的规范性、统一性和合理性。

3. 工程定额计价方法

(1) 土建工程定额计价

工程定额计价方式，目前有两种计价方法：单位估价法和实物估价法。两种方法中单位估价法应用较多。

1）单位估价法：

首先依据单位工程施工图纸计算出各分部分项工程的工程量，然后分项工程量与现行的地区统一单位估价表中相应的定额单价相乘，得出各分部分项工程的定额直接费，汇总得出单位工程的定额直接费；其次在直接费的基础上，按规定的取费程序和计算方法计算各种相关费用、利润和税金；最后汇总形成单位工程造价。

这种方法具有计算简单、编制速度较快，便于进行技术经济分析，便于工程造价管理部门集中统一管理的特点。但由于是采用事先编制好的统一的单位估价表，其价格只能反映编制估价表当时价格水平，而市场价格在不停波动，用该方法计算的造价会偏离实际造价，因此需要调整价差。

单位估价法编制步骤如图 3-3 所示。具体编制步骤及注意事项如下：

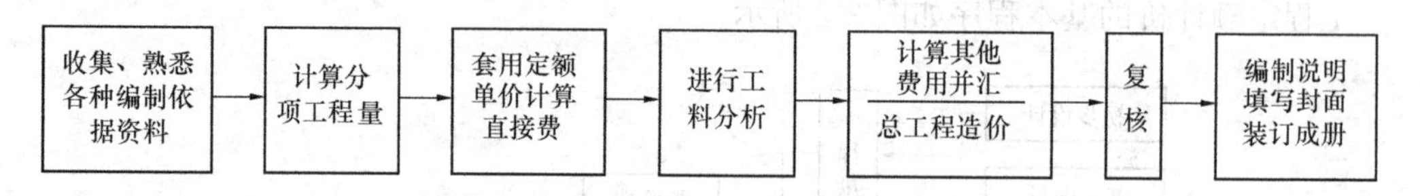

图 3-3　单位估价法编制步骤示意图

①收集、熟悉编制预算的有关文件和资料。

相关的文件资料主要包括施工图设计文件、施工组织设计、材料预算价格、消耗量定额、费用定额、招标文件、工程承包合同、预算工作手册等。

②划分分项工程，计算工程量。

正确计算工程量是施工图预算的基础。工程项目的划分及工程量计算，必须根据设计图纸和施工说明书提供的工程构造、设计尺寸和做法要求，结合施工现场的施工条件、地质、水文、平面布置等具体情况，按照预算定额的项目划分，对每个分项工程的工程量进行具体计算。它是施工图预算一项最繁重、最细致的重要环节，也是在整个编制工作中消耗时间最多的阶段，而且工程项目划分是否齐全、工程量计算的正确与否将直接影响预算的编制速度和质量。

③套用定额，计算并汇总直接工程费。

A. 正确选套定额项目。

在此必须注意，定额单价的套用、换算和补充是否正确，对保重定额直接费的准确性极为重要。因此，套用定额时必须根据施工图纸、设计做法说明，选择适用的定额项目。

B. 填列分项工程单价。通常按照定额顺序或施工顺序逐项填列分项工程单价。

C. 计算分项工程直接工程费。分项工程直接工程费主要包括人工费、材料费和机械费，具体计算方法如下：

$$\text{分项工程直接工程费} = \text{消耗量定额基价} \times \text{分项工程量} \quad (3\text{-}6)$$

其中：

$$\text{人工费} = \text{定额人工单价} \times \text{分项工程量} \quad (3\text{-}7)$$

$$\text{材料费} = \text{定额材料费单价} \times \text{分项工程量} \quad (3\text{-}8)$$

$$\text{机械费} = \text{定额机械费单价} \times \text{分项工程量} \quad (3\text{-}9)$$

D. 计算单位工程直接工程费。

$$\text{单位工程直接工程费} = \Sigma \text{分项工程直接工程费} \quad (3\text{-}10)$$

④工料分析，计算材料价差。

工料分析是对单位工程所需的人工工日数、各种材料需要量进行的分析计算。在单位估价法中，工料分析主要是为了计算材料价差提供所需的数据，是进行价差计算的基础。工料分析根据各分部分项工程的实物数量和相应定额项目所列的工日和材料的消耗量标准，计算各分部分项工程所需的人工和材料数量，然后按照不同工种的人工和不同品种、规格的材料分别汇总计算。计算公式如下：

$$某工种人工工日数 = \sum 分项工程量 \times 相应分项定额人工消耗量 \tag{3-11}$$

$$某种材料需用量 = \sum 分项工程量 \times 相应分项定额该材料定额消耗量 \tag{3-12}$$

⑤计算其他费用汇总单位工程造价。

根据本地区相应的计算规定和计费程序，分别计算其他各项费用，包括：间接费、利润、税金，最后汇总单位工程造价。计算公式如下：

$$单位工程造价 = 直接费 + 间接费 + 利润 + 税金 \tag{3-13}$$

⑥复核、填写封面及施工图预算编制说明。

单位工程预算编制完后，由有关人员对预算编制的主要内容和计算情况进行核对检查，以便及时发现差错，及时修改，从而提高预算的准确性。在复核中，应对项目填列、工程量计算式、套用的单价、采用的各项取费费率及计算结果进行全面复核。编制说明主要是向审核方交代编制的依据，可逐条分述。主要应写明预算所包括的工程内容范围；所依据的定额资料，材料价格依据等需重点说明的问题。

⑦装订、签章和审批。

2）实物估价法：

首先依据单位工程图纸计算各分部分项工程的工程量，然后套用相应定额的人工、材料、机械台班消耗量，分别与各对应的分项工程量相乘，计算出每个分项工程各资源消耗量并进行归类汇总，计算得出该单位工程的人工、材料、机械台班总耗用量，再根据当时当地的人工、材料、机械台班单价计算汇总人工费、材料费、机械使用费，这三项费用之和就是单位工程直接费。在此基础上按规定的取费程序和方法计算其他各相关费用、利润和税金；最后汇总形成单位工程造价。

这种方法由于采用工程当时当地的价格水平，计算时实行量、价分离，能动态的反映建筑产品的实际造价，准确性高，更符合价值规律。因此实物估价法是一种与“统一量、指导价、竞争费”的工程造价管理机制相适用的计算方法。

实物估价法编制步骤如图 3-4 所示。

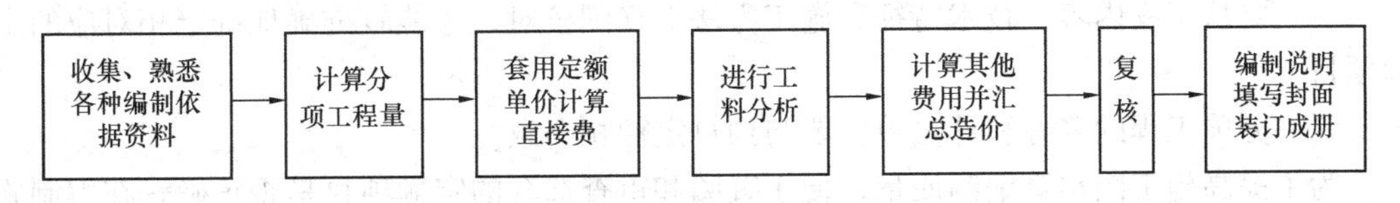

图 3-4　实物估价法编制步骤示意图

从示意图中可以看出，实物估价法编制步骤与单位估价法相似，只是中间一些计算步骤不同，即计算直接费的方法不同。

3）单位估价法和实物估价法的区别

①直接费的计算方法不同。

单位估价法是直接套用定额单价计算出分项工程的定额直接费，再经过有关计算汇总得出单位工程定额直接费。采用这种方法计算直接费简便，便于不同工程之间进行经济分析和比较。

实物估价法是套用定额的资源消耗量，分别与各对应的分项工程量相乘，计算汇总得出该单位工程的人工、材料、机械台班总耗用量，再根据当时当地的人工、材料、机械台班单价计算汇总人工费、材料费、机械使用费，这三项费用之和即单位工程直接费。因为计算单位工程各资源消耗量相对繁琐，且受市场因素影响各资源单价不停波动，需要搜集实际市场价格，编制工作量大，会影响编制工程造价的速度。

②进行工料分析的目的不同。

单位估价法是在直接费计算后进行工料分析，计算单位工程所需的人工、材料、机械台班总耗用量，其主要目的是为进行价差计算提供数据。

实物估价法是在直接费计算之前进行工料分析，主要目的是为了计算单位工程的直接费。

(2) 安装工程定额计价

安装工程计价方法，与土建工程既类似，又有区别。安装工程计价方法目前有单位估价法和实物估价法，两种计价方法见土建工程部分相关内容。

4. 工程定额计价方法基本原理

(1) 土建工程

本节内容主要就工程定额计价方法中单位估价法编制工程造价的计算过程和原理进行介绍。因为单位估价法是直接套用定额单价，得出各分部分项工程的定额直接费，汇总得出单位工程的定额直接费；并且需要计算价差，按照规定程序和计算方法计算其他相关费用，从而汇总形成单位工程造价。因此本节内容就预算定额的套用方法、价差计算、工程造价费用计算程序和方法三个方面进行介绍。

1) 预算定额套用方法

在应用定额的过程中，通常会遇到以下几种情况：定额的套用、换算和补充。

①定额的直接套用。

当施工图的设计要求与拟套的定额分项工程规定的工作内容、技术特征、施工方法、材料规格等完全相符时，则可直接套用定额。这种情况是编制施工图预算中的大多数情况。套用时应注意以下几点：

——根据施工图、设计说明和做法说明，选择定额项目。

——要从工程内容、技术特征和施工方法上仔细核对，才能较准确地确定相对应的定额项目。

——分项工程的名称和计量单位要与预算定额相一致。

为了提高施工图预算编制质量，便于查阅和审查选套的定额项目是否正确，在编制施工图预算时必须注明选套的定额编号。预算定额手册的编号方法通常有“三符号”和“两符号”两种。

——三符号编号法。三符号编号方法的第一个符号表示分部工程（章）的序号，第二个符号表示分项工程（节）的序号，第三个符号表示分项工程项目中的子项目的序号，其表达形式如图 3-5 所示。

——两符号编号法。我国现行全国统一定额都是采用两符号编号法。两符号编号方法的第一个符号表示建筑工程类别和分部工程的序号，第二个符号表示分项工程的序号，其表达形式如图 3-6 所示。

△ — △ — △
⇩ ⇩ ⇩
分部 分项 子项目

图 3-5 三符号编号法

△ — △
⇩ ⇩
分部 分项

图 3-6 两符号编号法

如：现行湖北省统一基价表中 M5 混合砂浆砌一砖混水墙，在消耗量定额中的编号形式为：

A3-25

其中 A——表示建筑工程；

3——表示本消耗量定额第三章；

25——表示本消耗量定额第三章第 25 个子目。

②定额的换算。

当施工图设计要求与拟套的定额项目的工程内容、材料规格、施工工艺等不完全相符时，则不能直接套用定额。这时应根据定额规定进行计算。如果定额规定允许换算，则应按照定额规定的换算方法进行换算；如果定额规定不允许换算，则对该定额项目不能进行调整换算。

经过换算后的定额项目的定额编号应在原定额编号的右下角注明一个“换”字。

预算定额换算的类型有以下几种。

A. 砌筑砂浆（或混凝土）强度等级的换算。

砌筑砂浆（或混凝土）的品种、强度等级不同，其单价也不同。如果设计要求与定额规定的砂浆强度等级不同时，预算定额基价需经过换算后才可套用。其换算公式如下：

$$\begin{matrix}\text{换算后的}\\\text{定额基价}\end{matrix}=\begin{matrix}\text{换算前原}\\\text{定额基价}\end{matrix}+\left(\begin{matrix}\text{应换入砂浆}\\\text{的单价}\end{matrix}-\begin{matrix}\text{应换出砂浆}\\\text{的单价}\end{matrix}\right)\times\begin{matrix}\text{应换算砂浆}\\\text{的定额用量}\end{matrix} \tag{3-14}$$

在换算过程中，人工、机械、砂浆（或混凝土）定额用量以及其他材料用量均不变，仅调整了砂浆（或混凝土）的预算单价。定额换算的实质就是按定额规定的换算范围、内容和方法，对某些分项工程的预算单价的换算。

【例 3-1】 某砌体工程中 M2.5 水泥砂浆半砖混水墙的工程量有 $20m^3$，试计算完成该分项工程的直接工程费和其中的人工费，并计算其工料用量。

【解】 查某地区消耗量定额知，定额编号 A3-20 换（见表 3-1）

M2.5 水泥砂浆半砖混水墙的预算基价为：

$$1887.07+(119.57-125.57)\times1.95=1875.37\text{ 元}/10m^3$$

直接工程费：2×1875.37=3750.74（元）

其中 人工费：2×604.20=1208.4（元）

人工用量：2×20.14=40.28（工日）

标准砖用量：2×5.641=11.28（千块）

M2.5 水泥砂浆用量：$2\times1.95=3.9m^3$

查定额附表一（见表 3-2）：定额编号 5-7 得：

32.5水泥用量：200.00×3.9=780kg

中粗砂用量：1.18×3.9=4.60m^3

砖　墙　单位：10m^3　　**表 3-1**

工作内容：1. 调运砂浆、铺砂浆、运砖。2. 砌砖包括窗台虎头砖、腰线、门窗套。3. 安放木砖、铁件等。

定额编号				A3-20	A3-21	A3-24	A3-25	A3-26
项目				混水砖墙				
				1/2砖		1砖		
				水泥砂浆		混合砂浆		
				M5	M7.5	M2.5	M5	M7.5
基价（元）				1887.07	1898.81	1760.80	1777.54	1794.96
其中	人工费（元）			604.20	604.20	482.40	482.40	482.40
	材料费（元）			1262.64	1274.38	1255.11	1271.85	1289.27
	机械费（元）			20.23	20.23	23.29	23.29	23.29
名称		单位	单价（元）	数量				
人工	综合工日	工日	30.00	20.14	20.14	16.08	16.08	16.08
材料	水泥砂浆 M5.0	m^3	125.57	1.95	—	—	—	—
	水泥砂浆 M7.5	m^3	131.59	—	1.95	—	—	—
	水泥混合砂浆 M2.5	m^3	124.83	—	—	2.25	—	—
	水泥混合砂浆 M5.0	m^3	132.27	—	—	—	2.25	—
	水泥混合砂浆 M7.5	m^3	140.01	—	—	—	—	2.25
	标准砖 240mm×115mm×53mm	千块	180.00	5.641	5.641	5.40	5.40	5.40
	水	m^3	2.12	1.13	1.13	1.06	1.06	1.06
机械	灰浆搅拌机 200L	台班	61.29	0.33	0.33	0.38	0.38	0.38

砌筑砂浆配合比表　单位：m^3　　**表 3-2**

定额编号				5-2	5-3	5-4	5-7	5-8	5-9	5-10
项目				水泥混合砂浆			水泥砂浆			
				M5.0	M7.5	M10	M2.5	M5.0	M7.5	M10
基价（元）				132.27	140.01	146.65	119.57	125.57	131.59	140.61
材料	32.5水泥	kg	0.30	216.00	247.00	277.00	200.00	220.00	240.00	270.00
	中（粗）砂	m^3	50.00	1.18	1.18	1.18	1.18	1.18	1.18	1.18
	石灰膏	m^3	79.20	0.10	0.08	0.05	—	—	—	—
	水	m^3	2.12	0.26	0.27	0.28	0.27	0.27	0.28	0.29

混凝土强度等级设计如与定额不同时，定额基价换算公式同砂浆换算公式。

【例 3-2】 某工程有钢筋混凝土构造柱 C25 混凝土 20m^3，试计算该分项工程的直接工程费和其中的人工费及水泥、砂、石子的用量。

【解】 查某地区消耗量定额知，定额编号 A4-25 换（见表 3-3）

C25 多混凝土构造柱的预算基价为：

$$2573.14+(172.97-160.88)\times 10.15=2695.85\text{元}/10m^3$$

直接工程费：2×2695.85=5391.70（元）

其中　人工费：2×828.60=1657.20（元）

人工用量：2×27.62=55.24（工日）

C25 混凝土用量：2×10.15=20.30m³

查定额附表一（见表 3-4）：定额编号 1-56 得：

32.5 水泥用量：350.00×20.30=7105kg

中（粗）砂用量：0.46×20.30=9.34m³

碎石 40mm 用量：0.91×20.30=18.47m³

柱、梁、板　单位：10m³　　**表 3-3**

工作内容：混凝土搅拌、水平运输、捣固、养护。

定额编号				A4-22	A4-25	A4-28	A4-31	A4-40
项目				短形柱	构造柱	连续梁	过梁	有梁板
				C20				
基价（元）				2478.69	2573.14	2281.84	2644.99	2331.87
其中	人工费（元）			728.10	828.60	526.20	849.00	455.70
	材料费（元）			1663.52	1657.47	1668.57	1708.92	1789.10
	机械费（元）			87.07	87.07	87.07	87.07	87.07
名称		单位	单价（元）	数量				
人工	综合工日	工日	30.00	24.27	27.62	17.54	28.30	15.19
材料	现浇混凝土 C20 碎石 40mm	m³	160.88	10.15	10.15	10.15	10.15	—
	现浇混凝土 C20 碎石 20mm	m³	171.32	—	—	—	—	10.15
	草袋	m³	1.21	0.75	1.01	4.92	22.50	13.46
	水	m³	2.12	14.00	11.00	14.00	23.00	16.00
机械	滚筒式混凝土搅拌机(电动)500L	台班	114.76	0.63	0.63	0.63	0.63	0.63
	混凝土振捣器插入式	台班	11.82	1.25	1.25	1.25	1.25	1.25

碎石混凝土配合比表　单位：m³　　**表 3-4**

注：坍落度 30°～50°；石子最大粒径 40mm。

定额编号				1-53	1-54	1-55	1-56	1-57	1-58
项目				C10	C15	C20	C25	C30	C35
基价（元）				148.01	153.19	160.88	172.97	187.77	194.87
材料	32.5 水泥	kg	0.30	255.00	274.00	303.00	350.00	406.00	—
	42.5 水泥	kg	0.35	—	—	—	—	—	364.00
	中（粗）砂	m³	50.00	0.57	0.54	0.51	0.46	0.42	0.45
	碎石 40mm	m³	49.00	0.87	0.89	0.90	0.91	0.91	0.91
	水	m³	2.12	0.18	0.18	0.18	0.18	0.18	0.18

B. 系数换算。

在消耗量定额的说明中和项目表下的注解中，有时规定，当设计项目与定额的某个分项的内容不完全相同时，可对费用（基价、人工费、材料费、机械费）或人工、材料、机械台班消耗量的一部分或全部乘以一个系数进行换算。

【例 3-3】 求单层钢门窗刷两遍防锈漆的定额基价。

单层钢门窗定额是按刷一遍防锈漆编制的，如需刷两遍防锈漆，定额规定：刷第二遍防锈漆时，应按相应刷第一遍定额套用人工乘以系数 0.74，材料不变。

【解】 根据某地区消耗量定额中的有关规定，则换算后的定额基价为：B5-209 换（见表 3-5）

$$296.33\times2-116.10\times0.26=562.47\text{元}/100\text{m}^2$$

油　漆 单位：$100m^2$ **表 3-5**

工作内容：1. 除锈、清扫、擦掉油污、刷防锈漆。2. 清扫、磨砂纸、刷银粉漆二遍。

定额编号				B5-209	B5-210	B5-211	B5-212
项　目				红丹防锈漆一遍		银粉漆二遍	
				单层钢门窗	其他金属面	单层钢门窗	其他金属面
				$100m^2$	吨	$100m^2$	吨
基　价（元）				296.33	80.34	612.49	143.64
其中	人工费（元）			116.10	29.40	342.60	67.80
	材料费（元）			180.23	50.94	269.89	75.84
	机械费（元）			—	—	—	—
名　称		单位	单价（元）	数　量			
人工	综合工日	工日	30.00	3.87	0.98	11.42	2.26
材料	红丹防锈漆	kg	9.73	16.52	4.65	—	—
	清油	kg	11.48	—	—	10.34	2.91
	油漆溶剂油	kg	2.54	1.72	0.48	27.58	7.76
	催干剂	kg	7.13		—	0.66	0.19
	银粉	kg	28.64		—	2.55	0.72
	白布 0.9m	m^2	10.24	—	—	0.16	0.03
	砂布	张	0.56	27.00	8.00	—	—
	砂纸	张	0.22	—	—	8.00	2.00

C. 其他换算。

其他换算是指上述几种情况之外按定额规定的方法进行的换算。

例如：某地区消耗量定额规定：加气混凝土砌块墙面抹灰、镶贴面层按轻质墙面定额套用。其表面清扫，每 $100m^2$ 另计 2.5 工日；如面层再加 108 胶，每 $100m^2$ 按下列工料计算：人工 1.70 工日；32.5 号水泥 25kg；中粗砂 $0.017m^3$；108 胶 14kg；水 $4.0m^3$。

③定额的补充。

当分项工程的设计内容与定额项目规定的条件完全不相同时，或者由于设计采用新结构、新材料、新工艺，在地区消耗量定额中没有同类项目，可编制补充定额。补充项目的定额编号一般为“章号—节号—补×”，×为序号。编制补充定额的方法通常有两种：

A. 按照定额的编制方法计算项目的人工、材料和机械台班消耗量指标，然后分别乘以地区人工工资单价、材料预算价格、机械台班使用费，然后汇总得补充项目的预算基价。

B. 补充项目的人工、机械台班消耗量，以同类型工序、同类型产品定额水平消耗量标准为依据，套用相近的定额项目；材料消耗量按施工图进行计算或实际测定。

2）工料分析和价差计算

①工料分析：

工料分析是单位工程施工图预算的组成部分之一，是为了适应施工管理和经济核算的需要，根据各分部分项工程的实物数量和相应定额项目所列的工日、材料、机械的消耗量标准，计算各分部分项工程所需的人工、材料、机械的消耗数量，汇总即可得出单位工程的人工、材料、机械的总消耗数量。

各分部分项工程所需的人工、材料、机械的消耗数量计算公式为：

分部分项工程人工工日＝分项工程量×定额用工量 （3-15）

分部分项工程材料＝分项工程量×定额材料用量 （3-16）

分部分项工程机械台班＝分项工程量×定额机械台班用量 （3-17）

【例 3-4】 人工工日、各种材料、机械台班用量分析见（表 3-6）。

【解】

②价差计算。

所谓“价差”是指人工、材料、机械台班在结算期内的预算价格（或信息价）由于市场价格波动的影响，与消耗量定额中的定额取定价发生的差价。

建筑产品价差调整基本方法有两种。

A. 政策性价差系数调整。

这种方法主要是采用综合调整系数对有关费用进行调整。通常用来调整建筑安装工程中的人工费、辅助材料费、机械使用费等。综合调整系数一般由各地区工程造价主管部门测定。价差计算公式为：

（人工、材料、机械）价差＝调整基价×综合调整系数 （3-18）

采用综合系数调整材料价差的具体做法就是用单位工程定额人工费、材料费或定额机械费乘以综合调整系数，求出单位工程价差。

【例 3-5】 某工程的定额材料费为 786457.35 元，按规定以定额材料费为基础乘以综合调整系数 1.38%，计算该工程地方材料价差。

【解】 某工程地方材料材料价差＝786457.35×1.38%＝10853.117 元

B. 主要材料价差调整。

一般对影响工程造价较大的主要材料（如钢材、木材、水泥等）进行单项材料价差调整。

价差计算公式为：

材料价差＝主材用量×（市场价格－定额取定价） （3-19）

【例 3-6】 根据某工程有关材料消耗量和现行材料预算价格，调整材料价差，有关数据如表 3-7 所示。

工 料 分 析 表 表 3-6

序号	定额编号	分项工程名称	单位	工程量	人工（工日）		32.5 水泥（kg）		中粗砂（m^3）		石灰膏（m^3）		水（m^3）		标准砖（千块）		夯实机（电动）200～620N·m（台班）		履带式推土机 75kW（台班）		灰浆搅拌机 200L（台班）	
					定额量	合计	定额量	合计	定额量	合计	定额量	合计	定额量	合计	定额量	合计	定额量	合计	定额量	合计	定额量	合计
一		土石方工程																				
1	A1-17	人工挖地槽三类土	m^3	34.18	0.54	18.36											0.00	0.06				
2	A1-39	人工地槽回填土	m^3	16.19	0.29	4.76											0.08	1.29				
3	A1-39	室内回填土	m^3	9.11	0.29	2.68											0.08	0.73				
4	A1-26	人工挖地坑	m^3	0.77	0.63	0.49											0.01	0.00				
5	A1-39	人工地坑回填土	m^3	0.55	0.29	0.16											0.08	0.04				
6	A1-45+A1-46	人工运土运距200m	m^3	9.1	0.61	5.59																
7	A1-261	人工平整场地	m^2	127.88	0.00	0.13													0.00	0.08		
二		砌筑工程																				
8	A3-1	M5 水泥砂浆砌砖基础	m^3	15.04	1.22	18.32	51.92	780.88	0.28	4.19			0.17	2.54	0.52	7.87					0.03	0.45
9	A3-25	M5 混合砂浆砌砖墙	m^3	24.76	1.61	39.81	48.60	1203.34	0.27	6.57	0.02	0.56	0.16	4.07	0.54	13.37					0.04	0.94
10	A3-86	M5 混合砂浆砌砖柱	m^3	0.21	2.61	0.55	42.34	8.89	0.23	0.05	0.02	0.00	0.16	0.03	0.57	0.12					0.03	0.01
		小计				90.85		1993.10		10.81		0.56		6.65		21.36		2.13		0.08		1.40

某工程有关材料消耗量和现行材料预算价格表 表 3-7

材料名称	单　位	数　量	现行材料预算价格（元）	预算定额中材料单价（元）
42.5 水泥	kg	7345.10	0.35	0.30
ϕ10 圆钢筋	kg	5618.25	2.65	2.80
花岗石板	m^2	816.40	350.00	290.00

【解法一】 直接计算某工程单项材料价差

＝7345.10×（0.35－0.30）＋5618.25×（2.65－2.80）＋816.40×（350－290）

＝7345.10×0.05－5618.25×0.15＋816.40×60

＝48508.52 元

【解法二】 用"单项材料价差调整表（表 3-8）"计算

单项材料价差调整表 表 3-8

序号	材料名称	数量	现行材料预算价格	预算定额中材料预算价格	价差（元）	调整金额（元）
1	42.5 水泥	7345.10kg	0.35 元/kg	0.30 元/kg	0.05	367.26
2	ϕ10 圆钢筋	5618.25kg	2.65 元/kg	2.80 元/kg	－0.15	－842.74
3	花岗石板	816.40m^2	350.00 元/m^2	290.00 元/m^2	60.00	48984.00
	小计					48508.52

3）建筑安装工程费用组成和计算

建筑安装工程费用包括直接费、间接费、利润和税金四个部分，各项费用组成见图 3-7。

①直接费：由直接工程费和措施费组成。

A. 直接工程费：是指施工过程中耗费的构成工程实体的各项费用，包括人工费、材料费、施工机械使用费和构件增值税。计算公式为：

$$直接工程费 = 人工费 + 材料费 + 施工机械使用费 + 构件增值税 \quad (3\text{-}20)$$

a. 人工费：

计算公式为：

$$人工费 = \Sigma(分项工程工日消耗量 \times 日工资单价)$$

人　工　费　表　单位：元/工日 表 3-9

人工级别	普　工	技　工	高级技工
工日单价	42	48	60

注：普工的技术等级为 1～3 级，技工的技术等级为 4～7 级，高级技工的技术等级为 7 级以上。

b. 材料费：是指施工过程中耗费的构成工程实体的原材料、辅助材料、构配件、零件、半成品的费用。内容包括材料预算价格和检验试验费。计算公式为：

$$材料费 = \Sigma(分项工程材料消耗量 \times 材料预算价格) + 检验试验费 \quad (3\text{-}21)$$

c. 施工机械使用费：是指施工机械作业所发生的机械使用费以及机械安拆费和场外运费。

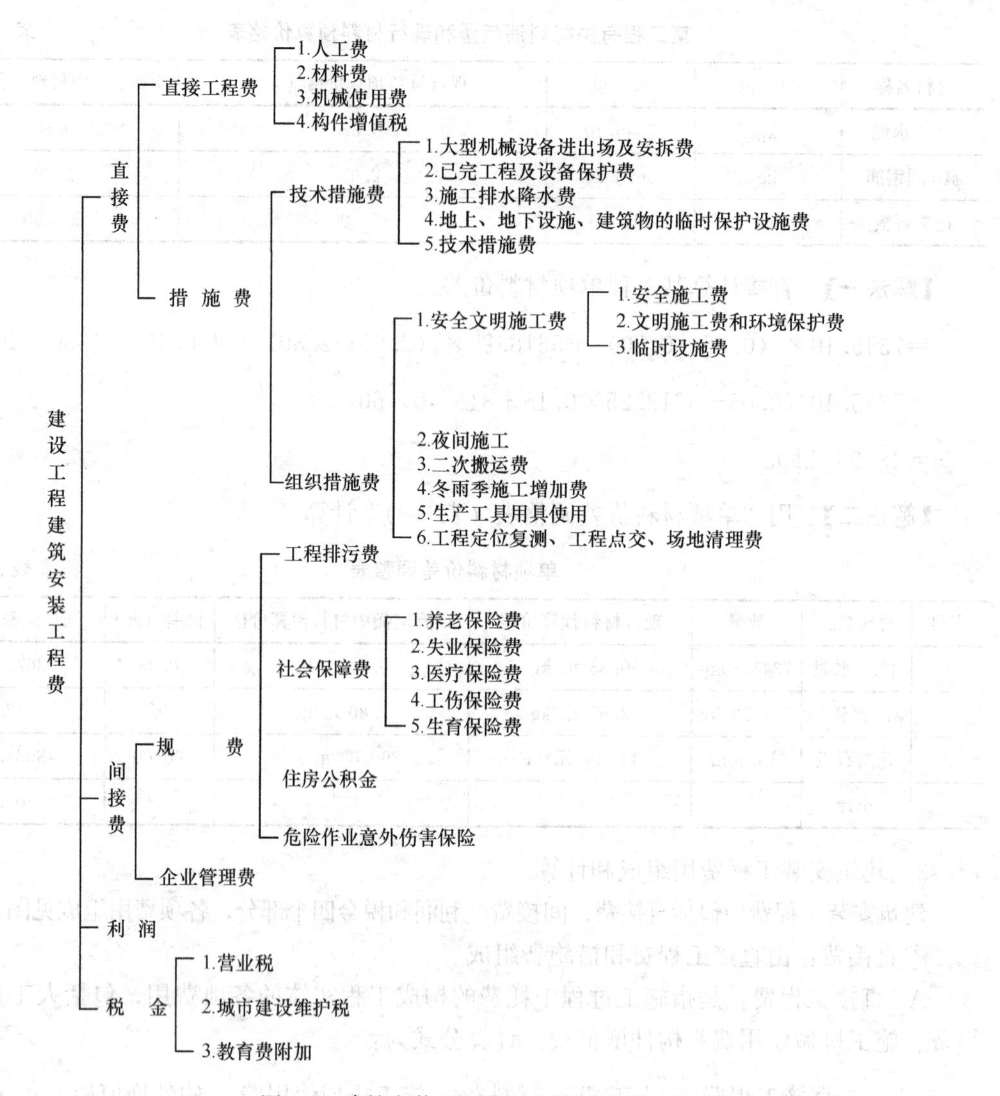

图 3-7 建筑安装工程费用组成示意图

计算公式为：施工机械使用费 = Σ(施工机械台班使用费 × 台班单价)　　(3-22)

d. 构件增值税：是指施工企业非施工现场制作的构件应收取的增值税。

构件增值税按构件制作的直接工程费为基数，按工程所在地的税率计取，工程所在地没有规定税率的，按7.05%计取，构件增值税列入直接工程费。

B. 措施费：是指为完成工程项目施工，发生于该工程施工前和施工过程中技术、生活、安全等方面的非工程实体项目的费用。由技术措施费和组织措施费组成。

a. 技术措施费：各地区都编有专业消耗量定额，计算方法按各专业消耗量定额计算。

计算公式为：技术措施费 = 技术措施项目工程量 × 定额基价　　(3-23)

b. 组织措施费：计算方法各地区规定不一，某地区取费文件规定：组织措施费中安全文明施工费可按表3-10、表3-11进行计算，其他组织措施费可按表3-12进行计算。计算公式为：

安全文明施工费　单位：%　　　　**表 3-10**

专业	建筑工程						市政工程	
建筑物划分	12层以下（≤40m）		12层以上（>40m）		工业厂房			
计费基数	①分部分项工程费－技术措施项目费 ②直接工程费－技术措施直接工程费							
计价方法	①	②	①	②	①	②	①	②
费　率	3.30	4.15	3.00	3.80	2.55	3.35	2.85	3.45
其中：安全防护费	1.80	2.25	1.80	2.25	1.20	1.55	0.90	1.10
其中：文明施工与环境保护费	0.90	1.15	0.60	0.75	0.75	1.00	1.25	1.50
其中：临时设施费	0.60	0.75	0.60	0.80	0.60	0.80	0.70	0.85

注：1. 影剧院、礼堂、体育馆、纪念馆、车站等及其相类似的工程，按工业厂房费用标准计取。

2. 炉窑砌筑工程按工业厂房费用标准计取。

安全文明施工费　单位：%　　　　**表 3-11**

专业	大型土石方工程		钢结构工程		装饰装修工程		安装工程		市政工程	
计费基数	人工费－机械费									
计价方法	①	②	①	②	①	②	①	②	①	②
费　率	3.60		10.55		9.45		13.80		13.10	
其中：安全防护费	1.10		5.50		5.35		5.45		2.55	
其中：文明施工与环境保护费	1.50		2.55		2.10		3.00		5.10	
其中：临时设施费	1.00		2.50		2.00		5.35		5.45	

其他组织措施费　单位：%　　　　**表 3-12**

工程分类	以直接费（直接工程费）为计费基数的工程		以人工费与机械费之和为计费基数的工程	
计费基数	①分部分项工程费－技术措施项目费 ②直接工程费－技术措施直接工程费		人工费－机械费	
计价方法	①	②	①	②
费　率	0.50	0.60	1.90	1.90
其中：夜间施工	0.05	0.05	0.20	0.20
其中：二次搬运	按施工组织设计			
其中：冬雨季施工增加费	0.10	0.15	0.40	0.40
其中：生产工具用具使用费	0.30	0.35	1.15	1.15
其中：工程定位、点交、场地清理费	0.05	0.05	0.15	0.15

组织措施费＝(直接工程费＋技术措施直接工程费)×(安全文明施工费费率＋其他组织措施费费率)　　(3-24)

或组织措施费＝(人工费＋机械费)×(安全文明施工费费率＋其他组织措施费费率)　　(3-25)

②间接费：

由规费、企业管理费组成。

A. 规费计算方法：采用定额计价的工程规费计算方法见表3-13。

规　　费　单位：% **表3-13**

工　程　分　类			以直接费（直接工程费）为计费基数的工程		以人工费与机械费之和为计费基数的工程	
计　费　基　数			①分部分项工程费＋措施项目费＋其他项目费 ②直接费＋施工管理费＋利润＋其他项目费＋价差		人工费＋机械费	
计　价　方　法			①	②	①	②
费　　率			6.35		17.80	
其中	工程排污费		0.35		1.15	
其中	社会保障金		4.70		13.10	
其中	其中	养老保险金	3.00		8.55	
其中	其中	失业保险金	0.30		0.85	
其中	其中	医疗保险金	0.95		2.50	
其中	其中	工伤保险金	0.30		0.80	
其中	其中	生育保险金	0.15		0.40	
其中	住房公积金		1.25		3.35	
其中	危险作业意外伤害保险		0.05		0.20	

注：大型土石方工程以“人工费＋机械费”为基数，执行“以直接费（直接工程费）为计费基数的工程”的费率，计取各项规费。

B. 企业管理费：是指组织施工生产和经营管理所需费用。

在计算企业管理费的时候，根据规定的计费基数按一定的费率计算。计算方法见表3-14和表3-15。

企业管理费　单位：% **表3-14**

专　业	建　筑		市政工程		炉窑砌筑工程	
计费基数	①人工费＋材料费＋机械费 ②直接工程费＋措施项目直接工程费					
计价方法	①	②	①	②	①	②
费　率	4.95	5.45	4.95	5.45	4.25	4.65

企业管理费　单位：% **表3-15**

专　业	大型土石方工程		钢结构工程		装饰装修工程		安装工程		市政工程	
计费基数	人工费＋机械费									
计价方法	①	②	①	②	①	②	①	②	①	②
费　率	5.50		15.00		15.00		20.00		20.00	

③利润。

利润是按相应的计取基础乘以利润率确定的。各地取费基数规定不一，利润率见表3-16。

利　润　单位:%　　**表3-16**

工程分类	以直接费（直接工程费）为计费基数的工程		以人工费与机械费之和为计费基数的工程	
计费基数	①直接工程费 ②直接费＋价差		人工费＋机械费	
计价方法	①	②	①	②
费　率	5.35	5.15	18.00	18.00

注：1. 建筑工程中的电气动力、照明、控制线路工程；通风空调工程；给排水、采暖、煤气管道工程；消防及安全防范工程；建筑智能化工程，以直接费（直接工程费）为基数计取利润。

2. 装饰装修工程以直接费（直接工程费）为基数计取利润。

3. 大型土石方工程以“人工费＋机械费”之和为基数，按5.15%计取利润。

④税金。

是指按国家税法规定的应计入建筑安装工程造价内的营业税、城市建设维护税及教育费附加。

税金是以直接费、间接费、利润三项之和为基数计算，其计算公式为：

$$税金 = (直接费 + 间接费 + 利润) \times 税率(\%) \qquad (3\text{-}26)$$

计税税率见表3-17。

营业税、城市建设维护税、教育费附加综合税率　　**表3-17**

纳税人地区 / 计税基础 / 项目	纳税人所在地在市区	纳税人所在地在县城、镇	纳税人所在地不在市区、县城或镇
	不含税工程造价		
综合税率（%）	3.41	3.35	3.22

注：1. 不分国营或集体建安企业，均以工程所在地区税率计取。

2. 企事业单位所属的建筑修缮单位，承包本单位建筑、安装工程和修缮业务不计取税金（本单位的范围只限于从事建筑安装和修缮业务的企业单位本身，不能扩大到本部门各个企业之间或总分支机构之间）。

3. 建筑安装企业承包工程实行分包形式的，税金由总承包单位统一计取缴纳。

⑤建筑安装工程价格计算程序。

各专业工程的计费基础见表3-18，某地区建筑安装工程价格计算程序如表3-19。

各专业工程的计费基础　　**表3-18**

工程分类专业	以人工费与机械费之和为计费基数的工程	以直接费（直接工程费）为计费基数的工程
建筑工程	钢结构工程	除钢结构工程外的建筑工程
装饰装修工程	装饰装修工程	
安装工程	炉窑砌筑工程除外的安装工程	炉窑砌筑工程
市政工程	给排水、煤气工程中的金属管道、预应力管道、塑料管道、复合管道、设备安装、刷油防腐工程、交通标志、标线	除“以人工费与机械费之和”为计费基数所规定范围外的市政工程

续表

工程分类专业	以人工费与机械费之和为计费基数的工程	以直接费（直接工程费）为计费基数的工程
园林绿化工程	园林绿化及养护、琉璃砌筑、楼地面、木结构、屋面工程、抹灰、油漆、彩画工程、小品工程	除“以人工费与机械费之和”为计费基数所规定范围外的园林绿化工程
大型土石方工程	大型土石方工程	

注：1. 表中“人工费与机械费之和”是指分部分项工程直接工程费和技术措施直接工程费中的人工费及机械费之和（下同）。

2. 在 6000m^3 以下的土石方工程随各专业工程计取费用。

单位工程造价计算程序表 **表 3-19**

序号	费用项目	计算方法	
		以直接费（直接工程费）为计费基数的工程	以人工费机械费之和为计费基数的工程
1	直接工程费	1.1+1.2+1.2+1.4	1.1+1.2+1.3+1.4
1.1	人工费	∑（人工费）	
1.2	材料费	∑（材料费）	
1.3	机械使用费	∑（机械费）	
1.4	构件增值税	∑（构件制作定额基价×工程量）×税率	
2	措施项目费	2.1+2.2	
2.1	技术措施费	∑（技术措施费）	
2.1.1	人工费	∑（人工费）	
2.1.2	材料费	∑（材料费）	
2.1.3	机械费	∑（机械费）	
2.2	组织措施费	2.2.1+2.2.2	
2.2.1	安全文明施工费	（1+2.1）×费率	（1.1+1.3+2.1.1+2.1.3）×（费率）
2.2.2	其它组织措施费	（1+2.1）×费率	（1.1+1.3+2.1.1+2.1.3）×费率
3	总包服务费	3.1+3.2+3.3	
3.1	总承包管理和协调	标的额×费率	
3.2	总承包管理、协调和配合服务	标的额×费率	
3.3	招标人自行供应材料	标的额×费率	
4	价差	4.1+4.2+4.3	
4.1	人工价差	按规定计算	
4.2	材料价差	∑消耗量×（市场材料价格－定额取定价格）	
4.3	机械价差	按规定计算	
5	旅行管理费	（1+2）×费率	（1.1+1.3+2.1.1.1+2.1.3）×费率
6	利润	（1+2+4）×费率	（1.1+1.3+2.1.1+2.1.3）×费率/ （1+2+4）×费率
7	规费	（1+2+3+4+5+6）×费率	（1.1+1.3+2.1.1+2.1.3）×费率
8	不含税工程造价	1+2+3+4+5+6+7	
9	税金	8×费率	
10	含税工程造价	8+9	

单位工程造价计算程序表中应注意以下规定：

1. 总承包服务费

总承包服务费应依据招标人在招标文件中列出的分包专业工程内容和供应材料、设备情况，按照招标人提出协调、配合和服务要求和施工现场管理需要自主确定，也可参照下列标准计算。

1）招标人仅要求对分包的专业工程进行总承包管理和协调时，按分包的专业工程造价的1.5%计算。

2）招标人要求对分包的专业工程进行总承包管理和协调，并同时要求提供配合服务时，根据招标文件中列出的配合服务内容和提出的要求，按分包的专业工程造价的3%～5%计算。配合服务的内容包括：对分包单位的管理、协调和施工配合等费用；施工现场水电设施、管线敷设的摊销费用；共用脚手架搭拆的摊销费用；共用垂直运输设备，加压设备的使用、折旧、维修费用等。

3）招标人自行供应材料的，按招标人供应材料价值的1%计算。

总承包服务费应计取相应的规费和税金。

2. 不可竞争性费用

组织措施费中的“安全文明施工费”、规费以及税金是不可竞争性费用，应按规定计取。规费中的“工程排污费”是指施工企业按环境保护部门的规定，对施工现场超标准排放的噪声污染缴纳的费用。

【例 3-7】 某住宅小区一住宅楼工程，六层框架结构，建筑面积3000m^2，檐高为20.9m，根据现行某地区建筑工程消耗量定额及统一基价表计算后得：土建工程直接工程费为1050000.00元，非施工现场预制构件制作的直接工程费为33600.00元，施工技术措施费为450000.00元，经计算材料价差为226000.00元，试计算该工程土建造价。（按某地区费用定额计算）

【解】

某住宅楼土建工程造价 **表 3-20**

工程名称：某住宅楼

序号	费用项目	计算式	金额（元）
1	直接工程费		1050000.00
2	构件增值税	33600.00×7.05%	2368.80
3	技术措施费		450000.00
4	组织措施费	（1+2+3）×（4.15%+0.6%）	71362.52
5	材料价差		226000.00
6	企业管理费	（1+2+3+4）×5.45%	85768.36
7	利润	（1+2+3+4+5）×5.15%	92686.16
8	规费	（1+2+3+4+5+6+7）×6.35%	125614.80
9	不含税工程造价	1+2+3+4+5+6+7+8	2103800.64
10	税金	9×3.41%	71739.60
11	含税工程造价	9+10	2175540.24

4）土建工程定额计价实例

某市单层砖混结构小平房工程，工程类别为四类，人工市场价为44元/工日，若根据现行预算定额单价计算出土石方工程直接费用见“工程直接费表”表3-21。试用定额计价法编制此土石方工程的工程造价。

工程直接费表 **表3-21**

工程名称：X单层砖混结构小平房工程

序号	定额编号	分项工程名称	单位	工程量	单价（元）				合价（元）			
					人工费	材料费	机械费	小计	人工费	材料费	机械费	合计
一		土石方工程										
1	A1-17	人工挖地槽三类土	m^3	34.18	16.16		0.04	16.16	552.27	0.00	1.33	552.27
2	A1-39	人工地槽回填土	m^3	16.19	8.82		1.72	10.54	142.80	0.00	27.84	170.61
3	A1-39	室内回填土	m^3	9.11	8.82		1.72	10.54	80.35	0.00	15.67	96.00
4	A1-26	人工挖地坑	m^3	0.77	18.98		0.11	19.10	14.62	0.00	0.09	14.70
5	A1-39	人工地坑回填土	m^3	0.55	8.82		1.72	10.54	4.85	0.00	0.95	5.80
6	A1-45+A1-46	人工运土运距200m	m^3	9.1	18.43			18.43	167.73	0.00	0.00	167.73
7	A1-261	人工平整场地	m^2	127.88	0.03		0.30	0.33	3.84	0.00	38.97	42.81
		小计							966.46	0.00	84.84	1049.92

①根据“工程直接费表”中分项工程套用的定额项目表进行工料分析，见表3-22。

工 料 分 析 表 **表3-22**

工程名称：X单层砖混结构小平房工程

序号	定额编号	分项工程名称	单位		人工		材料		机械					
					人工（工日）				夯实机(电动)200～620Nm（台班）		履带式推土机75kW（台班）			
				工程量	定额量	合计	定额量	合计	定额量	合计	定额量	合计	定额量	合计
一		土石方工程												
1	A1-17	人工挖地槽三类土	m^3	34.18	0.54	18.36			0.00	0.06				

续表

序号	定额编号	分项工程名称	单位	人工			材料		机械					
				人工（工日）					夯实机(电动)200～620Nm（台班）		履带式推土机75kW（台班）			
				工程量	定额量	合计	定额量	合计	定额量	合计	定额量	合计	定额量	合计
2	A1-39	人工地槽回填土	m^3	16.19	0.29	4.76			0.08	1.29				
3	A1-39	室内回填土	m^3	9.11	0.29	2.68			0.08	0.73				
4	A1-26	人工挖地坑	m^3	0.77	0.63	0.49			0.01	0.00				
5	A1-39	人工地坑回填土	m^3	0.55	0.29	0.16			0.08	0.04				
6	A1-45+A1-46	人工运土运距200m	m^3	9.1	0.61	5.59								
7	A1-261	人工平整场地	m^2	127.88	0.00	0.13					0.00	0.08		
		小　计				32.17				2.13		0.08		

②根据工料分析结果汇总计算人工、材料、机械需用量汇总表，见表3-23。

人工、材料、机械需用量汇总表　　表3-23

工程名称：X单层砖混结构小平房工程

序号	项　　目	单　　位	数　　量
1	人工	工日	32.17
2	夯实机（电动）200～620N·m	台班	2.13
3	履带式推土机75kW	台班	0.08

③计算价差，见表3-24。

价 差 调 整 表　　表3-24

工程名称：X单层砖混结构小平房工程

序号		项目	单位	数量	市场价	预算价	单位价差	价差合计（元）
1	人工		工日	32.17	44	30	14	450.38
	小计							450.38

④计算工程造价，见表3-25。

工程费用计算表 **表 3-25**

工程名称：X单层砖混结构小平房工程

序号	费用项目		计 算 式	金额（元）
1	直接费	直接工程费	Σ（定额基价×工程量）＋构件增值税	1049.92
2		其中：人工费		966.46
3		材料费		0.00
4		机械费		84.84
5		构件增值税	构件制作费×7.05％	0.00
6		技术措施费	Σ（定额基价×工程量）	0.00
7		组织措施费	（1＋6）×（4.15％＋0.6％）	49.87
8		人工价差		450.38
9		利 润	（1＋6＋7＋8）×5.15％	79.83
10	间接费	企业管理费	（1＋6＋7）×5.45％	59.94
11		规 费	（1＋6＋7＋8＋9＋10）×6.35％	107.31
12	不含税工程造价		1＋6＋7＋8＋9＋10＋11	1797.25
13	税 金		12×3.41％	61.29
14	含税工程造价		12＋13	1858.54

（2）安装工程

安装工程定额计价方法基本原理与土建工程类似，见土建部分相关内容。

本节以工料单价法为重点介绍安装工程预算定额的应用、工程造价费用计算程序与土建工程不同之处。

1）安装工程预算定额

①安装工程预算定额的组成。

《某地区安装工程消耗量定额及单位估价表》（以下简称本定额）是依据《全国统一安装工程预算定额》编制的，适用于工业与民用建筑（含公共建筑）新建、扩建中的给水排水、采暖、通风空调、电气照明、通信、智能化系统等设备、管线的安装工程。本定额于2003 年 7 月 1 日起施行，共分 14 册：

第一册《机械设备安程装工》；

第二册《电气设备安装工程》；

第三册《热力设备安装工程》；

第四册《炉窖砌筑工程》；

第五册《静置设备与工艺金属结构制作安装工程》；

第六册《工业管道工程》；

第七册《消防及安全防范设备安装工程》；

第八册《给水、采暖、燃气工程》；

第九册《通风空调工程》；

第十册《自动化控制仪表安装工程》；

第十一册《通信设备及线路工程》；

第十二册《建筑智能化系统设备安装》；

第十三册《长距离输送管道工程》；

第十四册《刷油、防腐蚀、绝热工程》。

② 预算定额的作用。

预算定额是完成规定计量单位分项工程计价所需的人工、材料、机械台班的消耗量标准，是安装工程预算工程量计算规则、项目划分、计量单位的依据；是编制安装工程地区单位估价表、施工图预算、招标工程标底、确定工程造价的依据；是编制概算定额（指标）、投资估算指标的基础；可作为制定企业定额和投标报价的基础；也可作为定额计价和工程量清单计价的依据。

③ 安装工程预算定额的内容。

某地区2003年颁发的安装工程预算定额共14册，每册均由总说明、册说明、目录、章说明、定额项目表、附注和附录组成。

总说明。各册定额的总说明是完全一样的，主要说明“统一定额”的作用、编制依据、各种消耗量的确定，对垂直及水平运输的说明以及其他有关说明。

册说明。册说明是对本册定额共同性问题作的综合说明与有关规定，包括：A. 本册定额的适用范围；B. 定额的编制条件；C. 工日、材料、机械台班实物耗量的确定依据和计算方法、预算单价的确定依据和计算方法以及有关规定；D. 有关费用（如脚手架搭拆费、高层建筑增加费、操作高度超高费等）的计取；E. 本册定额包括的工作内容和不包括的工作内容；F. 本册定额在使用中应注意的事项和有关问题的说明。

目录。目录为查找、检索定额项目提供方便。

章说明。主要是对本章定额共同性问题所作的说明与有关规定，内容有：A. 分部工程定额包括的主要工作内容和不包括的工作内容；B. 使用定额的一些基本规定和有关问题的说明，例如界限划分、适用范围等；C. 分部工程的工程量计算规则及有关规定。

定额项目表。定额项目表是每册定额的重要内容，它将安装工程基本构成要素有机组列，并按章编号，以便检索应用。其包括的内容有：A. 分项工程的工作内容，一般列在项目表的表头；B. 一个计量单位的分项工程人工消耗量、材料、机械台班消耗的种类和数量标准（实物量），包括未计价材；C. 预算定额基价，即人工费、材料费、机械台班使用费的合计（货币指标）；D. 人工、材料、机械台班单价（不含未计价材）。

附注。在项目表的下方，解释一些定额说明中未尽的问题。

附录。主要提供一些有关资料，例如施工机械台班单价表，主要材料损耗率，定额中材料的预算价格等，放在每册定额表之后。

④ 安装工程预算定额的基价。

定额基价是一个计量单位的分项工程的基础价格，从上面内容可知，定额基价是由人工费、材料费、机械台班使用费组成的。

A. 人工费。

$$人工费=综合工日\times工日单价 \tag{3-27}$$

a. 综合工日。综合工日包括基本用工和其他用工以及人工幅度差。

b. 工日单价。现行“统一定额”是取用北京地区安装工人人工费单价，每工日23.22元，包括基本工资和工资性津贴等。

B. 材料费。

$$材料费=材料消耗量\times材料单价 \tag{3-28}$$

a. 计价材。材料消耗量包括直接消耗在安装工作中的主要材料、辅助材料和零星材料等，并计入了相应损耗。在定额制定时，将消耗的辅助或次要材料价值，计入定额基价中，这些材料就称为计价材料。定额表格中列出的材料，在数量栏中不带括号，都是计价材料，其价值已计入定额基价内，编制预算时不应另行计算。

b. 未计价材。未计价材料是指在定额中只规定了它的名称、规格、品种和消耗量，定额基价中未计入材料的价值的这部分材料。分部分项工程中的主材大都为未计价材料。

未计价材料在定额中一般有两种表现形式，相应的计算未计价材价值的方法也有两种。

定额表格中列出了定额含量的未计价材，如表 3-26 所示。

开关安装计量 单位：10 套 **表 3-26**

工作内容：测位、划线、打眼、埋缠螺栓、清扫盒子、上木台、缠钢丝弹簧垫、装开关、接线、装盒。

定额编号				C2-342	C2-343	C2-344	C2-345
项目				板式暗开关(单控)			
				单联	双联	三联	四联
名称		单位	单价(元)	数量			
人工	综合工日	工日	31.00	0.850	0.890	0.930	0.980
材料	照明开关	只	—	(10.200)	(10.200)	(10.200)	(10.200)
	圆木台塑料绝缘线	块	1.220	—	—	—	—
	BLV-2.5mm^2	m	0.27	3.050	4.580	6.110	7.640
	木螺钉 $\phi(2\sim4)\times(6\sim65)$	10 个	0.20	2.080	2.080	2.080	2.080
	镀锌钢丝 18～22 号	kg	4.72	0.10	0.10	0.100	0.100
	其他材料费	元	1.000	0.130	0.180	0.229	0.279
	基价(元)			28.19	29.89	31.60	33.61
其他	人工费(元)			26.35	27.59	31.60	30.38
	材料费(元)			1.84	2.30	2.77	3.23
	机械费(元)			—	—	—	—

上表中的照明开关，把其定额消耗量用括号括起来，其价值未计入定额基价，在计算其费用时，应按下式计算照明开关的费用：

未计价材料数量＝按施工图算出的工程量×括号内的材料消耗量

未计价材料价值＝未计价材料数量×材料单价

【例 3-8】 某电气照明工程须安装双联单控板式暗开关 30 套，每套开关的预算单价为 10 元。试求开关的总价值。

【解】 双联单控板式暗开关，应套用 C2-343 子目，开关定额含量为 10.2 套/10 元。该工程中：

开关总消耗量＝10.2×3＝30.6(套)

开关总价值＝30.6×10＝306(元)

定额中未列含量的未计价材。如表 3-27 所示。

接地极(板)制作、安装 **表 3-27**

工作内容：尖端及加固帽加工、接地极打入地下及埋设、下料、加工、焊接。计量单位：根

定额编号				C2-848	C2-849	C2-850	C2-851
项目				钢管接地极		角钢接地极	
				普通土	坚土	普通土	坚土
名称		单位	单价(元)	数量			
人工	综合工日	工日	31.00	0.620	0.670	0.480	0.530
材料	电焊条结 422ϕ3.2	kg	5.01	0.200	0.200	0.150	0.150
	钢锯条	根	0.30	1.500	1.500	1.000	1.000
	镀锌扁钢−60×6	kg	4.00	0.260	0.260	0.260	0.260
	沥青清漆	kg	9.28	0.020	0.020	0.020	0.020
机械	交流电焊机 21kVA	台班	45.22	0.270	0.270	0.180	0.180
基价(元)				34.11	35.66	25.30	26.85
其他	人工费(元)			19.22	20.77	14.88	16.43
	材料费(元)			2.68	2.68	2.28	2.28
	机械费(元)			12.21	12.21	8.14	8.14

注：主要材料为钢管、角钢。

表 3-27 中的定额表格中未列钢管、角钢的单位消耗量，仅在表格下方辅助说明钢管、角钢是主要材料，这种情况下，未计价材首先按其施工图图示设计用量加上定额规定的主要材料损耗量计算出总消耗量，然后再计算出主材价值。计算公式如下：

未计价材料数量＝按施工图算出的工程量×(1＋施工损耗率)

未计价材料价值＝未计价材料数量×材料单价

【例 3-9】 某防雷接地工程须埋设角钢(L50×50×5)接地极 24 根，每根长 2.5m，角钢每吨的价格为 3500 元，试计算角钢的总价值。

【解】 角钢接地极的敷设，根据土质应套用 C2-848 或 C-849 子目，查第二册后附材料损耗率表，可知型钢的损耗率为 5%，又知该规格角钢的每米重量为 3.77kg。该工程中：

角钢总长度＝24×2.5＝60m

角钢总消耗量＝60×3.77×(1＋5%)＝237.51(kg)＝0.238t

角钢总价值＝0.238×3500＝833(元)

另外，有的未计价材是在附注中注明的，此时应按设计用量加损耗量，按地区预算价计算其价格。

c. 周转性材料。均按摊销量计入定额子目。

C. 机械台班使用费。

定额中的机械台班消耗量是按正常合理的机械配备和大多数施工企业的机械化程度综合取定的。实际施工中品种、规格、型号、数量与定额不一致，除章节另有说明外，均不做调整。

2) 设备费的计算方法

安装工程包括两个工作内容：一是安装设备；二是将材料加工制作成配件、构件与元件并装配成所需产品。安装设备只计算安装工作所需费用，若将材料加工、制作成产品

时，不但要计算加工和安装费，还要计算材料的价值。所以要弄清什么是设备，什么是材料，才能正确理解定额并执行定额。关于设备与材料的划分应参考本章的学习资料。

设备安装只计算安装费，其设备的价值，另行计算，不列入单位工程造价中。但值得注意的是定额中个别安装项目中的设备，并没有按照设备处理，而是按计价材料或者是未计价材料处理。所以设备费的计算可分为两种情况：

① 定额列有含量的设备。

不论为未计价设备(其定额含量带括号)或已计价设备(其设备价值已计入基价)，均按主材方式处理，构成直接工程费。

② 定额未列含量的设备。

此类设备首先应判别其是否构成直接工程费，一般可按下列标准划分：

A. 材料损耗率表中列有项目的设备

这是属于材料性质的设备，按主材方式同样处理，构成直接工程费。

B. 定额损耗率表未编入的设备

在国家无统一标准前，根据地区有关规定划分，如地区也无统一规定时，可参照下列原则划分：一般对生活用设备及属建(构)筑物有机组成的设备，如生活用锅炉，照明用电力变压器等，其设备费属工程直接费；生产用设备的设备费不属直接工程费，介于两者之间时，按设计文件指明的用途，以主要用途为划分标准。

对某些现场组装或部分现场组装的生产设备，其现场组装部分可套用相应定额列入直接工程费，工程量不易划分时，可按百分比估算。

属于直接工程费范畴的设备，其价值按主材方式处理，构成直接工程费，不属直接工程费范畴的设备，其价值一般不列进单位工程预算，如需列入时也不构成直接工程费，按独立费处理，不再计算其他费用。

3）几项用系数计算的费用

安装工程预算定额中把不便列项目的内容，如工程超高增加费、高层建筑增加费、脚手架搭拆费等，用规定的系数计算其费用。这些系数可分为子目系数和综合系数，它们列在各专业定额册的册说明中或定额总说明中。

各册中的工程超高增加费系数、高层建筑增加费系数等均为子目系数。脚手架搭拆费系数、安装与生产同时进行增加费系数、在有害人身健康的环境中施工的增加费系数均是综合系数。子目系数是综合系数的计算基础。如果某一个工程同时要计取工程超高增加费、高层建筑增加费、脚手架搭拆费用时，则应先计取工程超高增加费、高层建筑增加费等子目系数，并将其中的人工费纳入脚手架搭拆费等综合系数的计算基数，再计算脚手架搭拆费等。

上述两类系数计算所得的费用，均属于直接工程费的构成内容。

① 高层建筑增加费。

高层建筑增加费，是指在高层建筑(高度在 6 层或 20m 以上的工业与民用建筑)施工应增加的人工降效及材料垂直运输增加的人工费用。同一建筑物高度不同时，可按不同高度分别计算。

A. 计算规则。

以全部工程的人工费为基数乘以规定的系数计算。计算基数中含 6 层或 20m 以下工程部分，也包括地下室工程。

B. 高层建筑增加费系数。

各册定额规定的高层建筑增加费系数不相同，但都是根据建筑的层数和建筑物高度为指标设置的，选择系数时，应按照层数和高度两者中的高值确定。

C. 费用内容。

高层建筑增加费内容全部为因降效而增加的人工费。

D. 适用工程。

电气设备安装工程，消防及安全防范设备安装工程，给水排水、采暖、燃气工程，通风空调工程及其配套的保温、防腐蚀、绝热工程。

E. 注意事项：为高层建筑供电的变电所和供水等动力工程，如装在高层建筑的底层或地下室的，不计取高层建筑增加费。装在 6 层以上的变配电和动力工程可以计取高层建筑增加费。

② 工程超高增加费。

当安装物或操作物的高度超过定额规定的安装高度时，可以计算工程超高增加费。安装高度的计算，有楼地面的按楼地面至安装物底的高度，无楼地面的按操作地面(或安装地点的设计地面)至安装工作物底的高度确定。

定额规定的高度根据各专业工程的特点而不同。如电气设备安装工程中规定高度为 5m，给水排水、暖、燃气工程规定高度均为 3.6m，通风空调工程规定高度为 6m。

A. 计算规则。

以超过规定高度以上部分的工程人工费为基数乘以相应系数计算。规定高度以下部分的工程人工费不作为计算基数。

B. 超高费系数。

预算定额中规定的各专业工程的超高系数是不同的，使用时一定要根据各定额册的规定正确选择。

C. 费用内容。

工程超高增加费内容全部为因降效而增加的人工费。

D. 适用范围。

电气设备安装工程、消防及安全防范设备安装工程，给水排水、采暖、燃气工程，通风空调工程及以上工程配套的保温、防腐蚀、绝热工程。

E. 注意事项。

已在定额基价中考虑了超高作业因素的定额项目不得再计算超高增加费。如 10kV 以下架空配电线路、避雷针的安装，半导体少长针消雷装置安装，路灯、投光灯、气灯、烟囱或水塔指示灯装饰灯具的安装等。

在高层建筑中，如同时符合超高施工条件的，可同时计算高层建筑增加费和超高增加费。但两项增加费同属子目系数，计算时不互为计算基数。

在计算工程量之前，必须首先确定操作物的操作高度是否有超过定额规定，如果有超过规定高度的，则规定高度上下的工程量应分别计算。

③ 脚手架搭拆费。

A. 计算规则。

安装工程脚手架搭拆费用，以全部工程人工费(含子目系数人工费用)为计算基数乘以脚手架搭拆费系数计算。

B. 脚手架搭拆费系数。

各册定额规定的脚手架搭拆费系数不相同。如电气设备安装工程规定：脚手架搭拆费按人工费4%计算，其中人工工资占25%。给水排水、采暖、燃气工程规定：脚手架搭拆费按人工费的5%计算，其中人工工资占25%。通风空调工程规定：脚手架搭拆费按人工费的3%计算，其中人工工资占25%。

C. 费用内容。

脚手架搭拆费包括搭拆脚手架所需的人工费、材料费等，人工费占25%。

D. 注意事项。各专业工程交叉作业施工时，可以互相利用脚手架的因素，在测算系数时已扣除可以重复利用的因素。各专业工程分别按照各册规定的系数计算脚手架搭拆费。

测算脚手架搭拆费时，大部分是按简易架考虑的。

如果安装工程部分或全部利用土建工程的脚手架，脚手架搭拆费照列，但对土建应作有偿使用。定额中已考虑了脚手架搭拆因素的项目不再计算脚手架搭拆费，如10kV以下架空线路、装灯具等。

【例3-10】 设某工程共15层(总高度48.6m)，其中底层层高6m，其余层高均为3m，经计算该楼电气照明工程的直接工程费(不含各项调整系数)为100000元，其中人工费15000元，底层照明直接工程费用25000元，其中人工费6000元，底层安装高度超过5m的直接工程费用5000元，其中人工费2000元(不包括装饰灯具安装的直接工程费用和人工费)，试计算各项系数增加费。

【解】

1. 计算超高施工增加费

计算条件：该工程底层层高6m，超过5m以上部分有照明工程，符合电气照明工程计算超高费的条件。

计算基数：底层超过5m以上的工程人工费2000元，其余各层未超高，不计算此项费用。

计算系数：按照电气安装工程定额分册的规定：操作物高度离楼地面5m以上、20m以下电气安装工程，按超高部分人工费的33%计算(已考虑了超高作业因素的项目除外)。

即：工程超高增加费=2000×33%=660(元)

2. 计算高层建筑增加费

计算条件：该工程共15层，超过6层；或总高度48.6m，超过20m，符合计算高层建筑增加费的条件。

计算基数：工程全部人工费15000元

计算系数：电气照明工程15层(50m)以下，高层建筑增加费系数为4%。

即：高层建筑增加费：15000×4%=600(元)

3. 计算脚手架搭拆费

计算条件：电气安装工程中的脚手架搭拆费计算，除了定额内已考虑了此项因素的项目外，其他项目可以综合计取。

计算基数：工程全部人工费 15000 元

超高增加费 660 元

高层建筑增加费 600 元

计算系数：电气照明工程脚手架搭拆费按人工费的 4%计算，其中人工工资占 25%。

即：脚手架搭拆费：(15000＋660＋600)×4%＝650.4(元)

其中人工费：650.4×25%＝162.6(元)

4. 计算直接工程费合计

已知：

(1) 直接工程费用(不含各项调整系数)为 100000 元，其中人工费 15000 元

(2) 超高增加费 660 元

(3) 高层建筑增加费 600 元

(4) 脚手架搭拆费 650.4 元，其中人工费 162.6 元

所以：

直接工程费合计：100000＋660＋600＋650.4＝101910.4(元)

其中人工费：15000＋660＋600＋162.6＝16422.6(元)

④ 安装与生产同时进行增加费。

安装与生产同时进行增加费，是指改扩建工程在生产车间或装置内施工时，由于生产干扰安装工程正常进行而降效的增加费，不包括劳保条例规定应享受的工种保健费。取费形式是以工程全部人工费(包括子目系数中人工费)为基数乘以相应增加费率计算。

⑤ 在有害人身健康环境中施工增加费。

在有害人身健康环境中施工增加费，是指改扩建工程在生产车间或装置内施工时，影响工人身体而降效的增加费，不包括劳保条例规定应享受的工种保健费。取费形式是以工程全部人工费(包括子目系数中人工费)为基数乘以相应增加费率计算。

注意，③、④、⑤项增加费系数属综合系数，其计算基数应包括①、②项子目系数中的人工费。

4) 安装工程定额计价程序

安装工程定额计价程序与土建工程计价相比，主要有两个不同点：一是在计算定额直接费时，要单独计算未计价材料费；二是在计算工程造价时，以直接费(直接工程费)为基础计算利润。

定额计价的工料单价法是指根据分部分项工程量，按照现行预算定额的分部分项单价计算出直接工程费。直接工程费汇总后，再按照有关规定另行计算间接费、利润和税金的计价方法。其计算步骤为：

① 首先根据要求，选定预算定额(或单位估价表)。

② 根据图纸及说明计算出工程量。

③ 查套预算定额计算出直接工程费。

④ 按照有关规定计算出措施费、间接费、利润、税金等。

⑤ 汇总合计得出工程造价。具体计算程序及内容见表 3-28 所示。

安装单位工程工程造价计算程序表 **表 3-28**

序号	费用项目		计算方法
			以人工费为计费基础的工程
1	直接费	直接工程费	施工图工程量×消耗量定额基价
2		其中：人工费	定额工日耗用量×规定的人工单价
3		材料费	
4		机械费	
5		主材费	
6		施工技术措施费	按消耗量定额计算
7		其中：人工费	定额工日耗用量×人工单价
8		施工组织措施费	(2+7)×费率
9		其中：人工费	8×定额系数
10	价差	价差	主材用量×(市场价格－定额取定价格)
11		人工费调整	按规定计算
12		机械费调整	按规定计算
13	间接费	施工管理费	(2+7+9)×费率
14		规费	(2+7+9)×费率
15	利　润		(1+6+8+10+11+12)×费率
16	不含税工程造价		1+6+8+10+11+12+13+14+15
17	税　金		16×税率
18	含税工程造价		16+17

5）安装工程定额计价实例

本例通过某住宅电气照明工程施工图预算的编制，说明安装工程定额计价的程序和方法。

该工程是一栋三层三个单元的居民砖混住宅楼的电气照明工程。图 3-8 是电气照明系统图，图 3-9 是一单元二层电气照明平面图，其他各单元各层均与此相同，每个开间均为 3m。

A. 设计说明书

(A) 电源线架空引入，沿二层地板穿管暗敷设。进户线距室外地面高度 $H \geqslant 3.6$m，进户横担为两端埋设式，规格是 1.50×5×800。

(B) 配电箱 MX1-1 型：长×高×厚＝350mm×400mm×125mm。配电箱 MX2-2 型：长×高×厚＝500mm×400mm×125mm。配电箱 MX1-2 型：长×高×厚＝800mm×400mm×125mm。

(C) 安装高度：配电箱底距楼地面 1.4m，跷板开关距地 1.3m、距门框 0.2m，插座距地 1.8m。

(D) 导线未标注者均为 BLX-500V-2.5mm^2 暗敷 GGDN15。

(E) 配电箱均购成品成套箱。

(F) 建筑物层高 3.6m。

B. 确定工程项目

根据图纸资料和预算定额的规定，该工程应列以下工程项目进行预算编制。

(A) 照明器具的安装

a. 灯具的安装

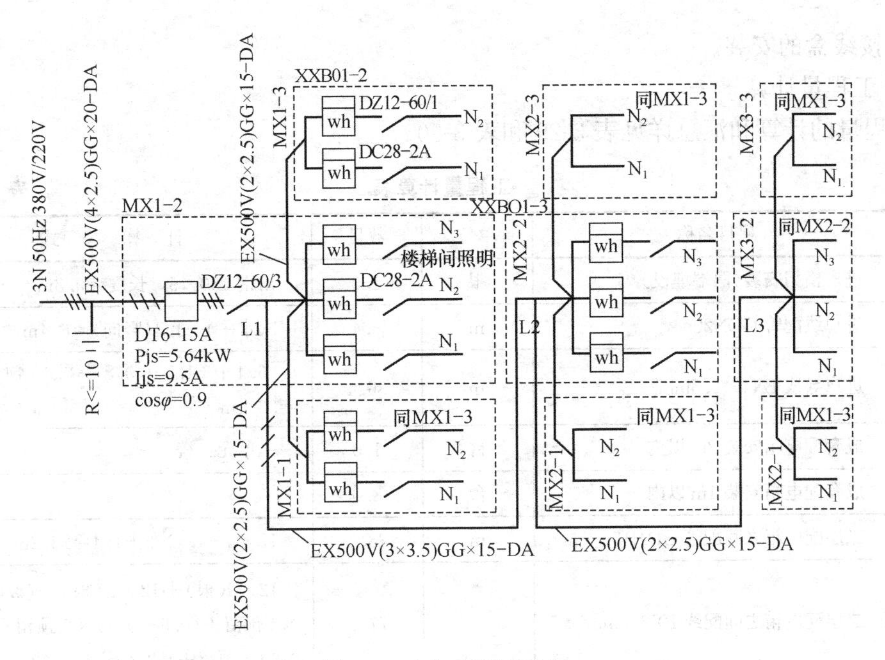

图 3-8 电气照明系统图

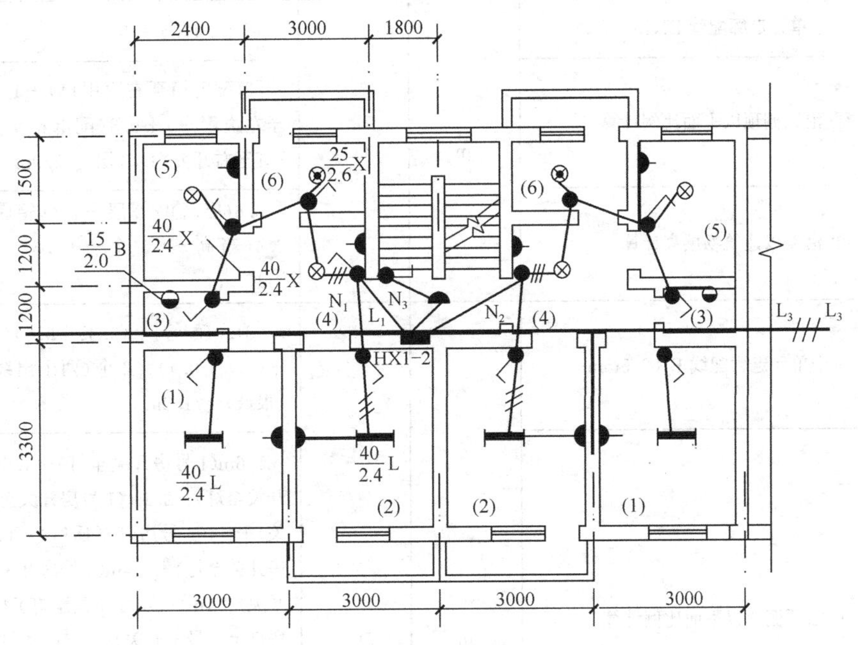

图 3-9 电气照明平面图

b. 其他普通灯具，包括一般壁灯、吊线灯、防水吊灯的安装。

c. 吊链式单管荧光灯(成套型)的安装。

d. 开关、插座的安装。

(B) 成套配电箱的安装

(C) 配管、配线

a. 砖、混凝土结构暗配。

b. 管内穿线。

c. 接线盒的安装。

C. 工程量计算

工程量的计算和汇总详见表 3-29 和表 3-30。

工程量计算表 **表 3-29**

序号	项目名称	单位	数量	计算公式
1	进户横担安装(两端埋设)	根	1.0	角钢 L50×5，长度=0.8m
2	进户线配管 GDN20	m	6.4	5(水平)+1.4(竖向)=6.4m
3	进户导线 BX4×2.5mm^2	m	36.4	[6.4+(1.5+0.8+0.4)预留]×4=36.4m
4	成套配电箱安装 2m 以内	台	1.0	一单元二楼
5	成套配电箱安装 1m 以内	台	8.0	
6	二层配电箱之间配管 GDN15	m	28.2	12×2+1.4×2+1.4=28.2m
7	二层配电箱之间配线 BX2.5mm^2	m	77.0	12×3(根)+12×2(根)+(0.8+0.4)×3 预留+(0.5+0.4)×2 预留+(0.5+0.4)×预留+1.4×3+1.4×2×2=77.0
8	一个单元走廊配管 DN15	m	33.4	15.9+17.5=33.4
	① 沿顶棚顶以平面比例计算			[2(配电箱至右边用户)+1.5(配电箱至左边用户)+0.8(配电箱至走廊)+1(灯至右开关)]×3 层=15.9m
	② 沿墙以建筑物层高计算			3.6(层高)×3 层-1.4(箱底高度)+0.4(箱高)×3 个+(3.6-1.3)×3=17.5m
9	一个单元走廊配线 B×2.5mm^2	m	71.3	[31.0(配管)+(0.35+0.4)(预留)×3+(0.8+0.4)×2 个(两个出线口)]×2(根数)=71.3m
	① 沿顶棚顶以平面比例计算			1.6m(1 号房开关至灯)+1.6m(2 号房开关至灯)+2.1m(1 号房开关至 2 号房开关)+1m(2 号房灯至插座)+0.5m(3 号房开关至灯)+1.4m(4 号房开关至 2 号房开关)+1m(4 号房开关至灯)+1m(4 号房灯至 6 号房开关)+0.5m(4 号房开关至插座)+0.9m(5 号房开关至灯)+1.2m(5 号房开关至 3 号房开关)+1.3m(5 号房开关至插座)+0.7m(6 号房开关至灯)+1.1m(6 号房开关至 5 号房开关)=13.3m
	② 沿墙以建筑物层高计算			[3.6m(层高)-1.3m(开关安装高度)]×6(开关数量)+[3.6m(层高)-1.8m(插座安装高度)]×3(插座数量)+3.6m(层高)-2m(壁灯安装高度)=20.8m

续表

序号	项目名称	单位	数量	计 算 公 式
10	一个用户内穿线 BL×2.5mm²	m	70.8	34.1(1个用户内配管总长)×2(穿线根数)+2.6m(穿3根线管长)=70.8m
11	半圆球吸顶灯	套	9.0	(1套/层·单元)×3层×3个单元=9套
12	软线吊灯	套	36.0	(2套/户)×18户=36套
13	防水灯	套	18.0	(1套/户)×18户=18套
14	一般壁灯	套	18.0	(1套/户)×18户=18套
15	吊链式单管荧光灯	套	36.0	(2套/户)×18户=36套
16	跷板开关	套	117.0	(6套/户)×18户+(1套/单元)×3层×3个单元=117
17	单相二加三孔插座	套	72.0	(4套/户)×18户=72套
18	接线盒	个	108.0	(6个/户)×18户=108个
19	开关盒	个	117.0	(6个/户)×18户+(1个/层·单元)×3层×3个单元=117个

工程量汇总表 **表 3-30**

序号	项 目 名 称	单位	数量	计 算 式
1	进户横担安装(两端埋设)	根	1.0	
2	成套配电箱安装 2m 以内	台	1.0	
3	成套配电箱安装 1m 以内	台	8.0	
4	进户线配置 GDN20 暗敷	m	6.4	6.4
5	配管 GDN15 暗敷	m	742.2	(28.2+33.4×3+34.1×18)
6	导线 B×2.5mm²	m	327.3	(36.4+77+71.3×3)
7	导线 BL×2.5mm²	m	1274.4	(70.8×18)
8	半圆球吸顶灯	套	9	9
9	软线吊灯	套	36	36
10	防水灯	套	18	18
11	一般壁灯	套	18	18
12	吊链式单管荧光灯	套	36	36
13	跷板开关	套	117	117
14	单相二加三孔插座	套	72	72
15	接线盒	个	108	108
16	灯头盒	10个	11.7	117÷10=11.7
17	开关盒	10个	11.7	117÷10=11.7
18	插座盒	10个	7.2	72÷10=7.2

D. 计算直接费和其他各项费用

根据《某地安装工程单位估价表(2003)》第二册“电气设备安装工程”及相应费用定额编制工程预算。其中建设工程预算书(封面)见表3-31，安装工程预算表(包括工程定额直接费及其未计价材料费的计算)见表3-32，工程预算费用汇总表的计算见表3-33。

安装工程预算书 **表 3-31**

工程名称：×××住宅楼电气照明工程

建筑面积：×××m^2　　　　工程类别：三类

预算总价：17831.68 元　　　　层数：三层

建设单位：×××

审核单位：×××

编制单位：×××

编制人：×××　　　　签章：×××

审核人：×××　　　　签章：×××

×××年×××月×××日

安装工程预算表 **表 3-32**

工程名称：×××住宅楼电气照明工程

定额编号	定额名称	单位	工程量	基价		人工费		机械费		主材费
				单价	合价	单价	合价	单价	合价	
C2-298	悬挂嵌入式配电箱安装(半周 1.0m)	台	8.00	81.52	652.16	55.80	446.40	—		2880.00
	成套配电箱	台	8.00							
C2-300	悬挂嵌入式配电箱安装(半周 2.5m)	台	1.00	119.16	119.16	86.80	86.80	4.52	4.52	800.00
	成套电表箱	台	1.00							
C2-964	进户线两端埋式四线横担安装	根	1.00	10.43	10.43	8.37	8.37	—		18.00
	镀锌角钢横担 L50×5×80	根	1.00							
C2-1081	砖、混凝土结构钢管暗配(15mm 内)	100m	7.42	254.46		209.25		15.83	117.46	3692.37
	焊接钢管 DN15	m	764.47		1888.09		1552.64			
C2-1082	砖、混凝土结构钢管暗配(20mm 以内)	100m	0.064	272.43		223.20		15.83	1.01	40.21
	焊接钢管 DN20	m	6.59							

续表

定额编号	定额名称	单位	工程量	基价		人工费		机械费		主材费
				单价	合价	单价	合价	单价	合价	
C2-1271	照明线路管内穿线（铝芯2.5mm^2 以内）	100m单	12.74	36.31	17.44	31.00	14.28			354.79
	绝缘导线 BLV-2.5mm^2	m	1478.30							
C2-1276	照明线路管内穿线（铜芯2.5mm^2 以内）	100m单	3.24	23.63	76.56	20.46	66.29			224.00
	导线 BV-2.5mm^2	m	379.67							
C2-1248	暗装接线盒安装	10个	10.80	22.14	239.11	13.95	150.66			275.40
	接线盒	个	110.16							
C2-1463	暗装灯头盒安装	10个	11.70	46.37	542.53	29.14	340.94			298.35
	灯头盒	个	119.34							
C2-1249	暗装开关盒安装	10个	11.70	18.67	218.44	14.88	174.10			
C2-955	送配电系统调试	系统	1	412.50	412.50	310.00	310.00			
小计					4639.01		3545.41		122.99	8583.12
	脚手架搭拆费	元			141.82		35.45			
	施工技术措施项目费				141.82		35.45			

单位工程工程造价计算程序表 **表 3-33**

序号	费用名称	计算表达式	金额(元)
一	直接工程费	工料机费	13222.13
1	其中：人工费	人工费	3545.41
2	材料费	材料费	970.61
3	机械费	机械费	122.99
二	主材(未计价材料)费	安装主材费	8583.12
三	组织措施费	[4]+[5]	575.94
4	其中　安全文明施工费	([1]+[3])×13.8%	506.24
5	其他组织措施费	([1]+[3])×1.9%	69.70
四	施工管理费	([1]+[3])×20%	733.68
五	利润	([一]+[二]+[三])×5.15%	1152.63
六	规费	([1]+[3])×17.8%	652.98
七	建设施工安全技术服务费	([一]+[二]+[三]+[四]+[五]+[六])×0.12%	21.91
八	不含税工程造价	[一]+[二]+[三]+[四]+[五]+[六]+[七]	24942.39
九	税金	([八])×3.6914%	920.72
十	含税工程造价	[八]+[九]	25034.46

（三）工程造价工程量清单计价方法

1. 工程量清单计价的基本原理

建设部按照市场形成价格，企业自主报价的市场经济管理模式，编制了《建设工程工程量清单计价规范》(GB 50500—2008)。

工程量清单计价方法是建设工程在招标投标中，招标人按照国家统一的工程量计算规则提供工程数量，并作为招标文件的一部分提供给投标人，由投标人依据工程量清单自主报价，并按照经评审合理低价中标的工程造价计价方式。工程量清单计价的费用由分部分项工程费、措施项目费、其他项目费、规费和税金组成。

工程量清单计价的计算方法是：招标方给出工程量清单，投标人根据工程量清单组合分部分项工程综合单价，并计算出分部分项工程费、措施项目费、其他项目费、规费和税金，最后汇总计算工程总造价。其基本的数学模型是：

$$\text{建筑工程造价}=[\Sigma(\text{工程量}\times\text{综合单价})+\text{措施项目费}+\text{其他项目费}+\text{规费}]\times(1+\text{税金率}) \tag{3-29}$$

2. 工程量清单计价的特点和作用

1）特点：在招投标中采用工程量清单计价有如下特点：

① 满足竞争的需要。

② 提供平等竞争的基础。

③ 有利于工程款的拨付和工程造价的最终确定。

④ 有利于实现风险的合理分担。

⑤ 有利于业主对投资的控制。

2）作用

① 是深化工程管理改革，积极推进建设市场市场化的重要途径。

② 是规范建筑市场秩序的重要措施。

③ 是与国际惯例接轨的需要

④ 有利于我国工程造价管理政府职能的转变。

3. 工程量清单计价方法和表格

(1) 土建工程

1）工程量清单的编制

根据《建设工程工程量清单计价规范》规定：工程量清单是建设工程的分部分项工程项目、措施项目、其他项目规费项目和税金项目的名称及其相应工程数量的明细清单。应由分部分项工程量清单、措施项目清单、其他项目清单规费项目清单、税金项目清单组成。

工程量清单的编制依据。

a.《建设工程工程量清单计价规范》GB 50500—2008；

b. 国家或省级、行业建设主管部门颁发的计价依据和办法；

c. 建设工程设计文件；

d. 与建设工程项目有关的标准、规范、技术资料；

e. 招标文件及其补充通知、答疑记要；

f. 施工现场情况、工程特点及常规施工方案；

g. 其他相关资料。

① 分部分项工程量清单的编制。

A. 分部分项工程项目划分。

分部分项工程项目是形成建筑产品实体部位的工程分项，因此也可称分部分项工程量清单项目是实体项目。它也是决定措施项目和其他项目清单的重要依据。

按照《建设工程工程量清单计价规范》的分项定义，首先按工程类别分附录 A(建筑工程)、附录 B(装饰装修工程)、附录 C(安装工程)、附录 D(市政工程)、附录 E(园林绿化)、附录 F(矿山工程)。其中附录 A 又按专业工程或工种工程分为 8 个专业类别。建筑工程工程量清单项目见表 3-34 所示：

建筑工程工程量清单分部工程项目划分表 表 3-34

序号	工程类别名称与编码		专业工程名称与编码		分部工程名称与编码		附注
	工程类别名称	编码	专业工程名称	编码	分部工程名称	编码	
1	A. 建筑工程	01	A.1 土（石）方工程	0101	表 A.1.1 土方工程	010101	
2					表 A.1.2 石方工程	010102	
3					表 A.1.3 土石方回填	010103	
4		01	A.2 桩与地基基础工程	0102	表 A.2.1 混凝土桩	010201	
5					表 A.2.2 其他桩	010202	
6					表 A.2.3 地基与边坡处理	010203	
7		01	A.3 砌筑工程	0103	表 A.3.1 砖基础	010301	
8					表 A.3.2 砖砌体	010302	
9					表 A.3.3 砖构筑物	010303	
10					表 A.3.4 砌块砌体	010304	
11					表 A.3.5 石砌体	010305	
12					表 A.3.6 砖散水、地坪、地沟	010306	
13		01	A.4 混凝土及钢筋混凝土工程	0104	表 A.4.1 现浇混凝土基础	010401	
14					表 A.4.2 现浇混凝土柱	010402	
15					表 A.4.3 现浇混凝土梁	010403	
16					表 A.4.4 现浇混凝土墙	010404	
17					表 A.4.5 现浇混凝土板	010405	
18					表 A.4.6 现浇混凝土楼梯	010406	
19					表 A.4.7 现浇混凝土其他构件	010407	
20					表 A.4.8 后浇带	010408	
21					表 A.4.9 预制混凝土柱	010409	
22					表 A.4.10 预制混凝土梁	0104010	
23					表 A.4.11 预制混凝土屋架	0104011	

续表

序号	工程类别名称与编码		专业工程名称与编码		分部工程名称与编码		附注
	工程类别名称	编码	专业工程名称	编码	分部工程名称	编码	
24	A. 建筑工程	01	A.4 混凝土及钢筋混凝土工程	0104	表 A.4.12 预制混凝土板	0104012	
25					表 A.4.13 预制混凝土楼梯	0104013	
26					表 A.4.14 其他预制构件	0104014	
27					表 A.4.15 混凝土构筑物	0104015	
28					表 A.4.16 钢筋工程	0104016	
29					表 A.4.17 螺栓、铁件	0104017	
30		01	A.5 厂库房大门、特种门、木结构工程	0105	表 A.5.1 厂库房大门、特种门	010501	
31					表 A.5.2 木屋架	010502	
32					表 A.5.3 木构件	010503	
33		01	A.6 金属结构工程	0106	表 A.6.1 钢屋架、钢网架	010601	
34					表 A.6.2 钢托架、钢桁架	010602	
35					表 A.6.3 钢柱	010603	
36					表 A.6.4 钢梁	010604	
37					表 A.6.5 压型钢板楼板、墙板	010605	
38					表 A.6.6 钢构件	010606	
39					表 A.6.7 金属网	010607	
40		01	A.7 屋面及防水工程	0107	表 A.7.1 瓦、型材屋面	010701	
41					表 A.7.2 屋面防水	010702	
42					表 A.7.3 墙、地面防水、防潮	010703	
43					表 A.7.4 其他相关问题应按下列规定处理：（注：详见附注）	010704	1. 小青瓦、水泥平瓦、玻璃瓦等，应按 A.7.1 中瓦屋面项目编码列项 2. 压型钢板、阳光板、玻璃钢等，应按 A.7.1 中型材屋面项目编码列项
44		01	A.8 防腐、保温、隔热工程	0108	表 A.8.1 防腐面层	010801	
45					表 A.8.2 其他防腐	010802	
46					表 A.8.3 隔热、保温	010803	
47					表 A.8.4 其他相关问题应按下列规定处理：（注：详见附注）	010804	1. 保温隔热墙的装饰面层，应按 B.2 中相关项目编码列项 2. 柱帽保温隔热应并入顶棚保温隔热工程量内 3. 池槽保温隔热，池壁、池底应分别编码列项，池壁应并入墙面保温隔热工程量内，池底应并入地面保温隔热工程量内

表 3-34 中每个专业工程表中，又包含了各分部工程，分部工程中又包含了若干个分项工程。如专业工程 A. 4 混凝土及钢筋混凝土工程中包括从 A. 4. 1 至 A. 4. 17，即包含有 17 个混凝土及钢筋混凝土分部工程。以其中 A. 4. 1 现浇混凝土基础工程为例，如表 3-35 所示，表中又包括了带形基础、独立基础、满堂基础、设备基础、桩承台基础等五项分项清单项目。表中还规定了每个分项的项目名称、项目特征、计量单位、工程量计算规则和工程内容。

现浇混凝土基础(编码：010401)(表 A. 4. 1) **表 3-35**

项目编码	项目名称	项目特征	计量单位	工程量计算规则	工程内容
010401001	带形基础	1. 垫层材料种类、厚度 2. 混凝土强度等级 3. 混凝土拌和料要求 4. 砂浆强度等级	m^2	按设计图示尺寸以体积计算，不扣除构件内钢筋、预埋铁件和伸入承台基础的桩头所占体积	1. 铺设垫层 2. 混凝土制作、运输、浇筑、振捣、养护 3. 地脚螺栓二次灌浆
010401002	独立基础				
010401003	满堂基础				
010401004	设备基础				
010401005	桩承台基础				

B. 分部分项工程量清单的编制。

分部分项工程量清单是以分部分项工程项目为内容主体，由序号、项目编码、项目名称、计量单位和工程数量等构成。格式详见后工程量清单整理部分表 3-42。

a. 项目编码。

工程量清单的项目编码，主要是指分部分项工程工程量清单的项目编码。

分部分项工程量清单的项目编码，一至九位应按附录 A、附录 B、附录 C、附录 D、附录 E、附录 F 的规定设置；十至十二位应根据拟建工程的工程量清单项目名称由其编制人设置，并应自 001 起顺序编制。这样的 12 位数编码就能区分各种类型的项目。一个项目的编码由五级组成，如图 3-10 所示。

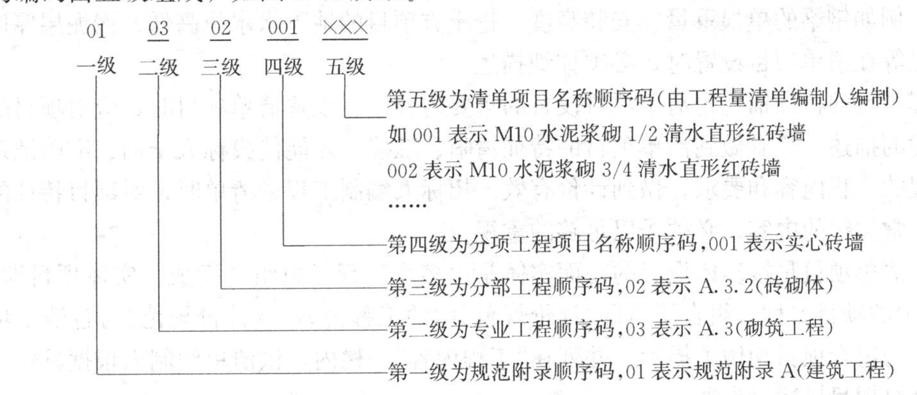

图 3-10 清单项目编码示意图

第一级代码为工程类别顺序码，即建筑工程、装饰工程、安装工程、市政工程、园林绿化工程、矿山工程，分别见附录 A、B、C、D、E、F，用最前两位代码表示其工程类型顺序码，分别用最前两位代码 01、02、03、04、05、06 区分以上六类工程编码。

第二级即第三、四两位代码为区别不同专业工程的顺序码。

第三级即以第五、六两位代码作为分部工程或工种工程顺序码。

第四级为第七、八、九三位数代码是分项工程项目名称的顺序码，上述四级代码即前九位编码，是规范附录中根据工程分项在附录 A、B、C、D、E、F 中分别已明确规定的编码，供清单编制时查询，不能作任何调整与变动。

第五级编码为第十、十一、十二位数代码是分项工程清单项目名称的顺序码，是招标人根据工程量清单编制的需要而自行设置。

编制工程量清单出现附录中未包括的项目，编制人应作补充。补充项目的编码应由附录的顺序码与 B 和三位阿拉伯数字组成，并应从 XB001 起顺序编制，同一招标工程的项目不得重码。

b. 项目名称。

项目名称应按附录 A、附录 B、附录 C、附录 D、附录 E、附录 F 的项目名称与项目特征并结合拟建工程的实际确定。应包括项目名称、项目特征和工程内容三个部分。

项目名称原则上以形成工程实体而命名。清单项目名称应按《计价规范》规定，不能变动主体名称。

在项目名称栏中编者还应对项目特征进行准确描述，通过对项目特征的描述，使清单项目名称清晰化、具体化、细化，能够反映影响工程造价主要因素。项目特征按不同的工程部位、施工工艺或材料品种、规格等分别列项。凡项目特征中未描述到的其他独有特征，由清单编制人视项目具体情况确定，以准确描述清单项目为准。

建筑工程项目的特征主要体现在以下几个方面：

——项目的主体特征。属于这些特征的主要是项目的材质、型号、规格、甚至品牌等，这些特征对工程造价影响较大，若不加以区分，必然造成计价混乱。

——工艺方面的特征。对于项目的工艺要求，在清单编制时有必要进行详细说明。例如石望柱柱身雕刻，柱头雕饰要求，在清单项目设置时，必须详细描述。

——对工艺或施工方法有影响的特征。有些特征将直接影响到施工方法，从而影响工程造价。例如钢梁的单根重量、安装高度；挖土方项目的地下水水位高低、淤泥层厚度等有关情况等在清单项目设置时，必须详细描述。

工程项目的特征描述是清单项目设置的重要内容。在设置清单项目时，应对项目的特征做全面的描述。只有做到清单项目的特征清晰、准确，才能使投标人全面、准确地理解拟建工程的工程内容和要求，做到计价有效。招标人编制工程量清单时，对项目特征的描述，是非常关键的内容，必须予以足够的重视。

由于清单项目是按实体设置的，而实体是由多个工程子目组合而成。实体项目即《计价规范》中的项目名称，组合子目即《计价规范》中的工程内容。《计价规范》对各清单项目可能发生的组合项目均做了提示，并列在“工程内容”一栏内，供清单编制人根据具体工程有选择地对项目描述时参考。

注意：如果发生了在《计价规范》附录中没有列的工程内容，在清单项目描述中应予以补充，绝不可以《计价规范》附录中没有为理由不予描述。描述不清容易引发投标人报价(综合单价)内容不一致，给评标和工程管理带来麻烦。

【例 3-11】 根据施工图纸列制某砖混结构工程 M5 水泥砂浆砖砌条形基础(墙基)的项目名称。

【解】 依照《建设工程工程量清单计价规范》附录表 A(建筑工程)中第三个分部工程

A.3 砌筑工程，砖基础分部工程项目名称编制如下，格式见表 3-36。

项目主体名称：砖基础

项目特征：1. 垫层材料种类、厚度：C10 混凝土，200mm 厚

2. 砖品种、规格、强度等级：页岩砖，240mm×115mm×53mm，MU10

3. 基础类型：条形基础

4. 基础深度：2.8m 以内

5. 砂浆强度等级：M5 水泥砂浆

工程内容：1. 砂浆制作、运输；2. 铺设垫层；3. 砌砖；4. 防潮层铺设；5. 材料运输

分部分项工程量清单表 **表 3-36**

工程名称： 第 页 共 页

序号	项目编码	项目名称	项目特征描述	计量单位	工程量	金额(元)		
						综合单价	合价	其中：暂估价
1	010301001001	砖基础	项目特征： 1. 垫层材料种类、厚度：C10 混凝土，200mm 厚 2. 砖品种、规格、强度等级：页岩砖，240mm×115mm×53mm，MU10 3. 基础类型：条形基础 4. 基础深度：2.8m 以内 5. 砂浆强度等级：M5 水泥砂浆	m^3				

c. 计量单位。

工程量是指以物理计量单位或自然计量单位所表示的各分项工程或结构构件的具体数量。所谓物理计量单位是以物体本身的某种物理属性为计量单位。分部分项工程量清单的计量单位应按附录 A、附录 B、附录 C、附录 D、附录 E、附录 F 规定的计量单位确定。

规范指出对计算工程量的有效位数应遵守下列规定：

以“吨”为单位，应保留小数点后三位数字，第四位四舍五入；

以“立方米”、“平方米”、“米”为单位，应保留小数点后两位数字，第三位四舍五入；

以“个”、“项”等为单位，应取整数。

d. 工程数量。

工程数量的计算主要通过《建设工程工程量清单计价规范》中的工程量计算规则计算得到。工程量计算规则是指对清单项目工程量的计算规定。除另有说明外，所有清单项目的工程量应以实体工程量为准，并以完成后的净值计算；投标人投标报价时，应在单价中考虑施工中的各种损耗和需要增加的工程量。

《建设工程工程量清单计价规范》工程量的计算规则按主要专业划分，包括建筑工程、

装饰装修工程、安装工程、市政工程、园林绿化工程和矿山工程六个专业工程。

《建设工程工程量清单计价规范》和全国统一建筑工程预算的工程量计算规则有所不同，现将建筑工程和装饰装修工程主要工程量计算规则分别对照见表 3-37、表 3-38。

《建设工程工程量清单计价规范》与全国统一建筑工程预算的工程量计算规则对照表

表 3-37

		清单工程量计算规则		预算工程量计算规则	
项目编码	项目名称	单位	计算规则	单位	计 算 规 则
010101001	平整场地	m^2	按设计图示尺寸以建筑物首层面积计算	m^2	按建筑物外墙外边线每边各加 2m，以平方米计算
010101003	挖基础土方	m^3	按设计图示尺寸以基础垫层底面积乘以挖土方深度计算	m^3	挖沟槽长度，外墙按图示中心线长度计算；内墙按图示基础底面之间净长线计算；内外突出部分(垛、附墙烟囱等)体积并入土方工程量内计算 计算挖沟槽、基坑、土方工程量需放坡时，放坡系数按有关规定计算 基础施工所需工作面，按有关规定计算 沟槽、基坑深度，按图示槽、坑底面至室外地坪深度计算
010101006	管沟土方	m	按设计图示以管道中心线长度计算	m^3	挖管沟槽按图示中心线长度计算；沟底宽度按设计规定尺寸计算；深度按图示沟底至室外地坪的深度计算
010102002	石方开挖	m^3	按设计图示以体积计算	m^3	人工凿岩石，按图示以立方米计算 爆破岩石按图示以立方米计算，其沟槽、基坑深度、宽度允许超挖量：次坚石 200mm； 特坚石 150mm。超挖部分岩石并入岩石挖方量内计算
010102003	管沟石方	m	按设计图示以管道中心线长度计算		
010201001	预制钢筋混凝土桩	m/根	按设计图示以桩长(包括桩尖)或根数计算	m^3	打预制钢筋混凝土桩的体积，按设计桩长(包括桩尖，不扣除桩尖虚体积)乘以桩截面面积计算
010201002	接桩	个/m	按设计图纸规定以接头数量(板桩按接头长度)计算	个	电焊接桩按设计接头，以个计算
				m^2	硫磺胶泥接桩按桩断面面积以平方米计算
010202001	砂石灌注桩	m	按设计图示以桩长(包括桩尖)计算	m^3	打孔灌注桩(混凝土桩、砂桩、碎石桩的体积)，按设计规定的桩长(包括桩尖，不扣除桩尖虚体积)乘以钢管管箍外径截面面积计算。钻孔灌注桩，按设计桩长(包括桩尖，不扣除桩尖虚体积)增加 0.25m 乘以设计断面面积计算
010202002	灰土挤密桩				
010203003	地基强夯	m^2	按设计图示尺寸以面积计算	m^2	按设计图示强夯面积，区分夯击能量、夯击遍数以平方米计算

续表

项目编码	项目名称	清单工程量计算规则		预算工程量计算规则	
		单位	计算规则	单位	计算规则
010303003	砖窨井检查井	座	按设计图示数量计算	m^3	检查井及化粪池不分壁厚均应以立方米计算，洞口上的砖平拱旋并入砌体体积内计算
010303004	砖水池化粪池				
010405008	现浇雨篷阳台板	m^3	按设计图示尺寸以墙外部分体积计算，包括伸出墙外的牛腿和雨篷反檐的体积	m^2	阳台、雨篷(悬挑板)按伸出墙外的水平投影面积计算，伸出墙外的牛腿不另计算。带反檐的雨篷按展开面积并入雨篷内计算
010502001	屋架	榀	按设计图示数量计算	m^3	木屋架制作安装均按设计断面竣工木料以立方米计算，方木屋架单面刨光增加 3mm，双面刨光增加 5mm。圆木屋架按屋架刨光时木材体积每立方米增加 0.05m^3 计算。附属于屋架的夹板、垫木等已并入相应的屋架制作项目中，不另计算
010502002	钢木屋架	榀	按设计图示数量计算	m^3	钢木屋架区分圆、方木，按竣工木料以立方米计算
010503003	木楼梯	m^2	按设计图示尺寸以水平投影面积计算。不扣除宽度小于 300mm 的楼梯井，伸入墙内部分不计算	m^2	木楼梯按水平投影面积计算。不扣除宽度小于 300mm 的楼梯井，其踢脚板、平台和伸入墙内部分不另计算

《建设工程工程量清单计价规范》与全国统一装饰装修工程预算的工程量计算规则对照表

表 3-38

项目编码	项目名称	清单工程量计算规则		预算工程量计算规则	
		单位	计算规则	单位	计算规则
020102001	石材楼地面	m^2	按设计图示尺寸以面积计算，扣除凸出地面构筑物、设备基础、室内管道、地沟等所占面积。不扣除间壁墙和 0.3m^2 以内的柱/垛、附墙烟囱及孔洞所占面积。门洞、空圈、暖气包槽、壁龛的开口部分不增加面积	m^2	块料面层按图示尺寸空铺面积以平方米计算。空洞、空圈、暖气包槽和壁龛的开口部分的工程量并入相应的面层内计算
020102002	块料楼地面				
020105002	石材踢脚线	m^2	按设计图示长度乘以高度以面积计算	m^2	踢脚线按实贴长度乘以高度以平方米计算，成品踢脚线按实贴延长米计算。楼梯踢脚线按相应定额乘以 1.15 系数
020105003	块料踢脚线				
020105005	塑料板踢脚线				
020105006	木制踢脚线				
020105007	金属踢脚线				
020105008	防静电踢脚线				

续表

清单工程量计算规则				预算工程量计算规则	
项目编码	项目名称	单位	计算规则	单位	计 算 规 则
020106001	石材楼梯面层	m^2	按设计图示尺寸以楼梯(包括踏步、休息平台及500mm以内的楼梯井)水平投影面积计算。楼梯与地面相连时，算至梯口梁内侧边沿，无梯口梁者，算至最上一层踏步边沿加300mm	m^2	楼梯面积(包括踏步、休息平台及500mm以内的楼梯井)按水平投影面积计算
020106002	块料楼梯面层				
020201002	墙面装饰抹灰	m^2	外墙面抹灰面积按外墙垂直投影面积计算。外墙裙抹灰面积按其长度乘以高度计算	m^2	外墙面装饰抹灰均按图示尺寸以实抹面积计算。应扣除门窗洞口空圈的面积，其侧壁面积不增加，挑檐、天沟、腰线、栏杆、拦板、门窗套、窗台线、压顶等均按图示尺寸展开面积以平方米计算，并入相应的外墙面积内
020204003	块料墙面	m^2	按设计图示尺寸以面积计算	m^2	墙面贴块料面层均按图示尺寸以实贴面积计算
020301001	顶棚抹灰	m^2	按设计图示尺寸以水平投影面积计算。不扣除间壁墙、垛、柱、附墙烟囱、检查口和管道所占面积。带梁顶棚梁侧面抹灰面积并入顶棚面积内，板式楼梯底面抹灰按斜面积计算，锯齿形楼梯底板抹灰按展开面积计算	m^2	顶棚基层按展开面积计算。顶棚装饰面层按主墙间实钉(胶)面积以平方米计算，不扣除间壁墙、检查口、附墙烟囱、垛和管道所占面积。但应扣除$0.3m^2$以上的孔洞、独立柱、灯槽与顶棚相连的窗帘盒所占的面积。板式楼梯底面的装饰工程量按水平投影面积乘1.15的系数计算，梁式楼梯底面按展开面积计算
020303001	灯带	m^2	按设计图示尺寸以外框外围面积计算	m	灯槽按延长米计算
020401003	实木装饰门	樘	按设计图示数量计算	m^2	各类门窗制作、安装工程量均按门、窗洞口面积计算
020401004	胶合板门				
020402003	金属地弹门				铝合金门窗、彩板组角门窗、塑钢门窗安装均按洞口面积以平方米计算
020402005	塑钢门				

C. 分部分项工程量清单的编制步骤和方法。

a. 做好编制清单的准备工作；

b. 确定分部分项工程的项目及名称；

c. 拟定项目特征的描述；

d. 确定工程量清单编码；

e. 分部分项清单项目的工程量；

f. 复核与整理清单文件。

编制工程量清单出现附录中未包括的项目，编制人可作补充，并报省级或行业工程造价管理机构备案，省级或行业工程造价管理机构应汇总报住房和城乡建设部标准定额研究所。

工程量清单中需附有补充项目的名称、项目特征、计量单位、工程计算规则、工程内容。

② 措施项目清单的编制。

措施项目为完成工程项目施工，发生于该工程施工前和施工过程中技术、生活、安全等方面的非工程实体项目。

A. 措施项目清单的设置。

首先，要参考拟建工程的施工组织设计，以确定安全文明施工、材料的二次搬运等项目；其次，参阅施工技术方案，以确定夜间施工、大型机具进出场及安拆、施工排水降水等项目。参阅相关的施工规范与工程验收规范，可以确定施工技术方案没有表述的，但是为了实现施工规范与工程验收规范要求而必须发生的技术措施。招标文件中提出的某些必须通过一定的技术措施才能实现的要求。设计文件中一些不足以写进技术方案的，但是要通过一定的技术措施才能实现的内容。措施项目清单应根据拟建工程的实际情况列项。通用措施项目可按表 3-39 选择列项，专业工程的措施项目可按附录中规定的项目选择列项。若出现规范未列的项目，可根据工程实际情况补充。

通用措施项目一览表 **表 3-39**

序　号	项　目　名　称
1	安全文明施工(含环境保护、文明施工、安全施工、临时设施)
2	夜间施工
3	二次搬运
4	冬雨季施工
5	大型机械设备进出场及安拆
6	施工排水
7	施工降水
8	地上、地下设施，建筑物的临时保护设施
9	已完工程及设备保护

措施项目中可以计算工程量的项目清单宜采用分部分项工程量清单的方式编制、列出项目编码、项目名称、项目特征、计量单位和工程量计算规则；不能计算工程量的项目清单，以“项”为计量单位。

要编好措施项目清单，编者必须具有相关的施工管理、施工技术、施工工艺和施工方法方面的知识及实践经验，掌握有关政策、法规和相关规章制度。例如对环境保护、文明施工、安全施工等方面的规定和要求，为了改善和美化施工环境，组织文明施工就会发生措施项目及其费用开支，否则就会发生漏项少费的问题。

B. 编制措施项目清单应注意以下几点：

第一，既要对规范有深刻的理解，又要有比较丰富的知识和经验，要真正弄懂工程量清单计价方法的内涵，熟悉和掌握规范对措施项目的划分规定和要求，掌握其本质和规律，注重系统思维。

__________________工程　　　　　　　　　　　　表 3-40

工 程 量 清 单

招标人：__________________　　　工程造价
咨 询 人：__________________

（单位盖章）　　　　　　　　　　（单位资质专用章）

法定代表人
或其授权人：__________________　　　法定代表人
或其授权人：__________________

（签字或盖章）　　　　　　　　　（签字或盖章）

编　制　人：__________________　　　复　核　人：__________________

（造价人员签字盖专用章）　　　　（造价工程师签字盖专用章）

编 制 时 间：　年　月　日　　　复 核 时 间：　年　月　日

总　说　明

表 3-41

工程名称：　　　　　　　　　　　　　　第　页共　页

分部分项工程量清单与计价表 表 3-42

工程名称： 标段： 第 页共 页

序号	项目编码	项目名称	项目特征描述	计量单位	工程量	金额(元)		
						综合单价	合价	其中：暂估价
本页小计								
合　计								

注：根据建设部、财政部发布的《建筑安装工程费用组成》(建标[2003]206 号)的规定，为计取规费等的使用，可在表中增设其中："直接费"、"人工费"或"人工费＋机械费"。

第二，编制措施项目清单应与编制分部分项工程量清单综合考虑，与分部分项工程紧密相关的措施项目编制时可同步进行。

第三，编制措施项目应与拟定或编制重点难点分部分项施工方案结合，以保证所拟措施项目划分和描述的可行性。

第四，对规范中未能包含的措施项目，还应给予补充，对补充项目应更要注意描述清楚、准确。

C. 措施项目清单的基本格式，措施项目清单格式详见后工程量清单整理部分表 3-43 和表 3-44。

措施项目清单与计价表(一) 表 3-43

工程名称： 标段： 第 页共 页

序号	项目名称	计算基础	费率(%)	金额(元)
1	安全文明施工费			
2	夜间施工费			
3	二次搬运费			
4	冬雨季施工			
5	大型机械设备进出场及安拆费			
6	施工排水			
7	施工降水			
8	地上、地下设施、建筑物的临时保护设施			
9	已完工程及设备保护			
10	各专业工程的措施项目			
11				
12				
合　计				

注：1. 本表适用于以"项"计价的措施项目。
2. 根据建设部、财政部发布的《建筑安装工程费用组成》(建标[2003]206 号)的规定，"计算基础"可为"直接费"、"人工费"或"人工费＋机械费"。

措施项目清单与计价表(二)　　表 3-44

工程名称：　　标段：　　第　页共　页

序号	项目编码	项目名称	项目特征描述	计量单位	工程量	金额(元)	
						综合单价	合价
本页小计							
合　计							

注：本表适用于以综合单价形式计价的措施项目。

③ 其他项目清单的编制

对其他项目规范中没有给出定义，但规定了允许预留和列入报价的费用，也留有一定活口，按照实事求是的原则给予补充。

A. 其他项目清单编制规则。

a. 其他项目清单应根据工程的具体情况，参照下列内容列项：暂列金额、暂估价(包括材料暂估单价、专业工程暂估价)、计日工、总承包服务费。

b. 暂列金额由招标人确定，如不能详细列出，也可只列暂定金额总额、投标人将暂列金额计入投标总价中。

c. 材料暂估单价应由招标人根据拟建工程的具体情况详细列出暂估价材料名称、规范、型号，计量单位和相应单价，并在备注栏说明暂估价的材料拟用在哪些清单项目上，投标人应将材料暂估单价计入工程量清单综合单价报价中。

d. 专业工程暂估价由招标人确定，投资人计入投标总价中。

e. 计日工由招标人详细列出项目名称、单位、数量，编制招标控制价时，单价由招标人按有关计价规定确定；投标时，单价由投标人自主报价、计入投标总价中。

f. 编制其他项目清单，出现《计价规范》未列项目，编制人可作补充。

B. 其他项目清单的编制。

根据规范要求其他项目清单的编制应根据拟建工程的具体情况，参照下列内容列项：

a. 暂列金额。是指招标人在工程量清单中暂定并包括在合同价款中的一笔款项。用于施工合同签订时尚未确定或不可预见的所需材料、设备、服务的采购，施工中可能发生的工程变更、合同的调整因素出现时的工程价款调整以及发生的索赔、现场签证确认等的费用。暂列金额应根据工程特点，按有关规定计算。

b. 暂估价。是指招标人在工程量清单中提供的用于支付必然发生但暂时不能确定价格的材料的单价以及专业工程的金额。暂估价中的材料单价应根据工程造价信息或参照市场价格估算暂估价中的专业工程金额应分不同专业，按有关估价规定估算。

c. 计日工。是指在施工过程中，完成发包人提出的施工图纸以外的零星项目或工作，按合同中约定的综合单价计价，计日工应根据工程特点和有关计价依据计算。

d. 总承包服务费。是指总承包人为配合协调发包人进行的工程分包自行采购的设备、材料等进行管理、服务以及施工现场管理、竣工资料汇总整理等服务所需的费用。总承包服务费应根据招标文件列出的内容和要求估算。

若出现规范未列项目，可根据工程实际情况补充。

C. 其他项目清单编制格式

其他项目清单编制格式详见后工程量清单整理部分表3-45～表3～50。

其他项目清单与计价汇总表 **表3-45**

工程名称： 标段： 第 页共 页

序号	项目名称	计量单位	金额(元)	备注
1	暂列金额			明细详见表-12-1
2	暂估价			
2.1	材料暂估价		—	明细详见表-12-2
2.2	专业工程暂估价			明细详见表-12-3
3	计日工			明细详见表-12-4
4	总承包服务费			明细详见表-12-5
5				
合计				—

注：材料暂估单价进入清单项目综合单价，此处不汇总。

暂列金额明细表

表 3-46

工程名称：　　　　　　　　　　　　标段：　　　　　　　　　　　　第　页共　页

序号	项目名称	计量单位	暂定金额(元)	备注
1				
2				
3				
4				
5				
6				
7				
8				
9				
10				
11				
合　计				—

注：此表由招标人填写，如不能详列，也可只列暂定金额总额，投标人应将上述暂列金额计入投标总价中。

材料暂估单价表

表 3-47

工程名称：　　　　　　　　　　　　标段：　　　　　　　　　　　　第　页共　页

序号	材料名称、规格、型号	计量单位	单价(元)	备注

注：1. 此表由招标人填写，并在备注栏说明暂估价的材料拟用在哪些清单项目上，投标人应将上述材料暂估单价计入工程量清单综合单价报价中。

2. 材料包括原材料、燃料、构配件以及按规定应计入建筑安装工程造价的设备。

专业工程暂估价表 **表 3-48**

工程名称： 标段： 第 页共 页

序号	工程名称	工程内容	金额(元)	备注
合 计				

注：此表由招标人填写，投标人应将上述专业工程暂估价计入投标总价中。

计 日 工 表 **表 3-49**

工程名称： 标段： 第 页共 页

编号	项目名称	单位	暂定数量	综合单价	合价
一	人工				
1					
2					
3					
4					
人 工 小 计					
二	材 料				
1					
2					
3					
4					
5					
6					
材 料 小 计					
三	施工机械				
1					
2					
3					
4					
施工机械小计					
总 计					

注：此表项目名称、数量由招标人填写，编制招标控制价时，单价由招标人按有关计价规定确定；投标时，单价由投标人自主报价，计入投标总价中。

总承包服务费计价表 **表 3-50**

工程名称： 标段： 第 页共 页

序号	项目名称	项目价值(元)	服务内容	费率(%)	金额(元)
1	发包人发包专业工程				
2	发包人供应材料				
合 计					

④规费项目清单的编制

规费根据省级政府或省级有关权力部分规定必须缴纳的，应计入建筑安装工程造价的费用

A. 规费应按照下列内容列项：工程排污费、工程金额测定费、社会保障费(包括养老保险费、失业保险费、医疗保险费)、住房公积金和危险作业意外伤害保险。

B. 规范中未列的项目，应根据省级政府或省级有关权力部门的规定列项。

C. 规费项目清单编制格式。规费项目清单编制格式详见后工程量清单整理部分表。

⑤税金项目清单

A. 税金项目清单应包括下列内容：营业税、城市维护建设税，教育费附加。

B. 规范未列项目，应根据税务部门的规定列项。

C. 税金项目清单编制格式

税金项目清单编制格式详见后工程量清单整理部分表 3-51。

⑥工程量清单的整理。

工程量清单按规范规定的要求编制完成后，应当反复进行校核，最后按规定的统一格式进行归档整理。《计价规范》对工程量清单规定了统一的格式，在招标投标工程中，工程量清单必须严格遵照《计价规范》规定的格式执行，其规定格式见表 3-40～表 3-51，填表要求如下：

A. 工程量清单的组成内容。

a. 工程量清单封面；

b. 总说明；

c. 分部分项工程量清单与评价表；

d. 措施项目清单与计价表(一)；

e. 措施项目清单与计价表(二)；

f. 其他项目清单与计价汇总表；

g. 暂列金额明细表。

h. 材料暂估单价表

i. 专业工程暂估价表

j. 计日工表

k. 总承包服务费计价表

l. 规费、税金项目清单与计价表

B. 工程量清单的填写规定。

a. 封面应按规定的内容填写、签字、盖章，造价员编制的工程量清单应有负责审核的造价工程师签字、盖章；

b. 总说明应按下列内容填写：

——工程概况：建设规模、工程特征、计划工期、施工现场实际情况、交通运输情况、自然地理条件、环境保护要求等；

——工程招标和分包范围；

规费、税金项目清单与计价表 **表 3-51**

工程名称： 标段： 第 页共 页

序号	项目名称	计算基础	费率(%)	金额(元)
1	规费			
1.1	工程排污费			
1.2	社会保障费			
(1)	养老保险费			
(2)	失业保险费			
(3)	医疗保险费			
1.3	住房公积金			
1.4	危险作业意外伤害保险			
1.5	工程定额测定费			
2	税金	分部分项工程费＋措施项目费＋其他项目费＋规费		
合 计				

注：根据建设部、财政部发布的《建筑安装工程费用组成》(建标[2003]206号)的规定，"计算基础"可为"直接费"、"人工费"或"人工费＋机械费"。

——工程量清单编制依据；

——工程质量、材料、施工等的特殊要求；

——其他需说明的问题。

2）工程量清单计价方法和表格

① 工程量清单计价费用组成。

工程量清单计价，是指投标人完成由招标人提供的工程量清单所需的全部费用，包括分部分项工程费、措施项目费、其他项目费和规费、税金。如图 3-11 所示。

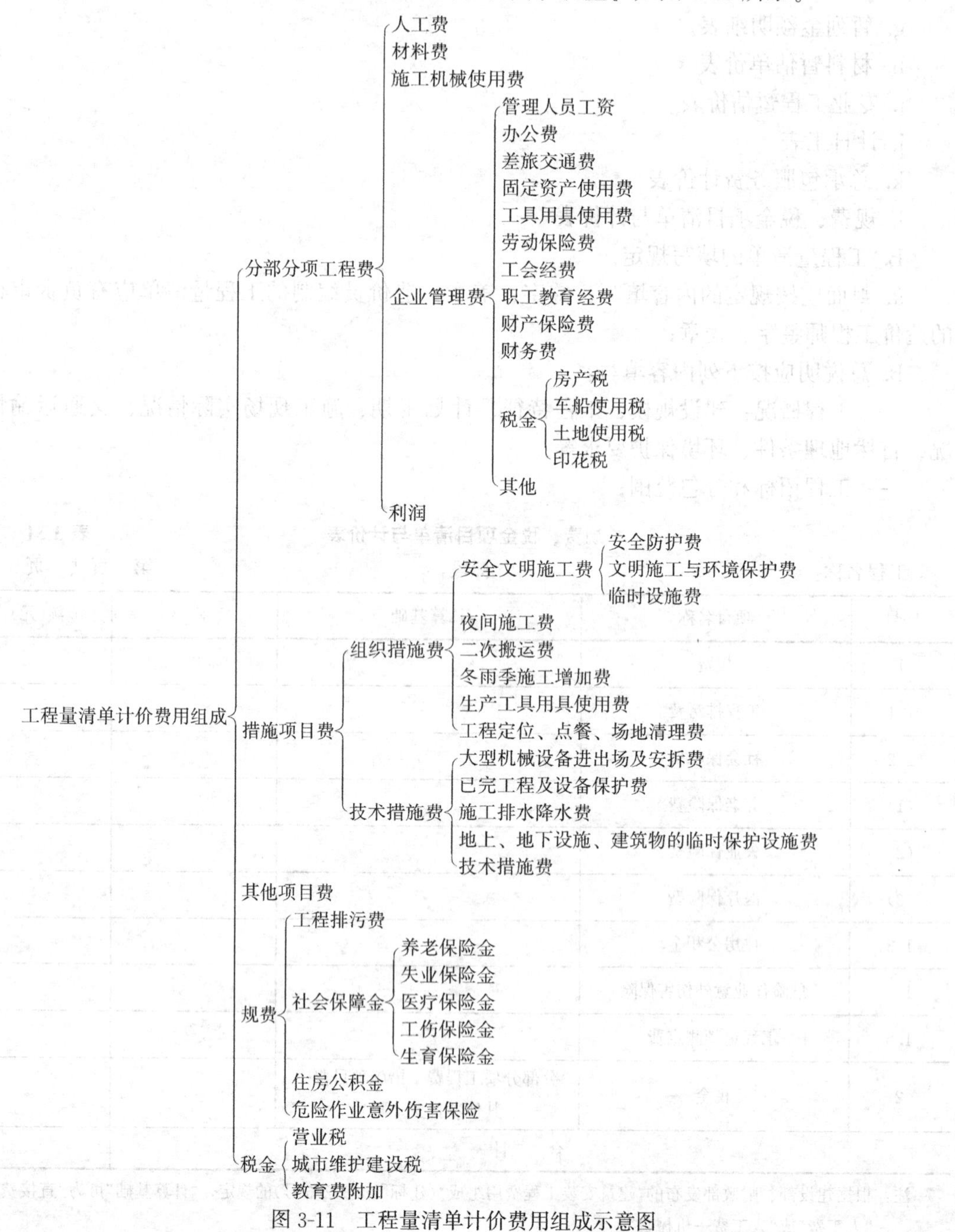

图 3-11 工程量清单计价费用组成示意图

A. 分部分项工程量清单费用。

分部分项工程量清单费用采用综合单价计价，它综合了完成工程量清单中一个规定的计量单位项目所需的人工费、材料费、施工机械使用费、管理费和利润，并考虑了风险因素。应按设计文件或参照《计价规范》附录的工程内容确定。

人工费是指直接从事建筑安装工程施工的生产工人开支的各项费用。

材料费是指施工过程中耗费的构成工程实体的原材料、辅助材料、构配件、零件、半成品的费用。

施工机械使用费指使用施工机械作业所发生的费用。

企业管理费是指建筑安装企业组织施工生产和经营管理所需费用。

利润指按企业经营管理水平和市场的竞争能力，完成工程量清单中各个分项工程应获得并计入清单项目中的利润。

分部分项工程费用中，还应考虑由施工方承担的风险因素，计算风险费用。风险费用是指投标企业在确定综合单价时，客观上可能产生的不可避免误差，以及在施工过程中遇到施工现场条件复杂，恶劣的自然条件，施工中意外事故，物价暴涨以及其他风险因素所发生的费用。

B. 措施项目费用。

措施项目费是指施工企业为完成工程项目施工，应发生于该工程施工前和施工过程中生产、生活、安全等方面的非工程实体费用。措施项目费用包括技术措施项目费用和组织措施项目费用。技术措施项目如措施项目费中的混凝土、钢筋混凝土模板或支架、脚手架、混凝土泵送增加费、垂直运输、施工排水、降水等措施项目等；组织措施项目如安全文明施工、二次搬运、工程点交与清理等。措施项目费用结算需要调整的，必须在招标文件或合同中明确。

C. 其他项目费用。

其他项目费包括暂列金额、暂估价、计日工、总承包服务费等；

上述其他项目名称、费用标准、计算方法和说明，仅供工程招投标双方参考，如工程发生其他费用时，由编制人根据工程要求和施工现场实际情况，按实际发生或经批准的施工方案计算。具体应按合同约定执行。

暂列金额暂估价均为估算、预测数，虽在工程投标时计入投标人的报价中，但不为投标人所有。工程结算时，应按承包人实际完成的工作量计算，剩余部分仍归招标人所有。

计日工由招标人根据拟建工程的具体情况，列出人工、材料、机械的名称、计算单位和相应数量。工程招标时工程量由招标人估算后提出。工程结算时，工程量按承包人实际完成的工作量计算，单价按承包中标时的报价不变。

D. 规费。

规费是指政府和有关权力部门规定必须缴纳的费用(简称规费)。内容包括：工程排污费、噪声干扰费、社会保障费、住房公积金、危险作业意外伤害保险等。

E. 税金。

税金是指国家税法规定的应计入建筑工程造价内的营业税、城市维护建设税及教育费附加等各种税金。

② 综合单价的编制。

综合单价是指完成工程量清单中一个规定计量单位项目所需的人工费、材料费、机械使用费、管理费和利润，并考虑风险因素。

A. 综合单价的编制方法。

分部分项工程费由分项工程量清单乘以综合单价汇总而成。综合单价的组合方法包括以下几种：

——直接套用定额组价；

——重新计算工程量组价；

——复合组价。

不论哪种组价方法，必须弄清以下两个问题：

——拟组价项目的内容。用《计价规范》规定的内容与相应定额项目的内容作比较，看拟组价项目应该用哪几个定额项目来组合单价。如“预制预应力C20混凝土空心板”项目《计价规范》规定此项目包括制作、运输、吊装及接头灌浆，而定额分别列有制作、安装、吊装及接头灌浆，所以根据制作、安装、吊装及接头灌浆定额项目组合该综合单价。

——《计价规范》与定额的工程量计算是否相同。在组合单价时要弄清具体项目包括的内容，各部分内容是直接套用定额组价，还是需要重新计算工程量组价。能直接组价的内容，用前面讲述的“直接套用定额组价”方法进行组价；若不能直接套用定额组价的项目，用前面讲述的“重新计算工程量组价”方法进行组价。

B. 综合单价的编制案例。

【例3-12】 某土石方工程，基础为C25混凝土带形基础，垫层为C15混凝土垫层，垫层底宽度为1400mm，挖土深度为1800mm，基础总长为220m。室外设计地坪以下基础的体积为227m^3，垫层体积为31m^3。试用清单计价法计算挖基础土方、土方回填等分项工程的综合单价。

【解】 本例的清单项目有两个：

挖基础土方，清单编码为010101003，工程内容包括挖沟槽土方、场内外运输土方；

土(石)方回填，清单编码为010103001，工程内容为回填土夯填。

① 清单工程量(业主根据施工图计算)

基础挖土截面面积=1.4×1.8=2.52m^2

基础土方挖方总量=2.52×220=554m^3

基础回填土工程量=554-(227+30)=296m^3

② 投标人报价计算

综合单价中的人工单价、材料单价、机械台班单价，可由企业根据自己的价格资料以及市场价格自主确定，也可参考综合定额或企业定额确定。为计算方便，本例的人工、机械消耗量采用某地的建筑工程消耗量定额中相应项目的消耗量，人工单价取30元/工日，8t自卸汽车台班单价取385元/台班。管理费按人工费加机械费的15%计取，利润按人工费的30%计取。

根据地质资料和施工方案，该基础工程土质为三类土，弃土运距为3km，人工挖土、人工装自卸汽车运卸土方。本例挖基础土方项目中，人工挖沟槽土方根据挖土深度和土壤类别对应的某地区建筑工程消耗量定额子目计量单位为100m^3；人工装自卸汽车运卸土方按运卸方式和运距对应的综合定额子目计量单位为 $100m^3$；土(石)方回填项目对应的综合定额子目计量单位为 $100m^3$。在进行综合单价计算时，可先按各定额子目计算规则计算相应工程量，取费后，再折算为清单项目计量单位的综合单价。

挖基础土方，清单编码为 010101003，工程内容包括挖沟槽土方、场内外运输土方，其综合单价组价需用复合组价法进行计算；

土(石)方回填，清单编码为 010103001，工程内容为回填土夯填，其综合单价组价需用重新计算工程量组价法进行计算。

1) 计价工程量

根据施工组织设计要求，需在垫层底面增加操作工作面，其宽度每边 0.25m；并且需从垫层底面放坡，放坡系数为 0.3。

基础挖土截面面积＝(1.4＋2×0.25＋0.3×1.8)×1.8＝4.392m^2

基础土方挖方总量＝4.392×220＝966m^3

采用人工挖土方量为 966m^3，基础回填 708m^3，人工夯填，剩余弃土 258m^3，人工装自卸汽车运卸，运距 3km。

2) 综合单价分析

① 挖基础土方。

工程内容包括人工挖土方、人工装自卸汽车运卸土方，运距 3km。

a. 人工挖土方(三类土，挖深 2m 以内)。

人工费：53.51/100×30×966＝15507.20 元

材料费：0

机械费：0

合计：15507.20 元

b. 人工装自卸汽车运卸弃土 3km。

人工费：11.32/100×30×258＝876.17 元

材料费：0

机械费：(1.85＋0.30×2)/100×385×258＝2433.59 元

合计：3309.76 元

c. 综合：

工料机费合计：15507.20＋3309.76＝18816.96 元

管理费：(人工费＋机械费)×15%＝(15507.20＋876.17＋2433.59)×15%＝2822.54 元

利润：人工费×30%＝(15507.20＋876.17)×30%＝4915.01 元

总计：18816.96＋2822.54＋4915.01＝26554.51 元

综合单价：26554.51(元)/554(m^3)＝47.93 元/m^3

② 土(石)方回填。

a. 基础回填土人工夯实。

人工费：26.46/100×30×708＝5620.10 元

材料费：0

机械费：0

合计：5620.10元

b. 综合。

工料机费合计：5620.10+0+0=5620.10元

管理费：(5620.10+0)×15%=843.02元

利润5620.10×30%=1686.03元

总计：5620.10+843.02+1686.03=8149.15元

综合单价：8149.15(元)/296m^3=27.53元/m^3

挖基础土方及土(石)方回填项目的综合单价计算分别见表3-52及表3-53。分部分项工程综合单价计算结果及计算表作为投标人自己的报价资料，并不作为工程量清单报价表中的内容，投标人在工程量清单报价表中仅填列分部分项工程综合单价分析表。

3) 计算清单项目费(表3-54)

③ 清单项目费用的确定。

进行投标报价时，施工方在业主提供的工程量计算结果的基础上，根据企业自身所掌握的各种信息、资料，结合企业定额编制得出工程报价。其计算过程如下：

工程量清单综合单价分析表 表3-52

工程名称：某基础工程 标段： 第 页共 页

项目编码	010101003001	项目名称	挖基础土方	计量单位	m^3

清单综合单价组成明细

定额编号	定额名称	定额单位	数量	单价				合价			
				人工费	材料费	机械费	管理费和利润	人工费	材料费	机械费	管理费和利润
	人工挖沟槽场(三类土挖深2m以内)	m^3	1.744	16.05	—	—	7.22	27.99	—	—	12.59
	人工装自卸汽车运卸土3km	m^3	0.466	3.40	—	9.43	4.36	1.58	—	4.39	2.03
人工单价		小计						29.57	—	4.39	14.62
30元/工日		未计价材料费						—			
清单项目综合单价								47.93			

工程量清单综合单价分析表 　　　　表 3-53

工程名称：某基础工程　　　　标段：　　　　第　页共　页

项目编码	010103001001	项目名称	土(石)方回填	计量单位	m^3

清单综合单价组成明细

定额编号	定额名称	定额单位	数量	单价				合价			
				人工费	材料费	机械费	管理费和利润	人工费	材料费	机械费	管理费和利润
	基础土方回填土人工夯实	m^3	2.39	7.94	—	—	3.57	18.98	—	—	8.53
人工单价		小　计						18.98	—	—	8.53
元/工日		未计价材料费						—			
清单项目综合单价								27.54			

分部分项工程量清单计价表 　　　　表 3-54

工程名称：某基础工程

序号	项目编码	项目名称	项目特征	计量单位	工程数量	金额（元）	
						综合单价	合价
1	010101003001	挖基础土方	土壤类别：三类土 基础类型：带形基础 垫层宽度：1400mm 挖土深度：1800mm 弃土运距：3km	m^3	554	47.93	26553.22
2	010103001001	土(石)方回填	土壤类别：三类土 人工夯填	m^3	296	27.54	8151.84
			小　计				34705.06

A. 分部分项工程费的确定。

$$分部分项工程费=\Sigma 分部分项工程量\times 分部分项工程综合单价 \qquad (3\text{-}30)$$

具体进行分部分项工程费的计算时，有以下几个步骤：

第一步：根据施工图纸复核工程量清单；

第二步：按当地的消耗量定额工程量计算规则拆分清单工程量；

第三步：根据消耗量定额和信息价计算直接工程费，包括人工费、材料费、机械费；

第四步：计算企业管理费及利润；

$$建筑工程管理费=直接工程费\times管理费率 \tag{3-31}$$

$$装饰工程管理费=(人工费+机械费)\times管理费率 \tag{3-32}$$

$$建筑工程利润=直接工程费\times利润率 \tag{3-33}$$

$$装饰工程利润=(直接工程费\times利润率) \tag{3-34}$$

第五步：汇总形成综合单价，填写《分部分项工程综合单价分析表》。

$$综合单价=直接工程费+管理费+利润 \tag{3-35}$$

第六步：计算分部分项工程费

$$分部分项工程费=\Sigma(工程量清单数量\times综合单价) \tag{3-36}$$

B. 措施项目费的确定。

措施项目费应根据拟建工程的施工方案或施工组织设计，参照规范规定的费用组成来确定。在计价时首先应详细分析其所包含的全部工程内容，然后确定其综合费用。措施项目费用组成一般包括完成该措施项目的人工费、材料费、机械费、管理费、利润及一定的风险。措施项目费的计算有以下几种方法：

定额计价：此方法计算步骤同分部分项工程费计算。计算公式为：

$$措施项目费=\Sigma 措施项目工程量\times措施项目综合单价 \tag{3-37}$$

此种方法适用于所使用的当地的消耗量定额或单位估价表中编制的措施项目。如：施工措施项目中的钢筋混凝土模板工程、脚手架工程、工程排水降水工程等项目费。

按费率系数计价：可按费率乘以直接工程费或(人工费+机械费)计算：

$$措施项目费=\Sigma(分部分项工程费+技术措施项目费)\times费率 \tag{3-38}$$

这种方法适用于施工过程中必须发生，但投标时很难具体分析预测，又无法单独列出项目内容的措施项目。如：措施项目中的安全文明施工、夜间施工等组织措施项目费。

施工经验计价

这种方法是最基本最能反映投标人个别成本的计价方法，是投标人结合工程实际，按其现有的施工经验和管理水平，来预测将来发生的每项费用的合计数，其中需考虑市场的涨跌因素及其他的社会环境影响因素，进而测算出本工程具有市场竞争力的项目措施费。作为企业应在实际工作中不断加强管理、改进施工工艺、提高生产效率，在保证甚至提高工程质量的前提下投入尽量少的措施费用，积累经验建立自己的经验数据，以便为企业投标报价提供可靠的数据，报出正确的措施项目费，在激烈的建筑市场竞争中取胜。

分包法计价

是投标人在分包工程价格的基础上考虑增加相应的管理费、利润以及风险因素的计价方法。这种方法适用于可以分包的工程项目。如：大型机械设备进出场及安拆、室内空气污染测试等。

C. 计算其他项目费、规费与税金。

其他项目费是暂列金额、暂估价、计日工、总承包服务费等估算金额的总和。包括：人工费、材料费、机械使用费、管理费、利润以及风险费。按业主的招标文件的要求计算。并且注意以下几点：

其他项目清单中的暂列金额、暂估价、计日工均为估算、预测数量，虽在投标时计入投标人的报价中，但不应视为投标人所有。工程竣工结算时，应按投标人实际完成的工作内容结算，剩余部分仍归招标人所有。

为了准确计价，招标人用暂列金额明细表、材料暂估单价表、专业工程暂估价表、计日工表、总承包服务费计价表的形式详细列出各项单位名称和相应数量。投标人在表内组价，以上表格均为其他项目清单与计价汇总表的附表，不是独立的项目费用表。

总承包服务费包括配合协调招标人工程分包和材料采购所需的费用。这里的工程分包是指国家允许分包的工程，但不包括投标人自行分包的费用；投标人由于分包而发生的管理费，应包括在相应清单项目的报价内。

其他项目费的报表格式必须按工程量清单及规定要求格式执行。

另外，规费与税金一般按国家及地方部门规定的取费文件的要求计算。计算公式为：

规费＝计算基数×规费费率(%)　　(3-39)

税金＝(分部分项工程量清单计价＋措施项目清单计价＋其他项目清单计价＋规费)×综合税率(%)　　(3-40)

D. 计算单位工程报价。

单位工程报价＝分部分项工程费＋措施项目费＋其他项目费＋规费＋税金　(3-41)

E. 计算单项工程报价。

单项工程报价＝Σ单位工程报价　　(3-42)

F. 计算建设项目总报价。

建设项目总报价＝Σ单项工程报价　　(3-43)

工程量清单计价的各项费用的计算办法及计价程序见表 3-55。

工程量清单计价的计价程序　　**表 3-55**

序　号	名　称	计　算　办　法
1	分部分项工程费	Σ(清单工程量×综合单价)
2	措施项目费	按规定计算(包括利润)
3	其他项目费	按招标文件规定计算
4	规费	(1＋2＋3)×费率
5	不含税工程造价	1＋2＋3＋4
6	税金	5×税率，税率按税务部门的规定计算
7	含税工程造价	5＋6

各地方在执行工程量清单计价程序上由于工程量清单计价明细项目略有不同，因此在执行工程量清单计价的具体操作程序上略有所区别。例如某地区执行工程量清单计价的具体操作程序如表 3-56、表 3-57、表 3-58 和表 3-59、表 3-60。

④ 工程量清单计价的规定格式。

A. 工程量清单计价规定格式。

《计价规范》规定工程量清单计价应采用统一格式，投标报价统一格式见表 3-61～表 3-65(其中工程量清单计价与工程量清单表格相同的、见前工程量清单整理部分，此处不附)。

分部分项工程综合单价计算程序表 **表 3-56**

序号	费用项目	计算方法	
		以直接费(直接工程费)为计费基数的工程	以人工费机械费之和为计费基数的工程
1	人工费	Σ(人工费)	
2	材料费	Σ(材料费)	
3	机械费	Σ(机械费)	
4	企业管理费	(1+2+3)费率	(1+3)×费率
5	利润	(1+2+3)×费率	(1+3)×费率/(1+2+3)×费率
6	风险因素	按招标文件或约定	
7	综合单价	1+2+3+4+5+6	1+2+3+4+5+6

注：1. 建筑工程中的电气动力、照明、控制线路工程；通风空调工程；给排水、采暖、煤气管道工程；消防及安全防范工程；建筑智能化工程，以直接费(直接工程费)为基数计取利润。

2. 装饰装修工程以直接费(直接工程费)为基数计取利润。

技术措施项目综合单价计算程序表 **表 3-57**

序号	费用项目	计算方法	
		以直接费(直接工程费)为计费基数的工程	以人工费机械费之和为计费基数的工程
1	人工费	Σ(人工费)	
2	材料费	Σ(材料费)	
3	机械费	Σ(机械费)	
4	企业管理费	(1+2+3)费率	(1+3)×费率
5	利润	(1+2+3)×费率	(1+3)×费率/(1+2+3)×费率
6	风险因素	按招标文件或约定	
7	综合单价	1+2+3+4+5+6	1+2+3+4+5+6

注：1. 建筑工程中的电气动力、照明、控制线路工程；通风空调工程；给排水、采暖、煤气管道工程；消防及安全防范工程；建筑智能化工程，以直接费(直接工程费)为基数计取利润。

2. 装饰装修工程以直接费(直接工程费)为基数计取利润。

组织措施项目费计算程序表 **表 3-58**

序号	费用项目		计算方法	
			以直接费(直接工程费)为计费基数的工程	以人工费机械费之和为计费基数的工程
1	分部分项工程费		Σ(分部分项工程费)	
1.1	其中	人工费	Σ(人工费)	
1.2		机械费	Σ(机械费)	
2	技术措施项目费		Σ(技术措施项目费)	
2.1	其中	人工费	Σ(人工费)	
2.2		机械费	Σ(机械费)	
3	组织措施费		3.1+3.2	3.1+3.2
3.1	安全文明施工费		(1+2)×费率	(1.1+1.2+2.1+2.2)×费率
3.2	其他组织措施费		(1+2)×费率	(1.1+1.2+2.1+2.2)×费率

其他项目费计算程序表 **表 3-59**

序号	费用项目	计算方法	
		以直接费(直接工程费)为计费基数的工程	以人工费机械费之和为计费基数的工程
1	暂列金额	按招标文件或约定	
2	暂估价	按招标文件或约定	
3	计日工	3.1+3.2+3.3	
3.1	人工费	Σ(人工综合单价×暂定数量)	
3.2	材料费	Σ(材料综合单价×暂定数量)	
3.3	机械费	Σ(机械台班综合单价×暂定数量)	
4	总包服务费	4.1+4.2+4.3	
4.1	总承包管理和协调	标的额×费率	
4.2	总承包管理、协调和配合服务	标的额×费率	
4.3	招标人自行供应材料	标的额×费率	
5	其他项目费	1+2+3+4	

单位工程造价计算程序表 **表 3-60**

序号	费用项目		计算方法	
			以直接费(直接工程费)为计费基数的工程	以人工费机械费之和为计费基数的工程
1	分部分项工程费		Σ(分部分项工程费)	
1.1	其中	人工费	Σ(人工费)	
1.2		机械费	Σ(机械费)	
2	施工技术措施费		Σ(施工技术措施项目费)	
2.1	其中	人工费	Σ(人工费)	
2.2		机械费	Σ(机械费)	
3	施工组织措施费		Σ(施工组织措施项目费)	
4	其他项目费		Σ(其他项目费)	
4.1	其中	人工费	Σ(人工费)	
4.2		机械费	Σ(机械费)	
5	规费		(1+2+3+4)×费率	(1.1+1.2+2.1+2.2+4.1+4.2)×费率
6	税金		(1+2+3+4+5)×费率	(1+2+3+4+5)×费率
7	含税工程造价		1+2+3+4+5+6	1+2+3+4+5+6

投标总价

表 3-61

招　　标　　人：______________________

工 程 名 称：______________________

投标总价(小写)：______________________

(大写)：______________________

投　　标　　人：______________________

(单位盖章)

法定代表人
或其授权人：______________________

(签字或盖章)

编　　制　　人：______________________

(造价人员签字盖专用章)

编制时间：　　年　　月　　日

工程项目招标控制价/投标报价汇总表

表 3-62

工程名称：　　　　　　　　　　　　　　　　　　　　第　页共　页

序号	单项工程名称	金额(元)	其中		
			暂估价(元)	安全文明施工费(元)	规费(元)
合计					

注：本表适用于工程项目招标控制价或投标报价的汇总。

单项工程招标控制价/投标报价汇总表 表 3-63

工程名称： 第 页共 页

序号	单项工程名称	金额(元)	其中		
			暂估价(元)	安全文明施工费(元)	规费(元)
合计					

注：本表适用于单项工程招标控制价或投标报价的汇总。暂估价包括分部分项工程中的暂估价和专业工程暂估价。

单位工程招标控制价/投标报价汇总表 表 3-64

工程名称： 标段： 第 页共 页

序号	汇总内容	金额(元)	其中：暂估价(元)
1	分部分项工程		
1.1			
1.2			
1.3			
1.4			
1.5			
2	措施项目		—
2.1	安全文明施工费		—
3	其他项目		—
3.1	暂列金额		—
3.2	专业工程暂估价		—
3.3	计日工		—
3.4	总承包服务费		—
4	规费		—
5	税金		—
招标控制价合计=1+2+3+4+5			

注：本表适用于单位工程招标控制价或投标报价的汇总，如无单位工程划分，单项工程也使用本表汇总。

工程量清单综合单价分析表

表 3-65

工程名称： 标段： 第 页共 页

<table>
<tr><td>项目编码</td><td colspan="3"></td><td colspan="2">项目名称</td><td colspan="2"></td><td colspan="2">计量单位</td><td colspan="2"></td></tr>
<tr><td colspan="12">清单综合单价组成明细</td></tr>
<tr><td rowspan="2">定额编号</td><td rowspan="2">定额名称</td><td rowspan="2">定额单位</td><td rowspan="2">数量</td><td colspan="4">单 价</td><td colspan="4">合 价</td></tr>
<tr><td>人工费</td><td>材料费</td><td>机械费</td><td>管理费和利润</td><td>人工费</td><td>材料费</td><td>机械费</td><td>管理费和利润</td></tr>
<tr><td></td><td></td><td></td><td></td><td></td><td></td><td></td><td></td><td></td><td></td><td></td><td></td></tr>
<tr><td></td><td></td><td></td><td></td><td></td><td></td><td></td><td></td><td></td><td></td><td></td><td></td></tr>
<tr><td></td><td></td><td></td><td></td><td></td><td></td><td></td><td></td><td></td><td></td><td></td><td></td></tr>
<tr><td></td><td></td><td></td><td></td><td></td><td></td><td></td><td></td><td></td><td></td><td></td><td></td></tr>
<tr><td colspan="2">人工单价</td><td colspan="6">小 计</td><td></td><td></td><td></td><td></td></tr>
<tr><td colspan="2">元/工日</td><td colspan="6">未计价材料费</td><td colspan="4"></td></tr>
<tr><td colspan="8">清单项目综合单价</td><td colspan="4"></td></tr>
</table>

<table>
<tr><td rowspan="8">材料费明细</td><td>主要材料名称、规格、型号</td><td>单位</td><td>数量</td><td>单价（元）</td><td>合价（元）</td><td>暂估单价（元）</td><td>暂估合计（元）</td></tr>
<tr><td></td><td></td><td></td><td></td><td></td><td></td><td></td></tr>
<tr><td></td><td></td><td></td><td></td><td></td><td></td><td></td></tr>
<tr><td></td><td></td><td></td><td></td><td></td><td></td><td></td></tr>
<tr><td></td><td></td><td></td><td></td><td></td><td></td><td></td></tr>
<tr><td></td><td></td><td></td><td></td><td></td><td></td><td></td></tr>
<tr><td colspan="3">其他材料类</td><td>—</td><td></td><td>—</td><td></td></tr>
<tr><td colspan="3">材料费小计</td><td>—</td><td></td><td>—</td><td></td></tr>
</table>

注：1. 如不使用省级或行业建设主管部门发布的计价依据，可不填定额项目，编号等。

2. 招标文件提供了暂估单价的材料，按暂估的单价填入表内“暂估单价”栏及“暂估合价”栏。

由下列内容组成：

a. 投标总价；

b. 总说明；

c. 工程项目投标报价汇总表；

d. 单项工程投标报价汇总表；

e. 单价工程投标报价汇总表；

f. 分部分项工程量清单与计价表；

g. 工程量清单综合单价分析表；

h. 措施项目清单与计价表(一)；

i. 措施项目清单与计价表(二)；

j. 其他项目清单与计价汇总表；

k. 暂列金额明细表；

l. 材料暂估单价表。

m. 专业工程暂估价表

n. 计日工表

o. 总承包服务费计价表

p. 规费、税金项目清单与计价表

B. 工程量清单计价格式的填写规定。

a. 工程量清单计价格式宜采用统一格式。

b. 封面应按规定内容填写、签字、盖章；

c. 总说明应按下列内容填写：包括工程概况和编制依据等。工程概况应介绍建设规模、工程特征、计划工期、合同工期、实际工期、施工现场及变化情况、施工组织设计的特点、自然地理条件、环境保护要求等。

d. 投标人应按招标文件的要求，附工程量清单综合单价分析表。

e. 工程量清单计价表中列明的所有需要填写的单价和合价，投标人均应填写、未填写的单价和合价，视为此次费用已包含在工程量清单的其他单价和合价中。

3）工程量清单计价实例

某市单层砖混结构小平房工程，工程类别为四类，根据招标人发布的土方工程分部分项工程量清单见表3-66，工程暂列金额500元，试用工程量清单计价法编制此分部分项工程工程造价。

分部分项工程量清单与计价表 **表3-66**

工程名称：某砖混结构小平房工程 第1页共1页

序号	项目编码	项目名称	项目特征	计量单位	工程数量	金额(元)		
						综合单价	合价	其中：暂估价
1	010101001001	平整场地	土壤类别：三类土 弃土运距5km 取土运距5km	m^2	51.56			

续表

序号	项目编码	项目名称	项目特征	计量单位	工程数量	金额(元)		
						综合单价	合价	其中：暂估价
2	010101003001	挖基础土方	土壤类别：三类土 基础类型：带形标准砖大放角墙基础 垫层底宽：800mm 挖土深度：1.20m 弃土运距 5km	m^3	34.18			
3	010101003002	挖基础土方	土壤类别：三类土 基础类型：独立标准砖大放角柱基础 垫层底宽：800mm 挖土深度：64m^2 弃土运距：50km	m^3	0.77			
4	010103001001	基础回填土	土质要求：含砾石粉质黏土 密实度要求：密实 粒径要求：10～40mm砾石 夯填：分层夯填 运输距离：5km	m^3	16.70			
5	010103001002	室内回填土	土质要求：含砾石粉质黏土 密实度要求：密实 粒径要求：10～40mm砾石 夯填：分层夯填 运输距离：5km	m^3	8.11			

① 详细阅读、审核工程量清单。

② 组合清单项目综合单价，见表 3-67。

分部分项工程量清单综合单价分析表　　表 3-67

序号	项目编码	项目名称	计量单位	工程数量	综合单价					
					人工费	材料费	机械费	管理费	利润	小计
1	010101001001	人工平整场地	m^2	51.56	2.35	0.003	1.81	0.428	0.428	4.59
	A1-42	人工平整场地	m^2	127.88	2.34			0.24	0.24	0.24
	A1-205	运土方运距 5km	m^3	5.71	0.01	0.003	1.81	0.188	0.188	0.188
2	010101003001	人工挖基础土方(墙基)	m^3	34.18	30.54	0.04	27.94	6.03	6.03	64.55
	A1-17	人工挖沟槽三类土深度2m 以内	m^3	57.79	27.24		0.06	0.54	0.54	28.38
	A1-41	基底钎探	m^2	48.15	3.02			0.05	0.05	3.12
	A1-205	运土方运距 5km	m^3	57.79	0.30	0.04	27.88	0.55	0.55	29.32
3	010101003002	人工挖基础土方(柱基)	m^3	0.77	63.88	0.07	50.65	11.8	11.8	126.4
	A1-26	人工挖基坑三类土深度2m 以内	m^3	2.35	57.88		0.33	1.15	1.15	60.51
	A1-41	基底钎探	m^2	1.95	5.46			0.10	0.10	5.66
	A1-205	运土方运距 5km	m^3	2.35	0.54	0.07	50.32	1.00	1.00	52.93
4	010103001001	人工基础回填土	m^3	16.70	22.72	0.09	65.84	9.13	9.13	97.78
	A1-39	基础回填土	m^3	41.90	22.05		4.30	0.52	0.52	27.39
	A1-205	运土方运距 5km	m^3	62.43	0.67	0.09	61.54	1.23	1.23	64.76
5	010103001002	人工室内回填土	m^3	8.11	9.08	0.03	26.14	3.63	3.63	38.88
	A1-39	室内回填土	m^3	8.11	8.82		1.72	0.21	0.21	10.96
	A1-205	运土方运距 5km	m^3	12.08	0.26	0.03	24.42	0.48	0.48	25.67

③ 计算分部分项工程费，见表 3-68。

分部分项工程量清单与计价表　　表 3-68

工程名称：某砖混结构小平房工程　　第 1 页共 1 页

序号	项目编码	项目名称	项目特征	计量单位	工程数量	金额(元)		
						综合单价	合价	其中：暂估价
1	010101001001	平整场地	土壤类别：三类土 弃土运距 5km 取土运距 5km	m^2	51.56	4.59	236.66	
2	010101003001	挖基础土方	土壤类别：三类土 基础类型：带形标准砖大放角墙基础 垫层底宽：800mm 挖土深度：1.20m 弃土运距 5km	m^3	34.18	64.55	2206.32	

续表

序号	项目编码	项目名称	项目特征	计量单位	工程数量	金额(元)		
						综合单价	合价	其中：暂估价
3	010101003002	挖基础土方	土壤类别：三类土 基础类型：独立标准砖大放角柱基础 垫层底宽：800mm 挖土深度：64m² 弃土运距：50km	m³	0.77	126.40	97.33	
4	010103001001	基础回填土	土质要求：含砾石粉质黏土 密实度要求：密实 粒径要求：10～40mm砾石 夯填：分层夯填 运输距离：5km	m³	16.70	97.78	1632.93	
5	010103001002	室内回填土	土质要求：含砾石粉质黏土 密实度要求：密实 粒径要求：10～40mm砾石 夯填：分层夯填 运输距离：5km	m³	8.11	38.88	315.32	
			小　计				4488.56	

④ 计算措施项目费，见表3-69。

⑤ 计算单位工程费，见表3-70。

措施项目清单计价表　　　　表3-69

工程名称：某砖混结构小平房工程　　　　第1页　共1页

序号	项目名称	计算基础	费率(%)	金额(元)
1	安全防护费	分部分项工程费＋技术措施项目费	1.80%	80.79
2	文明施工与环境保护费		0.90%	40.40
3	临时设施费		0.60%	26.93
		合　计		148.12

单位工程招标控制价/投标报价汇总表　　　　表3-70

工程名称：某砖混结构小平房工程　　　　第1页　共1页

序号	项目名称	金额(元)	其中：暂估价(元)
1	分部分项工程费	4488.56	
2	措施项目费	148.12	
3	其他项目费	500.00	
4	规　费	326.18	
5	税　金	186.28	
	合计＝1＋2＋3＋4＋5	5649.14	

(2) 安装工程

1) 清单编制方法和表格

安装工程工程量清单是表现拟建工程的分部分项工程项目、措施项目、项目名称和相应数量的明细清单。工程量清单包括：工程量清单总说明、分部分项工程量清单、措施项目清单、其他项目清单、零星工作项目表和主要材料价格表。安装工程量清单由招标人编制，招标人不具有编制资质的要委托有工程造价资质的单位编制。安装清单编制与表格与土建工程相同，不再重复。

①分部分项工程量清单的编制。

A. 项目编码：

安装工程项目编码由五级编码设置，用十二位阿拉伯数字表示。一、二、三、四级编码统一；第五级编码由工程量清单编制人区分具体工程的清单项目特征而分别编码。安装工程项目编码结构如图 3-13 所示：

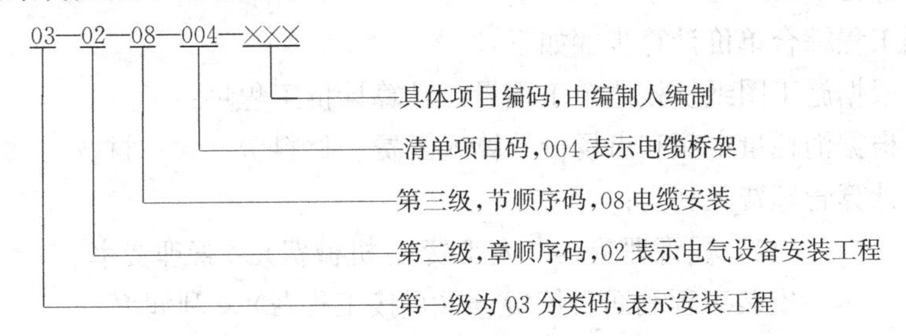

图 3-12 工程量清单项目编码结构

B. 项目名称：

安装工程清单项目的设置和划分以形成工程实体为原则。如给水排水管道安装工程项目，实体部分是指管道，完成这个项目还应包括：防腐刷油、绝热保温、水冲洗等附属的次要项目。

安装工程也有个别项目，既不能构成实体，又不能综合在某一个实物量中。如消防系统的调试、采暖工程、通风工程的系统调试等项目，均作为清单项目必须单列。

C. 项目特征：

项目特征是对项目的准确描述，影响实体自身价值。安装工程项目特征描述，应体现施工工艺、施工方法、材质、规格、安装部位等影响自身造价的相关内容。如管道安装是螺纹连接还是焊接，电气配管是明配还是暗配，敷设电缆的位置是在支架上还是地沟埋设等都将影响造价。

D. 计量单位：

按国际惯例，安装工程量的计量采用基本单位计量，不得使用扩大单位。

E. 工程量计算规则：

安装工程清单工程量均严格按《计价规范》(GB 50500—2008) 附录 C 的工程量计算规则计算，不能同消耗量定额的工程量计算规则相混淆。

F. 工程内容：

由于清单项目是按实体设置的，而且应包括完成该实体的全部内容。安装工程实体往往由多个工程综合而成，附录中对各清单可能发生的工程项目均作了提示并列在“工程内容”一栏内，供清单编制人对项目描述时参考，也是报价人计算综合单价的主要依据。

②措施项目清单。

见土建部分相关内容。

③其它项目清单。

见土建部分相关内容。

2）清单计价方法和表格

安装工程量清单计价，由投标人（或标底编制人）依据招标人提供的工程量清单，根据自身所掌握的各种信息、资料，结合企业定额（或消耗量定额）进行计价。安装清单编制与表格与土建工程相同，不再重复。

清单计价步骤和方法如下：

①计算计价工程量。

②计算分部分项工程综合单价。

分部分项工程综合单价计算步骤如下：

第一步：根据施工图纸复核清单工程量，计算计价工程量；

第二步：根据消耗量定额和市场价计算人工费、材料费（含主材费）、机械费；

第三步：计算管理费及利润；

$$安装工程管理费 = (人工费 + 机械费) \times 管理费率 \quad (3\text{-}44)$$

$$安装工程利润直接费 = (直接工程费) \times 利润率 \quad (3\text{-}45)$$

第四步：汇总形成综合单价。

$$综合单价 = 直接工程费 + 管理费 + 利润 \quad (3\text{-}46)$$

③计算措施项目费。

$$措施项目费 = \Sigma 措施项目工程量 \times 措施项目综合单价 \quad (3\text{-}47)$$

$$或措施项目费 = \Sigma 分部分项工程直接费 \times 费率 \quad (3\text{-}48)$$

其中安装工程措施项目综合单价的构成与分部分项工程单价构成类似。

④计算其它项目费、规费与税金。

其中其它项目费按业主的招标文件的要求计算，规费与税金当地取费文件的要求计算。

⑤计算单位工程造价。如表3-71所示。

单位工程造价的计价程序 **表3-71**

序号	名　称	计　算　办　法
1	分部分项工程费	Σ（清单工程量×综合单价）
2	措施项目费	按规定计算
3	其他项目费	按招标文件规定计算
4	规费	（1+3）×费率
5	不含税工程造价	1+2+3+4
6	税金	5×税率
7	含税工程造价	5+6

⑥计算单项工程造价。

$$单项工程造价 = \Sigma 单位工程造价。 \quad (3\text{-}49)$$

⑦计算建设项目总价。

$$建设项目总造价 = \Sigma 单项工程报价。\quad (3\text{-}50)$$

3）工程量清单计价案例

［安装工程清单案例］

某住宅电气照明工程，三相四线制。该建筑物 8 层，层高 3.44m，照明配电箱 M_1 规格 500mm×300mm，距地高度 1.5m，图 3-14 中未注明回路采用 BV2.5 导线穿硬质塑料管 PVC20，沿墙或沿地面暗敷设，开关距地 1.5m。

①试依据《工程量清单计价规范》计算配管及配线工程的清单工程量，并编制工程量清单。

②确定电气配线清单项目的综合单价，并编制分部分项工程量清单综合单价分析表和分部分项工程量清单计价表。

A. 已知导线 BV2.5 的主材价格为 1.2 元/米；

B. 人工、材料、机械台班消耗量及市场单价与《湖北省安装工程消耗量定额及统一基价表（2003）》的消耗量与单价一致；高层建筑增加费按人工费的 1%计算，其中全部为人工工资；

C. 管理费按人工费的 15%，利润按直接工程费的 3%计取。

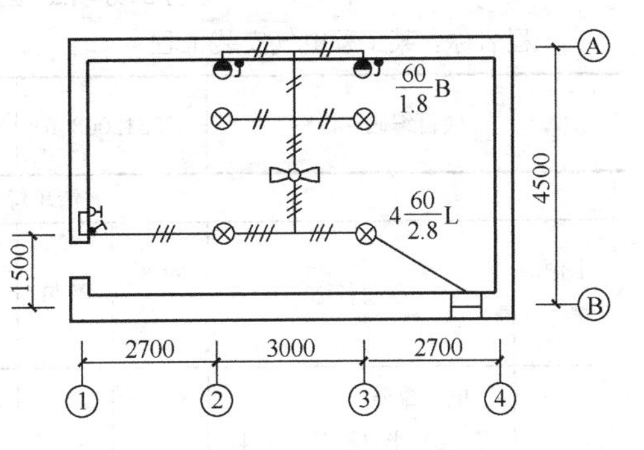

图 3-13　照明平面图（比例按 1∶100）

【解】 1. 工程量清单编制

1）计算清单工程量

①PVC20 配管清单工程量计算：

(3.44−1.5−0.5)［配电箱引出、埋墙敷设 2 根导线］$+\sqrt{2.7\times2.7+1.5\times1.5}$［④轴至③轴 2 根导线］＋（3÷2）［③轴至②轴穿 3 根导线］＋（3÷2）［③轴至②轴穿 4 根导线］＋2.7［②轴至①轴 3 根导线］＋1［至吊扇 4 根导线］＋1［吊扇至灯具 3 根导线］＋1［灯具至 A 轴 2 根导线］＋3×2［去花灯及壁灯 2 根导线］＋（3.44−1.8）×2［壁灯垂直方向 2 根导线］＋（3.44−1.5）×4［至吊扇、灯具、壁灯开关 2 根导线］＝30.26m

②BV2.5 导线清单工程量计算：

对照管段计算式子，按管段长×穿线根数计算。

［（3.44−1.5−0.5）×2］＋［$\sqrt{2.7\times2.7+1.5\times1.5}\times2$］＋［（3÷2）×3］＋［（3÷2）×4］＋（2.7×3）＋（1×4）＋（1×3）＋（1×2）＋［3×2×2］＋［（3.44−1.8）×2×2］＋［（3.44−1.5）×4×2］＝68.48m

2）编制工程量清单，见表 3-72。

分部分项工程量清单与计价表　　表 3-72

工程名称：某工程电气安装工程　　第 1 页　共 1 页

序号	项目编码	项目名称	项目特征	计量单位	工程数量	金额（元）		
						综合单价	合价	其中：暂估价
1	030204018002	电气配管	1. 半硬质塑料管 FPC20 2. 安装方式：沿墙或沿地板暗配	m	30.26			

2. 工程量清单计价

1）计价工程量计算

①PVC20 配管计价工程量：同清单工程量。

②BV2.5 导线计价工程量：

按（管段长＋预留长度）×导线根数计算。

$$[(3.44-1.5-0.5+0.8)\times 2]+[\sqrt{2.7\times 2.7+1.5\times 1.5}\times 2]+[(3\div 2)\times 3]+[(3\div 2)\times 4]+(2.7\times 3)+(1\times 4)+(1\times 3)+(1\times 2)+[3\times 2\times 2]+[(3.44-1.8)\times 2\times 2]+[(3.44-1.5)\times 4\times 2]=70\text{m}$$

2）综合单价计算

分部分项工程量清单综合单价分析表 **表 3-73**

工程名称：某工程电气安装工程 第1页 共1页

项目编码		030212003001	项目名称	电气配线				计量单位		m	
清单综合单价组成明细											
定额编号	定额名称	定额单位	数量	单价				合价			
				人工费	材料费	机械费	管理费和利润	人工费	材料费	机械费	管理费和利润
C2-1172	电气配管 1. 半硬质塑料管 FPC20 2. 安装方式：沿墙或沿地板暗配	100m	0.01	344.85	64.22		136.34	3.44	0.64		1.36
C2-1248	暗装接线盒	10个	0.001	18.56	9.76		7.31	0.02	0.01		0.01
人工单价（元/工日）			小计					3.46	0.65		1.37
工日（安装）			未计价材料					2.44			
普工	技工	高级技工	清单项目综合单价					7.92			
42	48	60									
材料费明细	主要材料名称、规格、型号			单位		数量	单价	合价	暂估单价	暂估合价	
	绝缘导线 BV2.5			m		1.1	2.2	2.42			
	接线盒			个		0.012	2	0.02			
	其他材料费										
	材料费小计							2.44			

分部分项工程量清单与计价表 **表 3-74**

工程名称：某工程电气安装工程 第1页 共1页

序号	项目编码	项目名称	项目特征	计量单位	工程数量	金额（元）		
						综合单价	合价	其中：暂估价
1	030204018002	电气配管	1. 半硬质塑料管 FPC20 2. 安装方式：沿墙或沿地板暗配	m	30.26	7.92	239.66	

四、工程招标投标与合同价款的确定

（一）工程招标投标概述

1. 工程招标投标的概念和性质

（1）建设工程招标投标的概念

招标，是指招标人事前公布工程、货物或服务等发包业务的相关条件和要求，通过发布广告或发出邀请函等形式，召集自愿参加竞争者投标，并根据事前规定的评选办法对投标人进行审查、评比和选定的过程。

建设工程招标是指招标人在发包建设项目之前，公开招标或邀请投标人，根据招标人的意图和要求提出报价，择日当场开标，以便从中择优选定中标人的一种经济活动。

建设工程投标是工程招标的相对概念，指具有合法资格和能力的投标人根据招标条件，经过研究和计算，在指定期限内填写标书，提出报价，由招标人决定能否中标的经济活动。

招标投标法是规范招标投标活动，调整在招标投标过程中产生的各种关系的法律法规的总称。按照法律效力的权威程度或地域约束不同，招标投标法主要分为三个层次：第一层次是由全国人民代表大会常务委员会颁发的《中华人民共和国招标投标法》，它是我国招标投标市场的基本法；第二层次是由国务院颁发的有关招标投标的行政法规；第三层次是国务院各部门或地方政府发布的招标投标法规。

（2）招标投标的性质

当事人订立合同，采取要约、承诺方式。从建设工程全过程分析：招标投标活动是合同管理学科的组成部分，属合同管理的前期工作，要约、承诺为其必经阶段。

要约不同于要约邀请。要约邀请是希望他人向自己发出要约的意思表示，是订立合同的预备行为。要约是希望和他人订立合同的意思表示。二者的主要区别：第一前者是以订立合同为目的的意思表示，后者是希望他人向自己发出要约的意思表示；第二两者对意思表示人的约束力不同。在要约确定的承诺期限内，要约对要约人具有法律约束力，而要约邀请的发出人并不受要约邀请的约束；第三两者的法律后果不同。要约一经接受，合同成立，要约邀请一经接受，双方进入要约，不能导致合同的成立。

招标投标的目的是为了签订合同，虽然招标文件对招标项目有详细介绍，但它缺少合同成立的重要条件——价格，在招标时，项目成交的价格是有待于投标者提出的。因而，招标不具备要约的条件，不是要约，它实际上是邀请其他人（投标人）来对其提出要约(报价)，是一种要约邀请，而投标则是要约。

承诺是受要约人同意要约的意思表示，是针对要约的回应。承诺的特征表现为：承诺是由受要约人作出的；承诺是由受要约人向要约人作出的；承诺的内容应当与要约的内容一致。

在招投标活动中，业主发出的中标通知书是同意投标书（要约）的意思表示，因此，中标通知书是业主的承诺。

（3）招标投标的特征

1）平等性

招标投标是独立法人之间的经济交易活动，它按照平等、自愿、互利的原则和规范的程序进行。招标人和投标人均享有规定的权利和义务，受法律的保护和约束。同时，招标人提出的条件和要求对所有潜在的投标人都是同等的。因此，投标人之间的竞争也是平等的。

2）竞争性

招标投标本身具有竞争性。而工程项目招标，将众多的工程承包者集中到一项工程项目上，展开相互争夺，更能体现竞争性。竞争是优胜劣汰的过程，这是招标投标制的活力所在。通过竞争，可以消除平均主义，节约能耗、降低成本，采用先进技术和工艺水平，促进社会经济进步和发展。

3）开放性

开放性是招投标的本质属性。开放，即一方面要打破地区、行业和部门的封锁，要自由买卖和竞争，反对歧视；另一方面要求招标投标活动具有较高的透明度，实行招标信息和程序公开。

4）科学性

要体现招投标的公平合理，必须要有一个公正合理、科学先进、操作准确的招标文件及评标办法。避免在评标过程中由于自由性、随意性较大，规范性不强，导致评标缺乏客观公正，甚至把公开招标演变为透明度极低的议标。

5）招投标的法律特点

所有纳入招投标法调整范围的工程，必须进行招投标。

招投标活动要依法进行。建设单位（或业主）就拟建的工程发布通告，用法定方式吸引建设项目的承包单位参加竞争，进而通过法定程序从中选择条件优越者来完成建设任务。经过特定审查而获得投标资格的建设项目承包单位，按照招标文件的要求，在规定的时间内向招标单位填报投标书，并争取中标。

招投标活动的结果，受法律的约束。招投标双方应当履行各自的权利和义务，并按照招投标结果承担相应的法律责任。

（4）建设工程交易中心的建立

为了强化对工程建设的集中统一管理，规范市场主体行为，建立公开、公平、公正的市场竞争环境，促进工程建设水平的提高和建筑业的健康发展，一些中心城市设立了建设工程交易中心。

1）建设工程交易中心的性质

建设工程交易中心是建设工程招标投标管理部门或由政府建设行政主管部门批准建立的、自收自支的非盈利性事业法人。根据政府建设行政主管部门委托，建设工程交易中心负责实施对市场主体的服务、监督和管理。

2）建设工程交易中心的基本功能

信息服务功能。包括收集、存储和发布各类工程信息、法律法规、造价信息、建材价格、承包商信息、咨询信息和专业人士信息等。

场所服务功能。建设部《建设工程交易中心管理办法》规定，建设工程交易中心应具备信息发布大厅、洽谈室、开标室、会议室及相关设施以满足业主和承包商、分包商、设备材料供应商之间的交易需要。同时，要为政府有关管理部门进驻集中办公，办理有关手续和依法监督招标投标活动提供场所服务。

集中办公功能。集中办理有关审批工作，一般包括：工程报建、招标登记、承包商资质审核、合同登记、施工许可证发放等。此外还有工商、税务、人防、绿化、环卫等管理部门进驻中心，方便建设单位办理基本建设的相关手续。

2. 建设项目招标的范围、种类和方式

(1) 建设工程招标的范围

1) 工程建设项目招标范围：我国《招标投标法》指出，凡在中华人民共和国境内进行下列工程建设项目包括项目的勘察、设计、施工、监理以及与工程建设有关的重要设备、材料等的采购，必须进行招标：

大型基础设施、公用事业等关系社会公共利益、公众安全的项目；

全部或者部分使用国有资金投资或者国家融资的项目；

使用国际组织或者外国政府贷款、援助资金的项目。

前款所列项目的具体范围和规模标准，由国务院发展计划部门会同国务院有关部门制订，报国务院批准。法律或者国务院对必须进行招标的其他项目的范围有规定的，依照其规定。

凡政府和公有制企、事业单位投资的新建、改建、扩建和技术改造工程项目的施工，除某些不适宜招标的特殊工程外，均应实行招标投标。根据 2000 年 5 月 1 日国家计委发布的《工程建设项目招标范围和规模标准规定》，必须进行招标的工程建设的具体范围如下：

关系社会公共利益、公共安全的基础设施项目的范围：

煤炭、石油、天然气、电力、新能源等能源项目；

铁路、公路、管道、水运、航空以及其他运输业等交通运输项目；

邮政、电信枢纽、通信、信息网络等邮电通讯项目；

防洪、灌溉、排涝、引（供）水、滩涂治理、水土保持、水利枢纽等水利项目；

道路、桥梁、地铁和轻轨交通、污水排放及处理、垃圾处理、地下管道、公共停车场等城市设施项目；

生态环境保护项目；

其他基础设施项目。

关系社会公共利益、公共安全的公用事业项目的范围：

供水、供电、供气、供热等市政工程项目；

科技、教育、文化等项目；

体育、旅游等项目；

卫生、社会、福利等项目；

商品住宅，包括经济适用房；

其他公用事业项目。

使用国有资金投资项目范围：
使用各级财政预算资金的项目；
使用纳入财政管理的各种政府专项建设基金的项目；
使用国有企事业单位自有资金，并且国有资产投资者实际是拥有控股权的项目。
国家融资项目的范围：
使用国家发行债券所筹资金的项目；
使用国家对外借款或者担保所筹资金的项目；
使用国家政策性贷款的项目；
国家授权投资主体融资项目；
国家特许的独资项目。
使用国际组织或者外国政府资金的项目的范围：
使用世界银行、亚洲开发银行等国际组织贷款资金的项目；
使用外国政府及其机构贷款资金的项目；
使用国际组织或者外国政府援助资金的项目。

2）工程建设项目招标规模标准

《工程建设项目招标范围和规模标准规定》规定的上述各类工程建设项目，达到下列标准之一的，必须进行招标：

施工单项合同估算价在200万元人民币以上的；
重要设备、材料等货物的采购，单项合同估算价在100万元人民币以上的；
勘察、设计、监理等服务的采购，单项合同估算价在50万元人民币以上的；
单项合同估算价低于以上项规定的标准，但项目总投资额在3000万元人民币以上的。

凡具备条件的建设单位和相应资质的施工企业均可参加施工招标投标。施工招标可采用项目的全部工程招标、单位工程招标、特殊专业工程招标，但不得对单位工程的分部分项工程进行招标。

对于涉及国家安全、国家秘密、抢险救灾或者属于利用扶贫资金实行以工代赈、需要使用农民工等非法律规定必须招标的项目，建设单位可自主决定是否进行招标，任何组织与个人不得强制要求招标。同时单位自愿要求招标的，招投标管理机构应予以支持。

（2）建设工程招标应当具备的条件

1）建设工程招标应具备的条件

根据七部委联合颁发的《工程建设项目施工招标投标办法》中规定，依法必须招标的工程建设项目，应当具备下列条件才能进行施工招标：

招标人已经依法成立；
初步设计及概算应当履行审批手续的，已经批准；
招标范围、招标方式和招标组织形式等应当履行核准手续的，已经核准；
有相应资金或资金来源已经落实；
有招标所需的设计图纸及技术资料。

2）建设单位自行组织招标应具备的条件

根据我国招投标法规定，招标人可自行办理招标事宜，但应当具备编制招标文件和组织评标的能力，具体包括：

具有项目法人资格（或者法人资格）；

具有与招标项目规模和复杂程度相应的工程技术、概预算、财务和工程管理等方面专业技术力量；

有从事同类工程建设项目招标的经验；

设有专门招标机构或者拥有3名以上专职招标业务人员；

熟悉和掌握招标投标法及有关法律、法规和规章。

招标人自行办理招标事宜的，应当在向项目审批部门上报可行性研究报告时申请核准，并向当地县级以上建设行政主管部门备案。

（3）招标代理

招标人不具备自行招标条件的，招标人应该委托具有相应资质的招标代理机构代理招标。建设工程招标代理，是指工程建设单位，将建设工程招标事务，委托给具有相应资质的中介服务机构，由该中介服务机构在建设单位委托授权的范围内，以建设单位的名义，独立组织建设工程招标活动，并由建设单位接受招标活动的法律效果的一种制度。这里，代替他人进行建设工程招标活动的中介服务机构，称为招标代理机构。

招标代理机构应当具备下列条件：

1）有从事招标代理业务的营业场所和相应资金；

2）有能够编制招标文件和组织评标的相应专业力量；

3）有可以作为评标委员会成员人选的技术、经济等方面的专家。

招标代理机构受招标人委托代理招标，必须签订书面委托代理合同，并在合同委托的范围内办理招标事宜。委托代理合同与授权委托书是有本质区别的，委托代理合同是双方的法律行为，而授权委托书是建设工程招标人作为被代理人，以书面形式表示将招标代理权授予代理人的单方行为。

招标代理机构应维护招标人的合法利益，对于提供的工程招标方案、招标文件、工程标底等的科学性、准确性负责，并不得向外泄露可能影响公正、公平竞争的有关情况。招标代理机构不应同时接受同一招标工程的投标代理和投标咨询业务；招标代理机构与被代理工程的投标人不应有隶属关系或者其他利害关系。

政府招标主管部门对招标代理机构实行资质管理。招标代理机构必须在资质证书许可的范围内开展业务活动。超越自己业务范围进行代理行为，不受法律保护。

（4）招投标活动的基本原则

1）公开原则

招标投标活动的公开原则就是要求招标投标活动具有高度的透明性，招标信息、招标程序必须公开，即采用公开招标方式的，应当发布招标公告。依法必须进行招标的项目的招标公告，必须通过国家指定的报刊、信息网络或者其他公共媒介发布。无论是招标公告、资格预审公告，还是投标邀请书，都应当载明能大体满足潜在投标人决定是否参加投标竞争所需要的信息。另外开标的程序、评标的标准和程序、中标的结果等都应当公开。

2）公平原则

公平原则要求给予所有投标人以完全平等的机会，使每一个投标人享有同等的权利并承担同等的义务，招标文件和招标程序不得含有任何对某一方歧视的要求或规定。

3）公正原则

公正原则就是要求在选定中标人的过程中，评标标准应当明确、严格，评标机构的组成必须避免任何倾向性，招标人与投标人双方在招标投标活动中的地位平等，任何一方不得向另一方提出不合理的要求，不得将自己的意志强加给对方。

4）诚实信用原则

诚实信用原则要求招标投标当事人应以诚实、守信的态度行使权利、履行义务，以维护双方的利益平衡，以及自身利益和社会利益的平衡。招标投标双方不得有串通投标、泄漏标底、骗取中标、非法转包等行为。

（5）建设工程招投标种类

建设工程招投标可分为建设项目总承包招投标、工程施工招投标、工程勘察设计招投标和设备材料招投标等。

建设项目总承包招投标又叫建设项目全过程招投标，在国外称之为“交钥匙”工程招投标，它是指项目建议书开始，包括可行性研究报告、勘察设计、设备材料询价与采购、工程施工、生产准备、投料试车，直至竣工投产、交付使用全面实行招标。

我国由于长期采取设计与施工分开的管理体制，目前具备设计、施工双重能力的施工企业为数较少，因而国内工程项目承包往往是指就一个建设项目施工阶段开展的招投标，即工程施工招投标。当然根据工程施工范围的大小及专业不同，工程施工招投标又可分为全部工程招标、单项工程招标和专业工程招标等。

工程勘察设计招投标是指根据批准的可行性研究报告，择优选定承担项目勘察、方案设计或扩大初步设计单位参加投标。勘察和设计是两种不同性质的工作，可由勘察单位和设计单位分别完成，也可由具有勘察资质的设计单位独家承担。

设备材料招投标是针对设备、材料供应及设备安装调试等工作进行的招投标。

（6）建设项目招标方式

《招标投标法》明确规定招标方式有两种，即公开招标与邀请招标。但在国际招标中，不仅有以上两种方式，还存在议标方式。

1）公开招标

公开招标是指招标人以招标公告的方式邀请不特定的法人或者其他组织投标。公开招标是一种无限制的竞争方式，优点是招标人有较大的选择范围，可在众多的投标人中选定报价合理、工期较短、信誉良好的承包商，有助于打破垄断，实行公平竞争。其缺点是招标工作量大，组织工作复杂，需投入较多的人力、物力、财力，招标过程所需时间较长。在我国目前的建设工程承发包市场中主要采用公开招标方式。

国际上，公开招标按照竞争的广度可分为国际竞争性招标和国内竞争性招标。

国际竞争性招标是指在世界范围内进行招标。其优点是可以引进先进的技术、设备和管理经验、提高产品的质量、并保证采购工作根据已定的程序和标准公开进行，减少采购中作弊的可能。缺点是由于国际竞争性招标有一套周密而复杂的程序，因而所需费用多，时间长、所需文件多，译文任务大。

国内竞争性招标是指在国内媒体上登出广告，并公开出售招标文件，公开开标。它适用于合同金额较小、采购品种比较分散、交货时间长、劳动密集、商品成本低等建设工程。

2）邀请招标

国务院发展计划部门确定的国家重点项目和省、自治区、直辖市人民政府确定的地方重点项目不适宜公开招标的，经国务院发展计划部门或者省、自治区、直辖市人民政府批准，可以进行邀请招标。

邀请招标是指招标人以投标邀请书的方式邀请三个及其以上具备承担招标项目的能力、资信良好的特定的法人或者其他组织投标。邀请招标又称有限竞争性招标，优点是目标集中，招标组织工作容易，工作量较小。其缺点是竞争范围有所限制，可能会失去技术上和报价上有竞争力的投标者。

有下列情形之一的，经批准可以进行邀请招标：

①项目技术复杂或有特殊要求，只有少量几家潜在投标人可供选择的；

②受自然地域环境限制的；

③涉及国家安全，国家秘密或抢险救灾，适宜招标但不宜公开招标的；

④拟公开招标的费用与项目的价值相比，不值得的；

⑤法律、法规规定不宜公开招标的。

3）议标

议标是国际上常用的招标方式，这种招标方式是建设单位邀请不少于两家（含两家）的承包商，通过直接协商谈判选择承包商的招标方式。

议标主要适用于不宜公开招标或邀请招标的特殊工程，如联合国贸易法委员会《货物、工程和服务采购示范法》规定，下列情况可以采用议标：

①不可预见的紧迫情况下的急需货物、工程或服务；

②由于灾难性事件的急需；

③保密的需要。

议标的优点可以节省时间，容易达成协议，迅速展开工作，保密性良好；其缺点竞争力差，无法获得有竞争力的报价而且很容易出现暗箱操作；因此在我国新颁发的《招标投标法》中已取消了这项招标方式。

3. 建设项目招标程序

（1）建设工程设备、材料采购招标程序

根据《建设工程设备招标投标管理办法》规定，建设工程设备招标程序如下：

建设工程向招标单位办理招标委托手续；

招标单位编制招标文件；

发出招标公告或邀请投标意向书；

对投标单位进行资格审查；

发放招标文件和有关技术资料，进行技术交底，解答投标单位提出的有关招标疑问；

组成评标组织，制定评标原则、办法、程序；

在规定的时间、地点接受投标；

确定标底；

开标；

评标、定标；

发出中标通知书，设备需方和中标单位签订供货合同。

（2）建设工程施工招标程序

建设工程施工招标一般程序如下：

工程项目报建；

审查建设单位资质；

招标申请；

招标文件的编制与送审；

工程标底价格的编制（设有标底的）；

发布招标公告；

投标人资格审查；

招标文件的发售；

组织勘察现场；

召开投标预备会；

投标文件的编制与递交；

开标；

评标；

确定中标单位；

发出中标通知书；

签订承发包合同。

1）向建设行政主管部门或招标管理机构申请工程项目报建。

建设工程项目报建内容主要包括：工程名称、建设地点、投资规模、资金来源、当年投资额、工程规模、结构类型、发包方式、计划工期、工程筹建情况等。

办理工程报建时应交验的文件资料：立项批准投资文件或年度投资计划；固定资产投资许可证；建设工程规划许可证；资金证明。

2）由招标管理机构审查建设单位资质。

建设单位应该具有该项工程的建设资金和各种准确证件。

3）向招标管理机构提出招标申请。

招标单位应填写"建设工程施工招标申请表"报招标管理机构审批。主要包括以下内容：工程名称、建设地点、招标建设规模、结构类型、招标范围、招标方式、要求施工企业等级、施工前期准备情况（土地征用、迁拆情况、勘查设计情况、施工现场条件等）、招标机构组织情况等。

4）招标文件的编制与送审。

招标人应当根据招标项目的特点和需要编制招标文件。招标文件应当明确招标项目的技术要求、投标报价要求和评标标准等所有实质性要求和条件以及拟签订合同的主要条款。按照建设部1997年《建设工程施工招标文件范本》规定，招标文件具体包括以下内容：

①投标须知前附表和投标须知。投标须知前附表如表4-1所示，将项目招标主要内容列在表中，便于投标人了解招标基本情况。

投标须知的前附表 表 4-1

序号	内 容 规 定
1	工程名称： 建设地点： 结构类型： 承包方式： 要求工期：____年____月____日开工； ____年____月____日竣工。 总工期____天（日历日） 招标范围：
2	合同名称：
3	资金来源：
4	投标单位资质等级：
5	投标有效期____天（日历日）
6	投标保证金额：____%或____元
7	投标预备会： 时间： 地点：
8	投标文件份数：正本____份 副本____份
9	投标文件递交至： 单位： 地址：
10	投标截止日期： 时间：
11	开标时间： 时间： 地点：
12	评标办法：

②合同条件。采用建设部颁发的《建设工程施工合同文本》中的"合同条件"。

③合同协议条款。

④合同格式：合同协议书格式、银行履约保函格式、履约担保书格式、预付款银行保函格式。

⑤技术规范。

⑥图纸。

⑦投标文件参考格式：投标书及投标书附录、工程量清单与报价表、辅助资料表、资格审查表。

国家对招标项目的技术、标准有规定的，招标人应当按照其规定在招标文件中提出相应要求。招标项目需要划分标段、确定工期的，招标人应当合理划分标段、确定工期，并在招标文件中载明。

招标单位对招标文件所做的任何修改或补充，需报招标机构审查同意。招标人澄清或者修改招标文件应在提交投标文件截止时间至少十五日前，以书面形式通知所有的投标人。该澄清或修改的内容应作为招标文件的一部分。

招标文件的出售，不得以营利为目的，所附设计文件，可酌收押金，招标程序结束退还押金。

5）工程标底价格的编制。

标底是指由招标单位自行编制或委托具有编制标底的资格和能力的中介机构编制，并按规定报送审定的招标工程预期价格。

标底的作用：

①能够使招标单位预先明确自己在拟建工程上应承担的财务义务；

②给上级主管部门提供核实建设规模的依据；

③衡量投标单位标价的准绳；

④是评标的重要尺度。

编制标底应遵循的原则：

①与招标文件保持一致：确定标底时，必须依据招标文件、图纸及项目执行的技术标准编制，使标底符合招标文件要求。

②标底作为建设单位的预期价格，应力求与市场的实际变化吻合。

③标底应由成本、利润、税金等组成，应控制在批准的总概算（或修正概算）及投资包干的限额内。

④标底应考虑人工、材料、机械等价格变化因素，还应包括不可预见费（特殊情况）、预算包干费、赶工措施费、现场因素费用保险以及采用固定价格的工程的风险金等。

⑤一个工程只能编制一个标底。

⑥标底编制完成后，不得泄漏，应密封报送招标管理机构审定。

6）发布招标公告。

招标人采用公开招标方式的，应当发布招标公告。发布招标公告是保证潜在的投标人获取招标信息的首要工作。

招标公告应在国家指定的媒介（报刊或信息网络）上发表，以保证信息发布到必要的范围以及发布的及时与准确。招标公告应当载明招标人的名称和地址、招标项目的性质、数量、实施地点和时间以及获取招标文件的办法等事项。

7）资格预审。

招标人可以根据招标项目本身的要求，在招标公告或者投标邀请书中，要求潜在投标人提供有关资质证明文件和业绩情况，并对潜在投标人进行资格审查；国家对投标人的资格条件有规定的，依照其规定。资格预审是对所有投标人的一项“粗筛”，也是投标人的第一轮竞争。

资格预审的程序：

①公开招标进行资格预审时，通过对申请单位填报的资格预审文件和资料进行评比和分析，确定出合格的申请单位短名单，将短名单报招标管理机构审查核准。

②待招标管理机构核准同意后，招标单位向所有合格的申请单位发出资格预审合格通知书。

③申请单位在收到资格预审合格通知书后，应以书面形式予以确认，在规定的时间领取招标文件、图纸及有关技术资料，并在投标截止日期前递交有效的投标文件。

资格预审审查的主要内容：投标单位组织与机构和企业概况；近三年完成工程的情况、目前正在履行的合同情况、资源方面，如财务、管理、技术、劳力、设备等方面的情况；其他资料（如各种奖励或处罚等）。

进行资格预审时，招标人不得以不合理的条件限制排斥潜在投标人，不得对潜在投标人实行歧视待遇。

8）发放招标文件。

招标文件、图纸和有关技术资料发放给通过资格预审获得投标资格的投标单位。不进行资格预审的，发放给愿意参加投标的单位。投标单位收到招标文件、图纸和有关资料后，应认真核对，核对无误后应以书面形式予以确认。

投标单位收到招标文件后，若有疑问或不清的问题需澄清解释，应在收到招标文件后7日内以书面形式向招标单位提出，招标单位应以书面形式或投标预备会形式予以解答。

招标人不得向他人透露已获取招标文件的潜在投标人的名称、数量以及可能影响公平竞争的有关招标投标的其他情况。

9）组织勘察现场。

招标人根据项目具体情况应组织投标人进行勘察现场。勘察现场的目的在于了解工程场地和周围环境情况，以获取投标人认为有必要的信息，并据此做出关于投标策略和投标报价的决定。

现场勘察主要了解、收集以下资料：

①现场是否达到招标文件规定的条件；

②现场的地理位置和地形、地貌；

③现场的地质、土质、地下水位、水文等情况；

④现场气候条件，如气温、湿度、风力、年雨雪量等；

⑤施工现场基础设施情况，如道路交通、供水、供电、通信设施条件等；

⑥工程在施工现场的位置或布置；

⑦临时用地、临时设施搭建等；

⑧施工所在地材料、劳动力等供应条件。

招标人向投标人提供的有关现场的资料和数据，是招标人现有的能供投标人利用的资料，招标人对投标人由此而做出的推论、理解和结论概不负责任。

投标单位在勘察现场中如有疑问问题，应在投标预备会前以书面形式向招标单位提出，但应给招标单位留有解答时间。

10）召开投标预备会。

投标预备会是在投标单位审查施工图纸和编制投标文件进行到一段时间后，在招标管理机构监督下，由招标单位组织并主持召开，要求所有的投标人参加的投标答疑会。会议一般安排在勘察现场后1～2天内举行。

在预备会上由招标人对招标文件和现场情况做介绍或解释，解答投标单位提出的疑问问题，包括书面提出的和口头提出的询问，以澄清图纸中的错误、完善招标文件、规范投标人的投标报价行为等。

11）投标文件的编制与递交。

招标人应当确定投标人编制投标文件所需要的合理时间：自招标文件开始发出之日起至投标人提交投标文件截止之日止，最短不得少于二十日。

投标文件的编制一般包括技术标、经济标及附件等，其内容实质上应响应招标文件要求，否则投标文件将被拒绝，其责任由投标单位自负。因此，投标单位领取招标文件、图纸和有关技术资料后，应仔细阅读“投标须知”，投标须知是投标单位投标时应注意和遵守的事项。另外，还须认真阅读合同条件、规定格式、技术规范、工程量清单和图纸，并根据图纸仔细核对招标单位在招标文件中提供的工程量清单中的工程项目和工程量，若发现项目或数量有误时应在收到招标文件7日内以书面形式向招标单位提出。

招标文件中要求投标人提交投标保证金的，投标人应该提交，对于未能按要求提交投标保证金的投标，招标单位视为不响应投标而予以拒绝。

在开标前，招标人应妥善保管好投标文件、投标文件的补充修改和撤回通知等投标资料。在招标文件要求提交投标文件截止时间后送达的投标文件，招标人应当拒收。

12）开标、评标与定标

①开标。

我国《招标投标法》规定，开标应当在招标文件规定的提交投标文件截止时间的同一时间公开进行，开标地点应当为招标文件中预先确定的地点。开标会议由招标人主持，邀请所有投标人参加。

开标时，由投标人或其推选的代表检查投标文件的密封情况，也可以由招标人委托的公证机构检查并公证；经确认无误后，由工作人员当众拆封、宣读投标人名称、投标价格和投标文件的其他主要内容。招标人在招标文件要求提交投标文件的截止时间前收到的所有投标文件，开标时都应当当众予以拆封、宣读，但提交“撤回通知”的投标文件应作为投标人宣读其名称，但不宣读其投标文件的其他内容。开标过程应当记录，以存档备查。

唱标应按送达投标文件时间先后的逆顺序进行。当众宣读有效标函的投标单位名称、投标报价、工期、质量、主要材料用量、修改或撤回通知、投标保证金、优惠条件，以及招标单位认为有必要的内容。唱标内容应做好记录，并须投标人或其委托代理人签字确认。

当投标文件出现下列情形之一的，视为无效投标文件：

A. 投标文件未按规定标志、密封；

B. 未经法定代表人或签署或未加盖投标单位公章或未加盖法定代表人印鉴；

C. 未按招标文件规定的格式、内容和要求填报，投标文件的关键内容字迹模糊，无法辨认的；

D. 递交两份以上投标文件，或同一投标文件中同一招标项目有两个以上报价，且未声明哪个报价有效（按招标文件规定提交备选投标方案的除外）；

E. 投标人未按照招标文件的要求提供投标保证金或者投标保函的；

F. 组成联合体投标的，投标文件未附联合体各方共同投标协议的；

G. 投标人名称或组织机构与资格预审时不一致的；

H. 投标截止时间以后送达的投标文件。

②评标。

评标由招标人依法组建的评标委员会负责。评标委员会由招标人的代表和有关技术、经济方面的专家组成，成员人数为5人以上单数，其中，技术、经济等方面的专家不得少于成员总人数的2/3。技术、经济等专家应当从事相关领域工作满8年并具有高级职称或者具有同等专业水平，由招标人从国务院、省、自治区、直辖市人民政府有关部门提供的专家名册或者招标代理机构的专家库内的相关专业的专家名单中确定。一般招标项目可以采取随机抽取方式，特殊招标项目可以由招标人直接确定。

与投标人有利害关系的人不得进入相关项目的评标委员会，已经进入的应当更换。评标委员会成员的名单在中标结果确定前应当保密。

评标委员会可以要求投标人对投标文件中含义不明确的内容作必要的澄清或者说明，

但是澄清或者说明不得超出投标文件的范围或者改变投标文件的实质性内容。

评标原则：

A. 竞争优选；

B. 公正、公平、科学合理；

C. 质量好、信誉高、价格合理、工期适当、施工方案先进可行；

D. 反不正当竞争；

E. 规范性与灵活性相结合。

评标程序：评标可按两段三审进行，两段指初审和终审；三审指符合性评审，技术性评审和商务性评审。评标只对有效投标进行评审。

A. 初审。

a. 符合性评审。

包括商务符合性和技术符合性鉴定。投标文件应实质上响应招标文件的所有条款、条件，无显著的差异或保留。所谓显著的差异或保留是指对工程的发包范围、质量标准及运用产生实质性影响；或者对合同中规定的招标单位的权利及投标单位的责任造成实质性限制；而且纠正这种差异或保留，将会对其他实质上响应要求的投标单位的竞争地位产生不公正的影响。

b. 技术性评审。

包括：施工方案的可行性；施工进度计划的可靠性；工程材料和机械设备供应的技术性能是否符合设计技术要求；施工质量的保证措施；对提出的技术建议和替代方案进行评审；对投标书中提出的施工现场的周围环境污染的保护措施进行评估，审查其保护措施的有效性和持续性。

c. 商务性评审。

包括：投标报价数据计算的正确性；报价构成的合理性；对建议方案的商务评审，分析投标书中提出的财务或付款方面的建议，估计接受这些建议的利弊及可能导致的风险。

B. 终审。

通过初审阶段后，筛选出若干个具备授标资格的投标单位，对他们进行终审，即对筛选出具备授标资格的投标单位进行澄清或答辩，进一步评审，择优选择中标单位。

C. 提出评标报告。

评标委员会完成评标后，应当向招标人提出书面评标报告，并推荐合格的中标候选人。

评标委员会成员应当客观、公正的履行职务，遵守职业道德，对所提出的评审意见承担个人责任。评标委员会成员不得私下接触投标人，不得收受投标人的财务或其他好处。评标委员会成员不得透露对投标文件的评审和比较、中标候选人的推荐情况以及与评标有关的其他情况。

在评标过程中，若发生下列情况之一，经招标管理机构同意可以拒绝所有投标，宣布招标失败：一是最低投标报价高于或者低于一定幅度时；二是所有投标单位的投标文件实质上均不符合招标文件要求。

若发生招标失败，招标单位应认真审查招标文件及工程标底，做出合理修改后经招标管理机构同意方可重新办理招标。

③定标。

招标人根据评标委员会提出的书面评标报告和推荐的中标候选人确定中标人；也可以授权评标委员会直接确定中标人。

中标人的投标应当符合下列条件之一：一是能够最大限度地满足招标文件规定的各项综合评价标准；二是能够满足招标文件的实质性要求，并且经评审的投标价格最低，但是投标价格低于成本的除外。

在确定中标人前，招标人不得与投标人就投标价格、投标方案等实质性内容进行谈判。

中标人确定后，招标人应当向中标人发出中标通知书，并同时将中标结果通知所有未中标的投标人。中标通知书对招标人和中标人具有法律效力，中标通知书发出后，招标人改变中标结果的，或者中标人放弃中标项目的，应当依法承担法律责任。

招标人应当自中标通知书发出之日起30日内，按照招标文件和中标人的投标文件订立书面合同；招标人和中标人不得再行订立背离合同实质性内容的其他协议。招标文件要求中标人提交履约保证金的，中标人应当提交。

招标人应当自确定中标人之日起15日内，向招投标管理机构提交施工招标投标情况的书面报告。

【案例4-1】 某院校决定投资1.5亿元，兴建一幢现代化教学楼，其中土建工程采用公开招标的方式选定施工单位，但招标文件对省内的投标人与省外的投标人提出了不同的要求，并明确了投标保证金的数额。该校委托某建筑事务所为该项工程编制标底。2005年10月6日招标公告发出后，共有A、B、C、D、E、F等6家省内的建筑单位参加了投标。招标文件规定，2005年10月30日为提交投标文件的截止时间，2005年11月3日举行开标会。其中，E单位在2005年10月30日提交了投标文件，但2005年11月1日才提交投标保证金。开标会由该省建委主持。结果，某事务所编制的标底高达6200万元，所有投标人的投标报价均在5200万元以下，与标底相差1000万元，引起了投标人的异议。同时，D单位向该校提出撤回投标文件的要求。为此，该校请求省内建委对原标底进行复核。2006年1月28日，复核报告证明该事务所擅自更改招标文件中的有关规定，多算漏算多项材料价格，并夸大工程量，导致标底额与原标底额相差近1000万元。

由于上述问题久拖不决，使中标书在开标3个月后一直未能发出。为了能早日开工，该院在获得了省建委的同意后，更改了中标金额和工程结算方式，确定某公司为中标单位。

问题：

1. 上述招标程序中，有哪些不妥之处？请说明理由。

2. E单位的投标文件应当如何处理？为什么？

3. 对D单位撤回投标文件的要求应当如何处理？为什么？

4. 问题久拖不决后，该校能否要求重新招标？为什么？

5. 如果重新进行招标，给投标人造成的损失能否要求该校赔偿？为什么？

【解】 1. 在上述招标程序中，不妥之处包括：

(1) 在公开招标中，对省内的投标人与省外的投标人提出了不同的要求。因为公开招标应当平等地对待所有的投标人，不允许对不同的投标人提出不同的要求。

(2) 提交投标文件的截止时间，与举行开标会的时间不是同一时间。按照《招标投标法》的规定，开标应当在招标文件确定的提交投标文件截止时间的同一时间公开进行。

(3) 开标会由该省建委主持。开标应当由招标人主持，省建委作为行政管理机关只能监督招标投标活动，不能作为开标会的主持人。

(4) 中标书在开标 3 个月后一直未能发出。评标工作不宜久拖不决，如果在评标中出现无法克服的困难，应当及早采取其他措施（如宣布招标失败）。

(5) 更改中标金额和工程结算方式，确定某公司为中标单位。如果不宣布招标失败，则招标人和中标人应当按照招标文件和中标的投标文件签订书面合同，招标人和中标人不得再行订立背离合同实质性内容的其他协议。

2. E 单位的投标文件应当被认为是无效投标而拒绝。因为招标文件规定的投标保证金是投标文件的组成部分，因此，对于未能按照要求提交投标保证金的投标，招标单位将视为不响应投标而予以拒绝。

3. 对 D 单位撤回投标文件的要求，应当没收其投标保证金。在投标有效期内撤回其投标文件的，应当视为违约行为，因此，招标单位可以没收 D 单位的投标保证金。

4. 问题久拖不决后，该校可以要求重新进行招标。理由是：

(1) 一个工程只能编制一个标底。如果在开标后再复核标底，将导致具体的评标条件发生变化。

(2) 问题久拖不决，使得各方面的条件发生变化，再按照最初招标文件中设定的条件订立合同是不公平的。

5. 如果重新进行招标，给投标人造成的损失不能要求该校赔偿。虽然重新招标是由于招标人的准备工作不够充分导致的，但并非属于欺诈等违反诚实信用的行为。招标并不能保证投标人中标，投标的费用应当由投标人自行承担。

（二）工程投标报价与合同价的确定

投标是以响应项目的招标条件为前提的，是参与该项目投标竞争的一种经济行为。

1. 工程投标程序

(1) 前期工作

1) 招标信息跟踪，调查投标环境。

建设工程投标中，投标人首先是要提前跟踪项目，通过多种渠道获取招标信息，确认信息的可靠性，并加强对信息、资料的积累整理，同时，应当勘察研究投标环境，准确的把握项目的具体情况及特点，具体包括项目外部环境调查和项目内部环境调查。

项目外部环境调查：项目外部环境是指招标工程所在地的政治、经济、法律、社会、自然条件等因素的状况。

①政治环境调查。

国际项目要调查工程所在地的政治、社会制度、政局状况及发生政变、内战、暴动的风险概率等情况；国内项目主要分析地区经济政策的宽松程度、稳定程度，是否属于经济开发区或特区以及当地政府对基本建设有何优惠政策、税收政策等。

②经济环境调查。

投标人须调查项目所在地经济发展情况；自然资源状况；交通、运输、通信等基础设施条件等。

③市场环境调查。

投标人对市场环境调查将直接影响到投标报价的准确性。其调查内容包括：建筑材料、施工机械设备、燃料、动力和生活用品的供应情况、价格水平；批发物价和零售物价指数的变化趋势和预测；原材料和设备的来源方式、厂家供货情况及购买时的运输、税收、保险等规定；当地工人技术、工资水平、劳动保护和福利待遇规定等劳务市场情况等。

④自然环境调查。

工程所在地的气候，包括气温、湿度、主导风向和风力、年降水量；地理位置及地形和地貌；自然灾害如地震、洪水、台风等情况。

项目内部环境调查：项目内部环境是指对项目具体情况及业主、竞争对手情况的调查。

①工程项目调查。

工程项目调查的内容包括：工程性质、规模、发包范围；工程技术规模和对材料性能及工程技术水平的要求；工程项目资金来源等情况。

②业主情况调查。

包括：业主的资金情况、履约态度、支付能力、有无拖欠工程款的行为、对实施项目有无特殊要求等。

③竞争对手调查。

掌握竞争对手的基本情况，包括：企业资质水平、企业信誉、管理水平、技术能力及其财务状况，这些情况有助于投标人采用正确的投标策略，在投标过程中赢得主动。

2）投标项目选择决策

建设工程投标项目选择决策是指在获取招标信息后，对是否参加投标竞争进行分析、论证，并作出抉择。

对于是否参与项目竞标，承包人应综合考虑各方面的因素，包括：承接招标项目的可行性，即明确承包人当前的经营状况和参加竞标的目的，是否有能力承接该项目，能否抽调管理人员、技术力量参加项目建设，影响中标的因素对本企业是否有利及竞争对手是否有明显优势；招标项目的可靠性，即项目审批是否完成，资金是否落实等因素。

一般说来，有下列情形之一的招标项目，承包人不宜选择投标：

①工程规模超过企业资质等级的项目；

②超越企业业务范围和经营能力之外的项目；

③企业当前任务比较饱满，而招标工程是风险较大或盈利水平较低的项目；

④企业劳动力、机械设备和周转材料等资源不能保证的项目；

⑤竞争对手在技术、经济、信誉和社会关系等方面具有明显优势的项目。

3）报名并参加资格审查

承包人经过对招标项目反复分析和论证后，决定参与项目竞标，应向招标人报名，并参加资格预审。

《招标投标法》第26条规定“投标人应当具备承担招标项目的能力，国家有关规定对投标人资格条件或招标文件对投标人资格条件有规定的，投标人应当具备规定的资格条件。”

在建设工程中，投标人应具备的基本条件：

①参加投标的单位至少须满足该工程所要求的资质等级。

②参加投标的施工单位必须具有独立法人资格和相应的施工资质，非本国注册的施工企业应按建设行政主管部门有关规定取得施工资质。

③投标单位应当向招标人提供令其满意的资格文件，具体包括：

A. 有关确立投标单位法律地位的原始文件的副本（包括营业执照、资质等级证书及非中国注册的施工企业经建设行政主管部门核准的资质证件）；

B. 投标单位在过去3年完成的工程的情况和现在正在履行的合同情况；

C. 按规定的格式提供项目经理简历，及拟在施工现场或不在施工现场的管理和主要施工人员情况；

D. 按规定格式提供完成该合同拟采用的主要施工机械设备情况；

E. 按规定格式提供拟分包的工程项目及拟承担分包工程项目施工单位情况；

F. 投标单位提供财务状况情况，包括最近2年经过审计的财务报表，下一年度财务预测报告和投标单位向开户银行开具的，由该银行提供财务情况证明的授权书；

G. 有关投标单位目前和过去2年参与或涉及诉讼案的资料。

④两个以上法人或者其他组织可以组成一个联合体，以一个投标人的身份共同投标。联合体各方均应当具备承担招标项目的相应能力；国家有关规定或者招标文件对投标人资格条件有规定的，联合体各方均应当具备规定的相应资格条件。由同一专业的单位组成的联合体按照资质等级较低的单位确定资质等级。

联合体各方应当签订共同投标协议，明确约定各方拟承担的工作和责任，并将共同投标协议连同投标文件一并提交招标人。联合体中标的，联合体各方应当共同与招标人签订合同，就中标项目向招标人承担连带责任。

⑤投标人不得相互串通投标报价，不得排挤其他投标人的公平竞争，损害招标人或者其他投标人的合法权益。

资格预审在招标程序中也提到，它是招标人在招标开始之前，由招标人对申请参加投标的潜在投标人进行资质条件、业绩、信誉、技术、资金等多方面的情况进行资格审查，经认定合格的潜在投标人，才可以参加投标。通过资格预审，可以淘汰不合格的潜在投标人，从而有效的控制投标人的数量，减少多余的投标，进而减少评审阶段的工作时间，减少评审费用，也为不合格的潜在投标人节约投标的无效成本；通过资格预审，招标人可以了解潜在投标人对项目投标的兴趣。

投标意向者应在规定的截止日期前完成资格预审文件的填报工作，并报送到规定地点。业主可就报送的资格预审文件中的疑点要求投标意向者进行澄清，投标意向者应按实际情况回答，但不允许投标意向者修改资格预审文件中的实质性内容。

4）研究招标文件

投标单位取得投标资格，获得招标文件之后的首要工作就是认真仔细地研究招标文件，充分了解其内容和要求，以便有针对性地安排投标工作。

研究招标文件的重点应放在投标须知、合同条款、设计图纸、工程范围及工程量表上，还要研究技术规范要求，看是否有特殊的要求。

①投标须知。

投标须知是投标人进行工程项目投标的指南，它集中体现招标人对投标人投标的条件和基本要求。投标人必须仔细阅读投标须知，明确招标人对项目的一般性规定；明确投标、开标、评标的时间、投标有效期等程序性的规定；把握工程内容、承包范围、允许偏离的范围和条件、价格形式及报价支付的货币规定、分包合同等实质性规定。

②合同条件。

合同条件是工程项目承发包合同的重要组成部分，在整个投标过程中应该考虑合同条件的相关规定。其中可能标明了招标人的特殊要求，即投标人在中标后应享受的权利、所要承担的义务和责任等，这项条款直接关系到投标人的利益及其对投标策略、报价技巧的运用等，投标人必须反复推敲。

③技术说明。

投标人应仔细研究招标文件中的施工技术说明，熟悉所采用的技术规范，了解技术说明中有无特殊施工技术要求和有无特殊材料设备要求，以及有关选择代用材料、设备的规定、以便根据相应的定额和市场确定价格，计算有特殊要求项目的报价。

④业主修正与澄清的事项。

投标人应明确招标文件中对招标文件差错、含混不清及未尽事宜等规定，这些规定对投标报价将产生直接影响。

5）勘察施工现场

在前期对项目自然环境有了初步了解后，投标人应再进一步认真考察施工现场，结合施工方案及投标报价的编制调查工程所在地区的具体情况，包括一般自然条件、施工条件及环境，如地质地貌、气候、交通、水电等的供应和其他资源情况等。

（2）编制投标文件

1）复核工程量

有的招标文件中提供了工程量清单，尽管如此，投标人还是需要进行复核，因为这直接影响到投标报价以及中标的机会。例如，当投标人大体上确定了工程总报价以后，可适当采用报价技巧，如不平衡报价法，对某些工程量可能增加的项目提高报价，而对某些工程量可能减少的降低报价。

对于单价合同，尽管是以实测工程量结算工程款，但投标人仍应根据图纸仔细核算工程量，当发现相差较大时，投标人应向招标人要求澄清。

对于总价固定合同，更要特别引起重视，工程量估算的失误可能带来无法弥补的经济损失，因为总价合同是以总报价为基础进行结算的，如果工程量出现差异，可能对施工方极为不利。

承包人在核算工程量时，还要结合招标文件的技术规范弄清工程量中每一细目的具体内容，避免出现计量单位、工程量或价格方面的错误与遗漏。

2）编制投标文件

投标文件一般包括下列内容：

①投标书；

②投标书附录；

③投标保证金；

④法定代表人资格证明书；

⑤授权委托书；

⑥具有标价的工程量清单与报价表；

⑦辅助资料表；

⑧资格审查表（资格预审的不采用）；

⑨对招标文件中的合同协议条款内容的确认和响应；

⑩按招标文件规定提交的其他资料。

投标文件编制的基本要求：

①做好编制投标文件的准备工作。

组织投标班子，选定参加投标文件的编制人员，为编制好投标文件和投标报价收集现行定额标准及各类标准图集、收集掌握政策性调价文件以及材料和设备价格情况。

②编制投标书。

投标书的编制具体可分为技术标、经济标和附件。

技术标：施工方案的编制是报价的基础和前提，也是招标人评标时要考虑的重要因素之一。在编制过程中，必须弄清楚施工项目中各分项工程的内容、工程量、所包含的相关工作、工程进度计划的各项要求、机械设备状况、劳动与组织状况等关键环节，据此制定施工方案。

施工方案的制定应在技术和工期两方面对招标单位有吸引力，同时又有助于降低施工成本。

经济标：建设工程投标报价是建设工程投标内容中的重要部分，是整个建设工程投标活动的核心环节，报价的高低将直接影响中标与否及中标后能否获利。投标单位应根据招标文件要求编制经济标并计算投标报价，且投标报价应按招标文件中规定的各种因素和依据进行计算，仔细核对，以保证投标报价的准确无误。

附件：包括辅助资料表、对招标文件中的合同协议条款内容的确认和响应、按招标文件规定的其他资料。

③按招标文件要求提交投标保证金。

投标单位应提供不少于招标文件规定数额的投标保证金，此投标保证金是投标文件的一个组成部分。对于未能按要求提交投标保证金的投标，招标单位视为不响应投标而予以拒绝。

未中标的投标单位的投标保证金将尽快退还（无息），最迟不超过规定的投标有效期期满后的14天。

中标单位的投标保证金，按要求提交履约保证金并签署合同协议后，予以退还（无息）。

投标单位遇下列情况，投标保证金将被没收：投标单位在投标有效期内撤回其投标文件；中标单位未能在规定期限内提交履约保证金或签署合同协议。

④投标文件的份数和签署。

投标单位按招标文件所提供的表格格式，编制一份投标文件“正本”和若干“副本”，并由投标单位法定代表人亲自签署并加盖法人单位公章和法定代表人印鉴。

⑤编制投标文件的同时，还应确定相应投标策略。

正确的投标策略对提高中标率并获取较高的利润有重要作用。常用的投标策略有以信誉取胜、以低价取胜、以缩短工期取胜、以改进设计取胜，同时也可采取以退为进策略、以长远发展为目标策略等。综合考虑企业目标、竞争对手情况、投标策略等多种因素后作出报价等决策。

(3) 投标文件的递交

正式投标文件编制完成后，应向招标人提交投标文件。

1) 投标人应当在招标文件要求提交投标文件的截止时间前，将投标文件送达投标地点，否则，投标行为视为无效。

2) 投标文件的递交要有固定的要求，基本内容是签章、密封。如果不密封或密封不满足要求，投标是无效的。投标书还需要按照要求签章，投标书需要盖有投标企业公章或法定代表人印鉴。

3) 投标人在递交投标文件以后，在规定的投标截止时间之前，可以以书面形式补充、修改或撤回已提交的投标文件，并通知招标人。补充、修改的内容为投标文件的组成部分。递交的补充、修改必须按招标文件的规定进行编制并予以密封。

2. 投标报价的编制

(1) 投标报价的编制方法

1) 标价的计算依据。

①招标单位提供的招标文件；

②招标单位提供的设计图纸及有关的技术说明书等；

③国家及地区颁发的现行建筑、安装工程预算定额及与之相配套的各种费用定额、规定等；

④地方现行材料预算价格、采购地点及供应方式等；

⑤因招标文件及设计图纸等不明确经咨询后由招标单位书面答复的有关资料；

⑥企业内部制定的有关取费、价格等的规定、标准；

⑦其他与报价计算有关的各项政策、规定及调整系数等。

在标价的计算过程中，对于不可预见费用的计算必须慎重考虑，不要遗漏。

2) 标价的计算方法。计算标价之前，投标人应充分熟悉招标文件和施工图纸，了解设计意图、工程全貌，同时还要了解并掌握工程现场情况，并对招标单位提供的工程两清单进行审核。工程量确定后，即可进行标价的计算。

定额计价法：以定额为依据，按定额规定的分部分项子目，逐项计算工程量，套用定额基价确定直接费，然后按规定取费标准确定构成工程价格的其他费用和利税，获得建筑安装工程造价的一种计价模式。

工程量清单计价法：由招标人按照国家统一的《建设工程工程量清单计价规范》的要求以及施工图，提供工程量清单，由投标人对工程量清单进行核定，并依据工程量清单、施工图、企业定额以及市场价格自主报价、取费，从而获取建筑安装工程造价的一种计价模式。对整个计算过程，投标人要反复审核，保证据以报价的基础和工程总造价的正确无误。

(2) 投标报价的决策、策略与技巧

1) 投标报价决策。投标报价决策是指投标人召集算标人和决策人、高级咨询顾问人员共同研究，就上述标价计算结果和标价的静态、动态风险分析进行讨论，做出调整计算标价的最后决定。

承包人应当在可接受的最小预期利润和可接受的最大风险内作出决策。报价决策不能仅限于具体计算，而应由决策人与算标人一起对各种影响报价的因素进行恰当的分析，并作出果断的决策。除了对算标时提出的各种方案、基价、费用摊入系数等予以审定和进行必要的修正外，更重要的是决策人从全面考虑期望的利润和承担风险的能力，即在风险和利润之间进行权衡并作出选择。

遇到如下情况报价可高一些：施工条件差的工程；专业要求高的技术密集型工程，而本公司在这方面又有专长，声望也较高；总价低的小工程，以及自己不愿做、又不方便不投标的工程；特殊的工程，如港口码头、地下开挖工程等；工期要求急的工程；投标对手少的工程；支付条件不理想的工程。

遇到如下情况报价可低一些：施工条件好的工程，工作简单、工程量大而一般公司都可以做的工程；本公司目前急于打入某一市场、某一地区，或在该地区面临工程结束，机械设备等无工地转移时；本公司在附近有工程，而本项目又可利用该工程的设备、劳务，或有条件短期内突击完成的工程；投标对手多，竞争激烈的工程；非急需工程；支付条件好的工程。

2）投标策略。

投标策略是指承包人在投标竞争中的指导思想与系统工作部署及其参与投标竞争的方式和手段。投标策略作为投标取胜的方式、手段和艺术，贯穿于投标竞争的始终，包括对投标项目的选择、投标报价等方面，内容十分丰富。投标策略的内容主要有：

①企业信誉制胜策略。

依靠企业长期形成的良好社会信誉，技术和管理上的优势，优良的工程质量和服务措施来争取中标。

②项目制定策略。

项目制定策略体现在对项目施工质量、施工速度、价格水平和设计方案的制定上，具体如下：

A. 以质取胜。通过采取先进的施工技术以保证项目优质完成来吸引业主。

B. 以快取胜。通过采取有效措施缩短施工工期，并能够保证进度计划的合理性和可行性，从而使招标工程早投产、早收益，以吸引业主。

C. 以廉取胜。在保证施工质量的基础上，降低报价，这对业主具有较强的吸引力。投标人采取这一策略也可能有长远的考虑：通过降价扩大任务来源，从而降低固定成本在各个工程上的摊销比例，既降低工程成本，又为降低新投标工程的承包价格创造了条件。

D. 靠改进设计取胜。通过仔细研究原设计图纸，当发现明显不合理之处，可提出改进设计的建议和能切实降低造价的措施，以此吸引业主。

E. 以退为进。仔细研究原招标文件，当发现有不明确之处并有可能据此索赔时，可报低价先争取中标，再寻找索赔机会。

③联营体投标策略。

在竞争激烈，自身实力又较弱的情况下，可以采取与其他承包人联营投标的策略参与项目竞标。采用这种方式，不仅能发挥联营体各自优势，相互间取长补短，增强承包人实力，提高其竞标能力，而且有利于分担承包人的风险，提高其对项目风险的抵御能力。

在长江三峡水利枢纽工程中，由于工程规模大、施工技术高，任何一家承包人想要独立承担该项目的建设都很难。因此，投标人采用了联营体投标策略，以多家联合、资质互补的方式来增强企业资金实力及技术、管理优势，如三峡枢纽工程二期大坝电站厂房工程（简称厂坝二期工程）由泄洪与挡水大坝、左岸电站厂房（14 台机组）建筑物组成，分为泄洪坝段、左岸厂房坝段和左岸电站厂房三个标段。其土建与安装的标段由葛洲坝股份有限公司、宜昌青云水电联营公司（水电四局、水电十四局组成的联营体）、宜昌三七八联营总公司（水电三局、七局、八局联营体）组成强大的联营体，中标承建。

3）报价技巧

①不平衡报价法。

不平衡报价法是指一个工程项目的投标报价在总价基本确定后，调整内部各个项目的报价，既不提高总价，又不影响中标，同时能在结算时得到更理想的经济效益。一般可以考虑不平衡报价法的情况有：

A. 对能早日结账收款的项目（如土方开挖、基础工程、桩基工程等）可适当提高报价，这样有利于资金周转、存款利息也较多；而后期项目的报价可适当降低。

B. 估计今后工程量会增加的项目，单价可适当提高；将工程量减少的项目单价降低。上述两种情况要统筹考虑，即对于工程量有错误的早期工程，如果实际工程量可能小于工程量表中的数量，则不能盲目抬高单价，要具体分析后再定。

C. 图纸不明确或有错误的，估计修改后工程量要增加的，可以提高单价；而工程内容解说不清楚的，则可适当降低单价，待澄清后可再要求提价。

D. 暂定项目，又叫任意项目或选择项目，对这类项目要具体分析。因为这类项目要在开工后再由业主研究是否实施，以及由哪家承包人实施。如果工程不分标，另由一家承包人施工，则其中肯定要做的单价可高些，不一定做的则应低些。如果工程分标，该暂定项目也可能由其他承包人施工时，则不宜报高价，以免抬高总报价。采用不平衡报价法一定要建立在对工程量表中工程量仔细核对分析的基础上，特别是对于报低单价的项目，如工程量执行时增多将造成承包人的重大损失；不平衡报价过多和过于明显，可能会引起业主反对，甚至导致废标，因此，不平衡报价法的运用应控制在合理的范围内，一般为 8%～10%。

②多方案报价法。

对于一些招标文件，如果发现工程范围不明确、条款不清楚或技术规范要求过于苛刻时，则要在充分估计投标风险的基础上，按多方案报价法处理。也就是按原招标文件报一个价，然后再提出：“如某某条款做某些变动，报价可降低多少”，由此可报一个较低的价格。这样可以降低总价，吸引业主。

③增加建议方案法。

有时招标文件规定，可以提出一个建议方案，即是可以修改原设计方案，提出投标者的方案。投标者这时应抓住机会，组织一批有经验的设计和施工工程师，对原招标文件的设计和施工方案仔细研究，提出更合理的方案以吸引业主，促成自己的方案中标。这种新建议方案可以降低总造价或是缩短工期，或使工程运用更为合理。

运用增加建议方案法时，要注意三点，一、对原招标方案一定也要报价，这反映了对原招标文件内容的响应。二、建议方案一定要比较成熟，有很好的可操作性。三、建议方案不要写得太具体，要保留方案的技术关键，防止业主将此方案交给其他承包人。

【案例4-2】 某承包人通过资格预审后，对招标文件进行了仔细分析，发现业主所提出的工期要求过于苛刻，且合同条款中规定每拖延1天工期罚合同价的1‰。若要保证实施该工期要求，必须采取特殊措施，从而大大增加成本；还发现原设计结构方案采用框架剪力墙体系过于保守。因此，该承包人在投标文件中说明业主的工期要求难以实现，因而按自己认为的合理工期（比业主要求的工期增加6个月）编制施工进度计划并据此报价；还建议将框架剪力墙体系改为框架体系，并对者两种结构体系进行了技术经济分析和比较，证明框架体系不仅能保证工程结构的可靠性和安全性、增加使用面积、提高空间利用的灵活性，而且可以降低造价约3%。

问题：该承包人运用了哪些报价技巧、其运用是否得当？

【答】 该承包人运用了两种投标技巧，即多方案报价法和增加建议方案法。

多方案报价法运用不当，因为运用该报价技巧时，必须对原方案报价，即对业主提出的原工期要求进行报价，而该承包人在投标时仅说明了该工期要求难以实现，却并未报出相应的投标价；增加建议方案法运用得当，由于该承包人通过对两个结构体系方案的技术经济分析和比较，说明承包人对两个方案均报了价，并论证了建议方案（框架体系）的技术可行性和积极合理性，这对业主具有很强的说服力。

④费用构成调整报价。

A. 计日工单价的报价

如果是单纯报计日工单价，而且不计入总价时，可以报高些，以便在业主额外用工或使用机械时可多盈利。但如果计日工单价要计入总报价时，则需具体分析是否报高价，以免抬高总报价。

B. 暂定工程量的报价

暂定工程量有三种：第一种是业主规定了暂定工程量的分项内容和暂定总价款，规定所有投标人都必须在总报价中加入这笔固定金额，但由于分项工程量不很准确，允许将来按投标人所报单价和实际完成的工程量付款。这种情况由于暂定总价款是固定的，对总报价水平竞争力没有任何影响，因此，投标时应将暂定工程量的单价适当提高，这样既不会因为今后工程量变更而吃亏，也不会削弱投标报价的竞争力；第二种业主列出了暂定工程量的项目和数量，但并没有限制这些工程量的估价总价款，要求投标人既列出单价，也应按暂定项目的数量计算总价，当将来结算付款时可按实际完成的工程量和所报单价支付。这种情况，投标人必须慎重考虑，如果单价定高了，会增大总报价，影响投标报价的竞争力，如果单价定低了，将来这类工程量增大，会影响收益，一般来说，这类工程可以采用正常价格；第三种只有暂定工程的一笔固定总金额，至于金额将来的用途由业主确定。这种情况对投标竞争没有实际意义，投标人按招标文件要求将规定的暂定金额列入总报价即可。

C. 阶段性报价

大型分期建设工程，在一期工程投标时，可以将部分间接费分摊到二期工程，少计利润争取中标。这样在二期工程招标时，凭借第一期工程的经验、临时设施，以及创立的信誉，比较容易中标。但应注意分析二期工程实现的可能性，如开发前景不明确，后续资金来源不明确，实施二期工程可能性不大，则不宜考虑此种报价技巧。

D. 无利润报价

缺乏竞争优势的承包人，在某些不得已的情况下，为了中标其报价不能考虑自身利润。这种报价一般是处于以下情况采用：有可能在得标后，将大部分工程包给索价较低的分包商；分期建设的项目，先以低价获得首期工程，而后赢得机会创造二期工程中的竞争优势，在以后的实施中赚得利润；长时期承包人没有在建的工程项目，如果再不中标，企业难以维持生存，因此，虽然本工程无利可图，但只要能维持工程的日常运转，就可以设法渡过暂时的困难，以图将来东山再起。

⑤突然降价法。

这是针对竞争对手采取的一种报价技巧，其运用的关键在于突然性：先按一般情况报价或表现出自己对该工程兴趣不大，到快要投标截止时，才突然降价。这起到了迷惑竞争对手的作用。但要注意降价幅度应控制在自己的承受能力范围以内，且降价报出的时间一定要在投标截止时间之前，否则，降价无效。

如：某承包人参与某厂房项目的投标，在经过对招标文件仔细研究后，编制了投标文件，并于投标截止日期前1天上午将投标文件报送业主。次日（即投标截止日当天）下午，在规定的开标时间前1小时，该承包人又递交了一份补充协议，其中声明将原报价降低4%，最终，该投标人中标。在这个案例中，投标人很好的运用了突然降价法。首先原投标文件的递交时间比规定的投标截止时间仅提前1天，这既是符合常理的，又为竞争对手调整、确定最终报价留有一定的时间，起到了迷惑竞争对手的作用。若提前时间太多，会引起竞争对手的怀疑，而在开标前1小时突然递交一份补充文件，这时竞争对手已不能再调整报价了，最终该投标人赢得项目。

⑥许诺优惠条件。

投标报价时附带优惠条件是行之有效的一种手段。招标人评标时，一般除了考虑报价和技术方案外，还要分析其他条件，如工期、支付条件等。因此，投标人可主动提出提前竣工，低息贷款、赠与施工设备、免费转让某种新技术、免费技术协作、代为培训人员等，这些均是吸引业主、利于中标的辅助手段。在鲁布革工程招标中，日本大成公司开标后承诺相应的优惠条件，如给予中方分包部分工程、赠与施工设备以及免费培训中方水电施工队伍等，这些优惠条件的提出对于大成公司最后中标起到了重要作用。

3. 工程合同价的确定

建设工程施工合同价格的确定主要有三种：固定合同价、可调合同价和成本加酬金合同价。

(1) 固定合同价

固定合同价是指合同中确定的指工程合同价在实施期间不因价格变化而调整。固定合同价可分为固定合同总价和固定合同单价两种。

1) 固定合同总价：是指承包整个工程的合同价款总额已经确定，在工程实施中不再因环境的变化和工程量的增减而变化，所以，固定合同总价应考虑价格风险因素，也须在合同中明确规定合同总价包括的范围。

这类合同价可以使业主对总开支做到大体心中有数，在施工过程中可以更有效地控制资金的使用。但对承包人来说，要承担全部的工作量和价格的风险，工作量风险有工程量计算错误、工程范围不确定、工程变更或者由于设计深度不够所造成的误差等；价格风险有报价计算错误、漏报项目、物价和人工费上涨等，因此，承包人在报价时应对一切费用的价格变动因素以及不可预见因素做充分的估计，并将其包含在合同价格之中。

固定合同总价的特点：

①发包人可以在报价竞争状态下确定项目的总造价，可以较早确定或预测工程成本；

②承包人承担较大风险，其报价应充分考虑不可预见等费用；

③评标时易于迅速确定最低报价的投标人；

④在施工进度上能极大地调动承包人的积极性；

⑤发包人能更容易、更有把握地对项目进行控制；

⑥必须完整而明确地规定承包人的工作；

⑦必须将设计和施工方面的变化控制在最小限度内。

固定合同总价适用于以下情况：

①工程量小、工期短，估计在施工过程中环境因素变化小，工程条件稳定并合理；

②工程设计详细，图纸完整、清楚，工程任务和范围明确；

③工程结构和技术简单，风险小；

④投标期相对宽裕，承包人可以有充足的时间详细考察现场、复核工程量，分析招标文件，拟订施工计划。

2）固定合同单价：是指合同中确定的各项单价在工程实施期间不因价格变化而调整，而在每月（或每阶段）工程结算时，根据实际完成的工程量结算，在工程全部完成时以竣工图的工程量最终结算工程总价款。这类合同价，由于无论发生哪些影响价格的因素都不得对单价进行调整，因而对承包人而言，承担了单价变化的风险。

固定合同单价适用于工期较短、工程量变化幅度不会太大的项目。

（2）可调合同价

可调合同价是指合同中确定的工程合同价在实施期间可随价格变化而调整。业主和承包人在商订合同时，以招标文件的要求及当时的物价计算出合同总价。如果在执行合同期间，由于通货膨胀引起成本增加达到某一限度时，合同总价则做相应调整。可调合同价使业主承担了通货膨胀的风险，承包人则承担其他风险。一般适合于工期较长（如一年以上）的项目。

根据《建设工程施工合同示范文本》（GF—1999—0201），合同双方可约定，在以下条件下可对合同价款进行调整：

1）法律、行政法规和国家有关政策变化影响合同价款；

2）工程造价管理部门公布的价格调整；

3）一周内非承包人原因停水、停电、停气造成的停工累计超过 8 小时；

4）双方约定的其他因素。

（3）成本加酬金合同价

成本加酬金合同价又称成本补偿合同价，这是与固定合同总价正好相反的一种合同价格形式，它是指合同价中工程成本部分按现行计价依据计算，酬金部分则按工程成本乘以通过竞争确定的费率计算，将两者相加，确定出合同价。采用这种合同价格，承包人不承担任何价格变化或工程量变化的风险，这些风险主要由业主承担，对业主的投资控制很不利。而承包人则往往缺乏控制成本的积极性，常常不仅不愿意控制成本，反而是期望通过提高成本以提高自己的经济效益。所以，应尽量避免采用这种合同价格。

成本加酬金合同价通常用于如下情况：

1）工程特别复杂，工程技术、结构方案不能预先确定，或者尽管可以确定工程技术和结构方案，但是不可能进行竞争性的招标活动并以总价或单价合同的形式确定承包人，如研究开发性质的工程项目。

2）时间特别紧迫，如抢救、救灾工程，来不及进行详细的计划和商谈。

成本加酬金合同价一般有以下几种形式：

1）成本加固定百分比酬金确定的合同价。

这种合同价是发包人对承包人支付的人工、材料和施工机械使用费、措施费、施工管理费等按实际直接成本全部据实补偿，同时按照实际承接成本的固定百分比付给承包人一笔酬金，作为承包人的利润。

这种方式的报酬费用总额随成本加大而增加，不利于缩短工期和降低成本，一般在工程初期很难描述工作范围和性质，或工期紧迫，无法按常规编制招标文件时采用。

2）成本加固定金额确定的合同价。

这种合同价与上述成本加固定百分比酬金合同价相似，其不同之处仅在于发包人付给承包人的酬金是一笔固定金额的酬金。如果设计变更或增加新项目，当费用超过原估算成本一定比例（如10%）时，固定的报酬也要增加。

在工程总成本一开始估计不准，可能变化不大的情况下，可以采用此合同价格形式，有时可分几个阶段谈判付给固定报酬。这种方式虽然不能鼓励承包人降低成本，但为了尽快得到酬金，承包人会尽力缩短工期。

3）成本加奖罚确定的合同价。

采用这种合同价，首选要确定一个目标成本，这个目标成本是根据粗略估算的工程量和单价表编制出来的，在此基础上，根据工程实际成本支出情况另外确定一笔奖金。奖金的额度应当在合同中根据估算指标规定的一个底点（估算成本60%～75%）和顶点（估算成本110%～135%）来确定，承包人在估算指标的顶点以下完成工程，则可得到奖金，超过顶点则要对超出部分支付罚款。如果成本在底点之下，则可加大酬金值或酬金百分比。采用这种方式应注意：当实际成本超过顶点对承包人罚款时，最大罚款限额不超过原先商定的最高酬金值。

在招标时，当图纸、规范等准备不充分，仅能制定一个估算指标时可采用这种形式。

4）最高限额成本加固定最大酬金确定的合同价。

采用这种合同价，首先要确定限额成本、报价成本和最低成本，当实际成本没有超过最低成本时，承包人花费的成本费用及应得酬金等都可得到发包人的支付，并与发包人分享节约额；如果实际工程成本在最低成本和报价成本之间，承包人只能得到成本和酬金；如果实际工程成本在报价成本与最高限额成本之间，则只能得到全部成本；实际工程成本超过最高限额成本时，则超过部分发包人不予支付。在非代理型（风险型）CM模式的合同中就采用这种方式。

在施工承包合同中采用成本加酬金计价方式时，业主与承包人应该注意以下问题：

1）必须有一个明确的如何向承包人支付酬金的条款，包括支付时间和金额百分比。

如果发生变更和其他变化，酬金支付如何调整；

2）应该列出工程费用清单，要规定一套详细的工程现场有关的数据记录、信息存储甚至记账的格式和方法，以便对工地实际发生的人工、机械和材料消耗等数据认真而及时地记录。

【案例 4-3】 一大型商业网点开发项目，为中外合资项目，我国一承包人采用固定合同总价的形式承包土建工程。由于工程巨大，设计图纸简单，做标期短，承包人无法精确核算，其中钢筋工程报出的工程量为 1.2 万吨。施工中，钢筋实际工程量达到 2.5 万吨，承包人就此增加费用 600 万美元，要求发包人给予赔偿。

问题：

（1）本工程采用固定总价合同是否妥当，为什么？

（2）发包人是否应该给予承包人赔偿，为什么？

【答】（1）不妥当。因为本工程工程量大、设计图纸简单，无法精确计算工作量，对于承包人来说存在的风险很大。

（2）发包人不应该给予赔偿。由于本合同形式采用固定合同总价形式，承包人应承担全部工程量以及价格的风险，发生的损失自行承担。

【案例 4-4】 2005 年 6 月某市受台风的影响，遭受了 50 年一遇的特大暴雨袭击，造成了一些民用房屋的倒塌。为了对倒塌房屋、重度危房户实行集中安置重建，确保灾后重建顺利开展，市政府及有关部门组成领导小组，决定利用各级财政以及慈善的补助专款，进行统一规划、统一设计、统一征地、统一建设 2 栋住宅楼。投资概算为 1800 万元。为了确保灾后房屋倒塌户在春节前住进新房，该重建工程计划从 8 月 1 日起施工，要求主体工程在 12 月底全部完工。因情况紧急，建设单位邀请本市 3 家有施工经验的一级施工资质企业进行竞标，考虑到该项目的设计与施工必须马上同时进行，采用了成本加酬金的合同形式，通过商务谈判，选定一家施工单位签订了施工合同。

问题：

（1）本工程采用成本加酬金合同价是否合适？说明理由。

（2）采用成本加酬金合同价有何不足之处？

【答】（1）该工程采用成本加酬金的合同形式是合适的，因为该项目工程非常紧迫，设计图纸未完成，且来不及确定其工程造价。

（2）采用成本加酬金合同的缺点是：①工程造价不易控制，业主承担了项目的全部风险；②承包人往往不注意降低成本；③承包人的报酬一般比较低。

（三）建筑工程施工合同

1. 建设工程施工合同类型及选择

建设工程施工合同是发包人与承包人之间为完成商定的建设工程项目施工，确定双方权利和义务的协议。依照施工合同，承包方应完成一定的建筑、安装工程施工任务，发包方应提供必要的施工条件并支付工程价款。建设工程施工合同是建设工程合同的一种，它与其他建设工程合同一样是一种双务合同，在订立合同时应遵守自愿、公平、诚实信用等原则。

建设工程施工合同的当事人是发包人和承包人，双方是平等的民事主体。承发包双方签订施工合同，必须具备相应资质和履行施工合同的能力。

在建设工程施工合同履行中，业主实行的是以工程师为核心的管理体系。工程师是指监理单位委派的总监理工程师或发包人指定的履行合同的负责人，其具体身份和职权由发包人、承包人在专用条款中约定。

(1) 建设工程施工合同特点

1) 合同主体的严格性

合同的主体必须具有履约能力。发包人一般只能是经过批准进行工程项目建设的法人，必须有国家已批准的建设项目，落实了投资来源，并且应具备相应的组织管理能力；承包人必须具备法人资格，而且应当具备相应的施工资质。无营业执照或无承包资质的单位不能作为建设工程施工合同的主体，资质等级低的单位不能越级承包建设单位。

2) 合同标的特殊性

建筑工程施工合同的标的是各类建筑产品。建筑产品是不动产，这就决定了每个建筑施工合同的标的都是特殊的，相互间具有不可替代性；这还决定了施工生产的流动性。另外，建筑产品的类别庞杂，每一个建筑产品都需单独设计和施工（即使可重复利用标准设计或重复使用图纸，也会有必要的设计修改才能施工）。建筑产品的单件性生产，决定了建筑工程施工合同标的的特殊性。

3) 合同履行期限的长期性

建设工程由于结构复杂、体积大、建筑材料类型多、工作量大，使得合同履行期限都较长。而且，建设工程合同的订立和履行一般都需要较长的准备期，在合同的履行过程中，还可能因为不可抗力、工程变更、材料供应不及时等原因而导致合同期限顺延。所有这些情况，决定了建设工程施工合同的履行期限具有长期性。

4) 计划和程序的严格性

订立建设工程施工合同必须以国家批准的投资计划为前提。即使建设项目是非国家投资的，以其他方式筹集的投资也要受到当年的贷款规模和批准限额的限制。建设工程施工合同的订立和履行还必须符合国家关于建设程序的规定，并满足法定或其内在规律所必须要求的前提条件。

5) 合同形式的特殊要求

考虑到建设工程的重要性和复杂性，在建设过程中经常会发生影响合同履行的纠纷，因此《合同法》第二百七十条规定，建设工程合同应当采用书面形式。

(2) 工程项目合同的分类

工程项目合同可分为以下几种：

1) 总价合同。总价合同是指在合同中确定一个完成项目的总价、承包单位据此完成项目全部内容的合同。这种合同类型能够使建设单位在评标时易于确定报价最低的承包人、易于进行支付计算。但这类合同仅适用于工程量不太大且能精确计算，工期较短、技术不太复杂、风险不大的项目。因而采用这种合同类型要求建设单位必须准备详细而全面的设计图纸和各项说明，使承包人能准确计算工程量。

固定合同总价的特点：

①发包人可以在报价竞争状态下确定项目的总造价，可以较早确定或预测工程成本；

②承包人承担较大风险，其报价应充分考虑不可预见等费用；

③评标时易于迅速确定最低报价的投标人；

④在施工进度上能极大地调动承包人的积极性；

⑤发包人能更容易、更有把握地对项目进行控制；

⑥必须完整而明确地规定承包人的工作；

⑦必须将设计和施工方面的变化控制在最小限度内。

2）单价合同。当施工发包的工程内容和工程量一时尚不能十分明确、具体地予以规定时，则可以采用单价合同形式。

这类合同的适用范围比较宽，其风险可以得到合理的分摊，并且能鼓励承包人通过提高工效等手段从成本节约中提高利润。这类合同能够成立的关键在于双方对单价和工程量计算方法的确认。在合同履行中需要注意的问题则是双方对实际工程量的确认。

3）成本加酬金合同。成本加酬金合同，是由业主向承包人支付工程项目的实际成本，并按事先约定的某一种方式支付酬金的合同类型。在这类合同中，业主需承担项目实际发生的一切费用，因此也就承担了项目的全部风险。而承包人由于无风险，其报酬往往也较低。

这类合同的缺点是业主对工程总造价不易控制，承包人也往往不注意降低项目成本。

我国《施工合同文本》在确定合同计价方式时，考虑我国的具体情况和工程计价的有关管理规定，确定有固定价格合同、可调价格合同和成本加酬金合同。

(3）合同类型的选择

选择合同类型应考虑以下因素：

1）项目规模和工期长短。如果项目的规模较小，工期较短，则合同类型的选择余地较大，总价合同、单价合同及成本加酬金合同都可选择，但业主为了不承担风险，更愿意选择总价合同，此类项目，承包人由于承担风险不大，也同意选择总价合同。

2）项目的复杂程度。如果项目的复杂程度较高，说明一是对承包人的技术水平要求高；二是项目的风险较大。因此，承包人对合同的选择有较大的主动权，总价合同被选用的可能性较小。如果项目的复杂程度低，则业主对合同类型的选择握有较大的主动权。

3）项目的竞争情况。如果对于某一项目，愿意承包的承包人较多，则业主拥有较多的主动权，可按照总价合同、单价合同、成本加酬金合同的顺序进行选择。如果愿意承包项目的承包人较少，则承包人拥有的主动权较多，可以尽量选择承包人愿意采用的合同类型。

4）项目的单项工程的明确程度。如果单项工程的类别和工程量都已十分明确，则可选用的合同类型较多，总价合同、单价合同、成本加酬金合同都可以选择。如果单项工程的分类已详细而明确，但实际工程量与预计的工程量可能有较多出入时，则应优先选择单价合同，此时单价合同为最合理的合同类型。

5）项目准备时间的长短。对于不同合同类型，项目准备时间的长短不同。对于一些非常紧急的项目如抢险救灾等项目，由于给业主和承包人的准备时间都非常短，因此，只能采用成本加酬金合同形式。反之，则可采用单价或总价合同。

6）项目的外部环境因素。项目的外部环境因素包括：项目所在地区的政治局势、经济局势、当地劳动力素质、交通、生活条件等。如果项目的外部环境恶劣则意味着项目的成本高、风险大、不可预测的因素多，承包人很难接受总价合同方式，而较适合采用成本加酬金合同。

2. 建设工程施工合同文本的主要条款

(1)《施工合同示范文本》简介

根据有关工程建设施工的法律、法规，结合我国工程建设施工的实际情况，并借鉴了国际上广泛使用的土木工程施工合同（特别是FIDIC土木工程施工合同条件），1999年12月24日建设部、国家工商行政管理局发布了《建设工程施工合同示范文本》（GF—1999—0201）(以下简称《施工合同文本》)，在全国推荐使用。

施工合同示范文本订立的目的在于规范当事人的合同行为，避免违法、意思表示不真实、合同内容缺款少项或显失公平等现象的发生；提高履约率；有助于合同的管理、仲裁或诉讼工作开展，保障国家和社会的公共利益及当事人的合法权益；更好贯彻执行《合同法》、《建筑法》等法律法规。

《施工合同文本》由《协议书》、《通用条款》、《专用条款》三部分组成，并附有三个附件：附件一《承包人承揽工程项目一览表》、附件二《发包人供应材料设备一览表》、附件三《工程质量保修书》。

1)《协议书》

《协议书》是《施工合同文本》中总纲性文件，概括了当事人双方最主要的权利、义务，规定了合同工期、质量标准和合同价款等实质性内容；载明了组成合同的各个文件；并经合同双方签字和盖章认可而使合同成立的重要文件。

2)《通用条款》

《通用条款》是根据我国的法律、行政法规，参照国际惯例，并结合土木工程施工的特点和要求，将建设工程施工合同中共性的一些内容抽象出来编写的一份完整的合同文件。《通用条款》是双方当事人进行合同谈判的基础，它具有很强的通用性，基本适用于各类公用建筑、民用住宅、工业厂房及线路管道的施工和设备安装等要求。

《通用条款》的内容由法定的内容或无须双方协商的内容（如工程质量、检查和返工、重检验以及安全施工）和应当双方协商才能明确的内容（如进度计划、工程款的支付、违约责任的承担等）两部分组成。具体来说《通用条款》包括11部分47条内容：

①词语定义及合同文件；

②双方一般权利和义务；

③施工组织设计和工期；

④质量与检验；

⑤安全施工；

⑥合同价款与支付；

⑦材料、设备供应；

⑧工程变更；

⑨竣工验收与结算；

⑩违约、索赔和争议；

⑪其他。

3)《专用条款》

考虑到不同建设工程项目的施工内容各不相同，工期、造价也随之变动，承包人、发包人各自的能力、施工现场的环境也不相同，《通用条款》不能完全适用于各个具体工程，因此配之以《专用条款》对其作必要的修改和补充，使《通用条款》和《专用条款》成为双方统一意愿的体现。

《专用条款》的条款号与《通用条款》相一致，由当事人根据工程的具体情况予以明确或者对《通用条款》进行修改。如《通用条款》中第9.1（2）条规定：承包人应向工程师提供年、季、月度工程进度计划及相应的进度统计报表，而《专用条款》中第9.1（2）条规定了承包人就应提供计划、报表的名称及完成时间。很显然专用条款是对通用条款规定内容的确认与具体化。

4）附件

《承包人承揽工程项目一览表》说明承包人近3～5年承揽工程项目的综合情况。包括工程名称、建设规模、建筑面积、结构形式、层数、跨度、设备安装内容、工程造价、开工日期和竣工日期等内容。

《发包人供应材料设备一览表》说明发包人对工程项目供应材料设备的基本情况。包括材料设备品种、规格型号、单位、数量、单价、质量等级、供应时间、送达地点等内容。

《工程质量保修书》说明承包人在质量保修期内按照有关管理规定及双方约定承担的工程质量保修责任。

附件是对施工合同当事人的权利、义务的进一步明确，并且使得施工合同当事人的有关工作一目了然，便于执行和管理。

（2）施工合同文件的组成及解释顺序

《施工合同文本》规定了施工合同文件的组成及解释顺序：

1）施工合同协议书；

2）中标通知书；

3）投标书及其附件；

4）施工合同专用条款；

5）施工合同通用条款；

6）标准、规范及有关技术文件；

7）图纸；

8）工程量清单；

9）工程报价单或预算书。

双方有关工程的洽商、变更等书面协议或文件均视为施工合同的组成部分。

当合同文件中出现不一致时，上面的顺序就是合同的优先解释顺序。所谓优先解释顺序是指合同文件各组成部分应当能相互补充、互为说明，不能自相矛盾，如果自相矛盾或分歧或不一致时则排序后面的内容应服从排序前面的内容，遵循前面内容优先的原则以解决矛盾或分歧或不一致的问题。

（3）施工合同主要条款：

1）双方的一般权利及义务

①发包人工作：

A. 根据专用条款约定的内容和时间，发包人应分阶段或一次完成以下工作：

a. 办理土地征用、拆迁补偿、平整施工场地等工作，使施工场地具备施工条件，并在开工后继续解决以上事项的遗留问题。

b. 将施工所需水、电、通讯线路从施工场地外部接至专用条款约定地点，并保证施工期间需要。

c. 开通施工场地与城乡公共道路的通道，以及专用条款约定的施工场地内的主要交通干道，满足施工运输的需要，保证施工期间的畅通。

d. 向承包人提供施工场地的工程地质和地下管线资料，保证数据真实，位置准确。

e. 办理施工许可证和临时用地、停水、停电、中断道路交通、爆破作业以及可能损坏道路、管线、电力、通讯等公共设施法律、法规规定的申请批准手续及其他施工所需的证件（证明承包人自身资质的证件除外）。

f. 确定水准点与坐标控制点，以书面形式交给承包人，并进行现场核验。

g. 组织承包人和设计单位进行图纸会审和设计交底。

h. 协调处理施工现场周围地下管线和邻近建筑物、构筑物（包括文物保护建筑）、古树名木的保护工作，并承担相关费用。

i. 组织做好施工工程竣工验收工作。

j. 发包人应做的其他工作，双方在专用条款内约定。

发包人可以将上述部分工作委托承包人办理，具体内容由双方在专用条款内约定，其费用由发包人承担。

B. 有关施工许可证的工作。

根据《建筑工程施工许可管理办法》（建设部 2001 年颁发）规定：从事各类房屋建筑及附属设施的建筑、装饰装修和与其配套的线路、管道、设备的安装以及城镇市政基础设施工程的施工，建设单位应向工程所在地的县级以上人民政府建设行政主管部门（以下称发证机关）申请领取施工许可证。

建设单位申请领取施工许可证，应当具备下列条件，并提交相应的证明文件：

a. 已经办理该建筑工程用地批准手续；

b. 在城市规划区的建筑工程，已经取得建设工程规划许可证；

c. 施工现场已经基本具备施工条件，需要拆迁的，其拆迁进度符合施工要求；

d. 已经确定施工企业。依照规定应当招标的工程没有招标，应当公开招标的工程没有公开招标，或者肢解发包工程以及将工程发包给不具备相应资质条件的，所确定的施工企业无效；

e. 已满足施工需要的施工图纸及技术资料，施工图设计文件已按规定进行了审查；

f. 有保证工程质量和安全的具体措施。

g. 按照规定应该委托监理的工程已委托监理；

h. 建设资金已经落实。建设工期不足一年的，到位资金原则上不得少于工程合同价的 50%，建设工期超过一年的，到位资金原则上不得少于合同价的 30%。

i. 法律行政法规规定的其他条件。

C. 有关施工竣工验收工作。

建设单位收到竣工验收报告后 28 天内组织有关部门验收，并在验收后 14 天内给予认可或提出修改意见。

建设单位自工程竣工验收合格之日起15日内，根据《房屋建筑工程和市政基础设施工程竣工验收备案管理暂行办法》（建设部2000年颁发）规定，向工程所在地的县级以上地方人民政府建设行政主管部门（简称备案机关）备案。

建设单位办理工程竣工验收备案应当提交下列文件：

a. 工程竣工验收备案表；

b. 工程竣工验收报告。包括工程报表日期、施工许可证号、施工图设计文件审查意见。勘察、设计、施工、工程监理等单位分别签署的质量合格文件及验收人员签署的竣工验收原始文件，市政基础设施的有关质量检测和功能性试验资料以及备案机关认为需要提供的有关资料；

c. 法律、行政法规规定应当由规划、公安、消防、环保等部门出具的认可文件或者准许使用文件；

d. 施工单位签署的工程质量维修书；

e. 法律、行政法规规定必须提供的其他文件。

发包人不按合同约定完成以上义务，导致工期延误或给承包人造成损失的，赔偿承包人的有关损失，延误的工期相应顺延。

②承包人工作：

按专用条款约定的内容和时间，承包人负责完成以下工作：

A. 根据发包人的委托，在其设计资质等级和业务允许的范围内，完成施工图设计或与工程配套的设计，经工程师确认后使用，发生的费用由发包人承担。

B. 向工程师提供年、季、月工程进度计划及相应进度统计报表。

C. 按工程需要提供和维修非夜间施工使用的照明、围栏设施，并负责安全保卫。

D. 按专用条款约定的数量和要求，向发包人提供在施工现场办公和生活的房屋及设施，发生费用由发包人承担。

E. 遵守有关部门对施工场地交通、施工噪音以及环境保护和安全生产等的管理规定，按管理规定办理有关手续，并以书面形式通知发包人，发包人承担由此发生的费用，但因承包人责任造成的罚款除外。

F. 已竣工工程未交付发包方之前，承包人按专用条款约定负责已完工程的成品保护工作，保护期间发生损坏，承包人自费予以修复。要求承包人采取特殊措施保护的单位工程的部位和相应追加合同价款，在专用条款内约定。

G. 按专用条款的约定做好施工现场地下管线和邻近建筑物、构筑物（包括文物保护建筑）、古树名木的保护工作。

H. 保证施工场地清洁符合环境卫生管理的有关规定。交工前清理现场达到专用条款约定的要求，承担因自身原因违反有关规定造成的损失和罚款。

I. 承包人应做的其他工作，双方在专用条款内约定。

承包人不履行上述各项义务，造成发包人损失的，应对发包人的损失给予赔偿。

③工程师：

A. 工程师的产生。

工程师包括监理单位委派的总监理工程师或者发包人指定的在施工合同履行过程中建设单位的现场代表两种情况。

a. 发包人委托监理的项目

发包人可以委托监理单位，全部或者部分负责合同的履行。工程施工监理应当依据法律、行政法规及有关的技术标准、设计文件和建设工程施工合同，对承包人在施工质量、建设工期和建设资金使用等方面，代表发包人实施监督。发包人应当将委托的监理单位名称、监理内容及监理权限以书面形式通知承包人。

监理单位委派的总监理工程师在施工合同中称为工程师。总监理工程师是经监理单位法定代表人授权，派驻施工现场的总负责人。总监理工程师行使监理合同赋予监理单位的权利和义务，全面负责受托工程的建设监理工作。监理单位委派的总监理工程师姓名、职务、职责应当向发包人报送，在施工合同的专用条款中应当写明总监理工程师的姓名、职务、职责。

b. 发包人派驻代表

发包人派驻施工场地履行合同的代表在施工合同中也称工程师。发包人代表是经发包人单位法定代表人授权，派驻施工现场的负责人，其姓名、职务、职责在专用条款内约定，但职责不应与监理单位委派的总监理工程师职责相互交叉。

B. 工程师的职责。

a. 委派具体管理人员

工程师可委派工程师代表等具体管理人员，行使自己的部分权力和职责，并在认为必要时撤回委派。委派和撤回均应提前 7 天以书面形式通知承包人，负责监理的工程师还应将委派和撤回通知发包人。委派书和撤回通知作为合同附件。

工程师代表在工程师授权范围内向承包人发出的任何书面形式的函件，与工程师发出的函件效力相同。

b. 发布指令、通知

工程师的指令、通知由其本人签字后，以书面形式交给项目经理，项目经理在回执上签署姓名和收到时间后生效。确有必要时，工程师可发出口头指令，并在 48 小时内给予书面确认，承包人对工程师的指令应予执行。工程师不能及时给予书面确认，承包人应于工程师发出口头指令后 7 天内提出书面确认要求。工程师在收到承包人确认要求后 48 小时内不予答复，应视为承包人要求已被确认。承包人认为工程师指令不合理，应在收到指令后 24 小时内提出书面申告，工程师在收到承包人申告后 24 小时内作出修改指令或继续执行原指令的决定，并以书面形式通知承包人。紧急情况下，工程师要求承包人立即执行的指令或承包人虽有异议，但工程师决定仍继续执行的指令，承包人应予执行。因指令错误发生的费用和给承包人造成的损失由发包人承担，延误的工期相应顺延。

工程师代表在其权限范围内发出的指令和通知，视为工程师发出的指令和通知，但工程师可以纠正工程师代表发出的指令和通知。除工程师和工程师代表外，发包人驻工地的其他人员均无权向承包人发出任何指令。

c. 应当及时完成自己的职责。工程师应按合同约定，及时向承包人提供所需指令、批准、图纸并履行其他约定的义务，否则承包人在约定时间后 24 小时内将具体要求、需要的理由和延误的后果通知工程师，工程师收到通知后 48 小时内不予答复，应承担延误造成的追加合同价款，并赔偿承包人有关损失，顺延延误的工期。

d. 做出处理决定。在合同履行中，发生影响承发包双方权利或义务的事件时，工程师应依据合同在其职权范围内客观公正地进行处理。为保证施工正常进行，承发包双方应尊重和执行工程师的决定。承包人对工程师的处理有异议时，按照合同约定争议处理办法解决。

2）工程进度控制

进度控制，是施工合同管理的重要组成部分。合同当事人应当在合同规定的工期内完成施工任务，发包人应当按时做好准备工作，承包人应当按照施工进度计划组织施工。

施工合同的进度控制可以分为施工准备阶段、施工阶段和竣工验收阶段的进度控制。

①施工准备阶段的进度控制：

A. 合同双方约定合同工期。

施工合同工期，是指工程从开工起到完成施工合同专用条款双方约定的全部内容，工程达到竣工验收标准所经历的时间。具体包括开工日期、竣工日期和合同工期的总日历天数（包括法定节假日在内）。

开工日期是指发包人、承包人在协议书中约定，承包人开始施工的绝对或相对的日期。

竣工日期是指发包人、承包人在协议书中约定，承包人完成承包范围内工程的绝对或相对的日期。

B. 承包人提交进度计划。

承包人应当在专用条款约定的日期，将工程进度计划提交工程师。群体工程中采取分阶段进行施工的单项工程，承包人则应按照发包人提供图纸及有关资料的时间，按单项工程编制进度计划，分别向工程师提交。

工程师接到承包人提交的进度计划后，应当予以确认或者提出修改意见，时间限制则由双方在专用条款中约定。如果工程师逾期不确认也不提出书面意见，则视为已经同意。

C. 其他准备工作。

在开工前，合同双方还应当做好其他各项准备工作。如发包人应当按照专用条款的规定使施工现场具备施工条件、开通施工现场与公共道路，承包人应当做好施工人员和设备的调配工作。

D. 延期开工。

a. 承包人要求的延期开工

承包人应当按照协议书约定的开工日期开工。承包人不能按时开工，应当不迟于协议书约定的开工日期前 7 天，以书面形式向工程师提出延期开工的理由和要求。工程师应当在接到延期开工申请后的 48 小时内以书面形式答复承包人。工程师在接到延期开工申请后的 48 小时内不答复，视为同意承包人的要求，工期相应顺延。

如果工程师不同意延期要求或承包人未在规定时间内提出延期开工要求，工期不予顺延。

b. 发包人原因的延期开工

因发包人的原因不能按照协议书约定的开工日期开工，工程师应以书面形式通知承包人，推迟开工日期。发包人赔偿承包人因延期开工造成的损失，并相应顺延工期。

②施工阶段的进度控制：

A. 进度计划的执行。

承包人有义务按照工程师确认的进度计划组织施工，接受工程师对进度的检查、监督。工程实际进度与经确认的进度计划不符时，承包人应当按照工程师的要求提出改进措施，经工程师确认后执行。因承包人的原因导致实际进度与进度计划不符，承包人无权就改进措施提出追加合同价款。

工程师应当随时了解施工进度计划执行过程中所存在的问题，并帮助承包人予以解决，特别是承包人无力解决的内外关系协调问题。

B. 暂停施工。

a. 工程师要求的暂停施工

工程师在确有必要时，应当以书面形式要求承包人暂停施工，不论暂停施工的责任在发包人还是在承包人。工程师应当在提出暂停施工要求后 48 小时内提出书面处理意见。承包人应当按照工程师的要求停止施工，并妥善保护已完工工程。承包人实施工程师做出的处理意见后，可提出书面复工要求，工程师应当在 48 小时内给予答复。工程师未能在规定时间内提出处理意见，或收到承包人复工要求后 48 小时内未予答复，承包人可以自行复工。

因发包人原因造成停工的，由发包人承担所发生的追加合同价款，赔偿承包人由此造成的损失，相应顺延工期；因承包人原因造成停工的，由承包人承担发生的费用，工期不予顺延。因为工程师不及时做出答复，导致承包人无法复工的，由发包人承担违约责任。

b. 由于发包人违约，承包人主动暂停施工

当发包人出现某些违约情况时，承包人可以暂停施工。这是承包人保护自己权益的有效措施。

c. 意外情况导致的暂停施工

在施工过程中出现一些意外情况，如果需要暂停施工，则承包人应暂停施工。在这些情况下，工期是否给予顺延应视风险责任的承担确定。如发现有价值的文物、发生不可抗力事件等，风险责任应当由发包人承担，故应给予承包人工期顺延。

C. 工期延误。

因以下原因造成工期延误，经工程师确认，工期相应顺延：

a. 发包人不能按专用条款的约定提供开工条件；

b. 发包人不能按约定日期支付工程预付款、进度款，致使工程不能正常进行；

c. 工程师未按合同约定提供所需指令、批准等，致使施工不能正常进行；

d. 设计变更和工程量增加；

e. 一周内非承包人原因停水、停电、停气造成停工累计超过 8 小时；

f. 不可抗力；

g. 专用条款中约定或工程师同意工期顺延的其他情况。

承包人在以上情况发生后 14 天内，就延误的工期以书面形式向工程师提出报告。工程师在收到报告后 14 天以内予以确认，逾期不予以确认也不提出修改意见，视为同意顺延工期。

不可抗力：因战争、动乱、空中飞行物坠落或其他非发包人、承包人责任造成的爆炸、火灾，以及专用条款中约定的风、雨、雪、洪、震等自然灾害。

不可抗力导致的费用双方按以下方法分别承担：

a. 工程本身的损害、因工程损害导致第三人人员伤亡和财产损失以及运至施工场地用于施工的材料和待安装的设备的损害，由发包人承担；

b. 发包人、承包人人员伤亡由其所在单位负责，并承担相应费用；

c. 承包人机械设备损坏及停工损失，由承包人承担；

d. 停工期间，承包人应工程师要求留在施工场地的必要的管理人员及保卫人员的费用由发包人承担；

e. 工程所需清理、修复费用，由发包人承担。

③竣工验收阶段的进度控制：

A. 竣工验收的程序。

a. 承包人提交竣工验收报告

工程具备竣工验收条件，承包人按国家工程竣工验收有关规定，应向发包人提供完整竣工资料及竣工验收报告。

b. 发包人组织验收

发包人自收到竣工验收报告后 28 天内组织单位验收，并在验收后 14 天内给予认可或提出修改意见。发包人收到承包人送交的竣工验收报告后 28 天内不组织验收，或验收后 14 天内不提出修改意见，视为竣工验收报告已被认可。

c. 发包人不按时组织验收的后果

发包人收到承包人竣工验收报告后 28 天内不组织验收，从第 29 天起承担工程保管及一切意外责任。

B. 发包人要求提前竣工。

在施工中，发包人如果要求提前竣工，应当与承包人进行协商，协商一致后应签订提前竣工协议。发包人应为赶工提供方便条件。提前竣工协议应包括以下几方面的内容：

a. 提前的时间；

b. 承包人采取的赶工措施；

c. 发包人为赶工提供的条件；

d. 承包人为保证工程质量采取的措施；

e. 提前竣工所需的追加合同价款。

3） 质量控制

①工程验收的质量控制。

建筑工程质量是指在国家现行的有关法律、法规、技术标准、设计文件和合同条款中，对工程的安全、适用、经济、美观等特性的综合要求。

工程施工中的质量控制是合同履行中的重要环节。施工合同的质量控制涉及许多方面的内容，任何一个方面的缺陷和疏漏都会使工程质量无法达到预期的标准。

A. 工程质量标准。

工程质量应当达到协议书约定的质量标准。质量标准的评定一般以国家、行业的质量检验评定标准为依据，但某些重点工程或特殊工程，其质量检验评定标准按照双方合同约定进行质量检验。因承包人原因工程质量达不到约定的质量标准，承包人承担违约责任。

双方对工程质量有争议，由双方同意的工程质量检测机构鉴定，所需费用及因此造成的损失，由责任方承担。双方均有责任，由双方根据其责任分别承担。

B. 施工过程中的检查和返工。

a. 承包人应认真按照标准、规范和设计图纸要求以及工程师依据合同发出的指令施工，随时接受工程师的检查检验，为检查检验提供便利条件。

b. 工程质量达不到约定标准的部分，工程师一经发现，应要求承包人拆除和重新施工，承包人应按工程师的要求拆除和重新施工，直到符合约定标准。因承包人原因达不到约定标准，由承包人承担拆除和重新施工的费用，工期不予顺延。

c. 工程师的检查检验不应影响施工正常进行。如影响施工正常进行，检查检验不合格时，影响正常施工的费用由承包人承担。除此之外影响正常施工的追加合同价款由发包人承担，相应顺延工期。

d. 因工程师指令失误或其他非承包人原因发生的追加合同价款，由发包人承担。

C. 隐蔽工程和中间验收。

a. 工程具备隐蔽条件或达到专用条款约定的中间验收部位，承包人先进行自检，并在隐蔽或中间验收前 48 小时以书面形式通知工程师验收。通知包括隐蔽和中间验收的内容，验收时间和地点。承包人准备验收记录，验收合格，工程师在验收记录上签字后，承包人可进行隐蔽和继续施工。验收不合格，承包人在工程师限定的时间内修改后重新验收。

b. 工程师不能按时进行验收，应在验收前 24 小时以书面形式向承包人提出延期要求，延期不能超过 48 小时。工程师未能按以上时间提出延期要求，不进行验收，承包人可自行组织验收，工程师应承认验收记录。

c. 经工程师验收，工程质量符合标准、规范和设计图纸等要求，验收 24 小时后，工程师不在验收记录上签字，视为工程师已经认可验收记录，承包人可进行隐蔽或继续施工。

D. 重新检验。

无论工程师是否进行验收，当其要求对已经隐蔽的工程重新检验时，承包人应按要求进行剥离或开孔，并在检验后重新覆盖或修复。检验合格，发包人承担由此发生的全部追加合同价款，赔偿承包人损失，并相应顺延工期。检验不合格，承包人承担发生的全部费用，工期不予顺延。

②工程试车。

A. 单机无负荷试车。

设备安装工程具备单机无负荷试车条件，由承包人组织试车。承包人应在试车前 48 小时书面通知工程师。通知包括试车内容、时间、地点、承包人准备试车记录，发包人根据承包人要求为试车提供必要条件。试车通过，工程师在试车记录上签字。只有单机试运转达到规定要求，才能进行联试。

B. 联动无负荷试车。

设备安装工程具备无负荷联动试车条件，由发包人组织试车，并在试车前 48 小时书面通知承包人。通知内容包括试车内容、时间、地点和对承包人的要求，承包人按要求做好准备工作和试车记录。试车通过，双方在试车记录上签字。

C. 投料试车。

投料试车应在工程竣工验收后由发包人负责，如发包人要求在工程竣工前进行或需要承包人配合时，应征得承包人同意，另行签订补充协议。

③材料设备供应。

A. 发包人供应材料设备时的质量控制。

a. 实行发包人供应材料设备的，双方应当约定发包人供应材料设备的一览表。一览表作为合同附件，内容包括材料设备种类、规格、型号、数量、单价、质量等级、提供的时间和地点。

b. 发包人供应材料设备的验收。发包人应当向承包人提供其供应材料设备的产品合格证明，并对这些材料设备的质量负责。发包人应在其所供应的材料设备到货前 24 小时，以书面形式通知承包人，由承包人派人与发包人共同清点。

c. 材料设备验收后的保管。发包人供应的材料设备经双方共同验收后由承包人妥善保管，发包人支付相应的保管费用。因承包人的原因发生损坏丢失，由承包人负责赔偿。发包人不按规定通知承包人验收，发生的损坏丢失由发包人负责。

d. 发包人供应的材料设备与约定不符时的处理。发包人供应的材料设备与约定不符时，应当由发包人承担有关责任，具体按照下列情况进行处理：

a）材料设备单价与合同约定不符时，由发包人承担所有差价；

b）材料设备种类、规格、型号、数量、质量等级与合同约定不符时，承包人可以拒绝接收保管，由发包人运出施工场地并重新采购；

c）发包人供应材料的规格、型号与合同约定不符时，承包人可以代为调剂串换，发包方承担相应的费用；

d）到货地点与合同约定不符时，发包人负责运至合同约定的地点；

e）供应数量少于合同约定的数量时，发包人将数量补齐；多于合同约定的数量时，发包人负责将多出部分运出施工场地；

f）到货时间早于合同约定时间，发包人承担因此发生的保管费用；到货时间迟于合同约定的供应时间，由发包人承担相应的追加合同价款。发生延误，相应顺延工期，发包人赔偿由此给承包人造成的损失。

g）发包人供应材料设备使用前的检验或试验。发包人供应的材料设备进入施工现场后需要在使用前检验或者试验的，由承包人负责，费用由发包人负责。即使在承包人检验通过之后，如果又发现材料设备有质量问题的，发包人仍应承担重新采购及拆除重建的追加合同价款，并相应顺延由此延误的工期。

B. 承包人采购材料设备的质量控制。

对于合同约定由承包人采购的材料设备，应当由承包人选择生产厂家或者供应商，发包人不得指定生产厂家或者供应商。

a. 承包人采购材料设备的验收。承包人根据专用条款的约定及设计和有关标准要求采购工程需要的材料设备，并提供产品合格证明。承包人在材料设备到货前 24 小时通知工程师验收。

b. 承包人采购的材料设备与要求不符时的处理。承包人采购的材料设备与设计或者标准要求不符时，工程师可以拒绝验收，由承包人按照工程师要求的时间运出施工场地，重新采购符合要求的产品，并承担由此发生的费用，由此延误的工期不予顺延。

c. 承包方采购材料设备在使用前检验或试验。承包人采购的材料设备在使用前，承包人应按工程师的要求进行检验或试验，不合格的不得使用，检验或试验费用由承包人承担。

d. 承包人使用代用材料。承包人需要使用代用材料时，须经工程师认可后方可使用，由此增减的合同价款由双方以书面形式议定。

工程师不能按时到场验收，事后发现设备不符合设计或标准要求时，仍由承包人负责修复、拆除或者重新采购，并承担发生的费用，由此造成工期延误不予顺延。

④竣工验收。

A. 竣工工程验收必须满足的条件：

a. 完成合同中规定的各项工作内容，达到国家规定标准或双方约定的合同条件；

b. 有完整的工程技术经济资料；

c. 有完整的工程技术档案和竣工图；

d. 已办理完国家规定或双方约定的各项有关手续；

e. 已签署工程保修证书。

B. 竣工验收中承发包双方的具体工作程序和责任。

工程具备竣工验收条件，承包人按国家工程竣工验收有关规定，向发包人提供完整竣工资料及竣工验收报告。双方约定由承包人提供竣工图，应当在专用条款内约定提供的日期和份数。

发包人收到竣工验收报告后 28 天内组织有关部门验收，并在验收后 14 天内给予认可或提出修改意见。承包人按要求修改，并承担由自身原因造成修改的费用。建设工程未经验收或验收不合格，不得交付使用。发包人强行使用的，由此发生的质量问题及其他问题，由发包人承担责任。

⑤保修。

建设工程质量保修制度是指建设工程在办理竣工验收手续后，在规定的保修期限内，因勘察、设计、施工、材料等原因造成的质量缺陷，应由施工承包单位负责维修、返工或更换，由责任单位负责赔偿损失。建设工程实行质量保修制度是落实建设工程质量责任的重要措施。

《建筑法》、《建设工程质量管理条例》、《房屋建筑工程质量保修办法》（2000 年 6 月 30 日建设部令第 80 号发布）规定：

A. 建设工程承包单位在向建设单位提交竣工验收报告时，应当向建设单位出具质量保修书。质量保修书中应当明确建设工程的保修范围、保修期限和保修责任等。保修范围和正常使用条件下的最低保修期限为：

a. 基础设施工程、房屋建筑的地基基础工程和主体结构工程，为设计文件规定的该工程的合理使用年限；

b. 屋面防水工程、有防水要求的卫生间、房间和外墙面的防渗漏，为 5 年；

c. 供热与供冷系统，为 2 个采暖期、供冷期；

d. 电气管线、给排水管道、设备安装和装修工程为 2 年。

其他项目的保修期限由发包方与承包方约定。建设工程的保修期，自竣工验收合格之日起计算。因使用不当或者第三方造成的质量缺陷，以及不可抗力造成的质量缺陷，不属于法律规定的保修范围。

B. 建设工程在保修范围和保修期限内发生质量问题的，施工单位应当履行保修义务，并对造成的损失承担赔偿责任。

对在保修期限内和保修范围内发生的质量问题，一般应先由建设单位组织勘察、设计、施工等单位分析质量问题的原因，确定维修方案，由施工单位负责维修。但当问题较严重复杂时，不管是什么原因造成的，只要是在保修范围内，均先由施工单位履行保修义务，不得推诿扯皮。对于保修费用，则由质量缺陷的责任方承担。

根据上述规定，承包人应当在工程竣工验收之前，与发包人签订质量保修书，作为合同附件。质量保修书的主要内容包括：

A. 质量保修项目内容及范围。

质量保修范围包括地基基础工程、主体结构工程、屋面防水工程和双方约定的其他土建工程，以及电气管线、上下水管线的安装工程，供热、供冷系统工程项目。工程质量保修的内容由当事人在合同中约定。

B. 质量保修期。

质量保修期从工程竣工验收合格之日算起。分单项竣工验收的工程，按单项工程分别计算质量保修期。

合同双方可以根据国家有关规定，结合具体工程约定质量保修期，但双方的约定不得低于国家规定的最低质量保修期。

C. 质量保修责任。

a. 明确建设工程的保修范围、保修期限和保修责任。

b. 若承包人不按工程质量保修书约定履行保修义务或拖延履行保修义务，经发包人申告后，由建设行政主管部门责令改正，并处以 10 万元以上 20 万元以下的罚款。发包人也有权另行委托其他单位保修，由承包人承担相应责任。

c. 保修期限内因工程质量缺陷造成工程所有人、使用人或第三方人身、财产损害时，受损害方可向发包人提出赔偿要求。发包人赔偿后向造成工程质量缺陷的责任方追偿。

d. 因保修不及时造成新的人身、财产损害，由造成拖延的责任方承担赔偿责任。

e. 建设工程超过合理使用年限后，承包人不再承担保修的义务和责任。若需要继续使用时，产权所有人应当委托具有相应资质等级的勘察、设计单位进行鉴定。根据鉴定结果采取相应的加固、维修等措施后，重新界定使用期限。

D. 质量保修金的支付及返还。

为了保证保修任务的完成，承包人应当向发包人支付保修金。质量保修金的比例及金额由双方按有关部门规定的比例约定。工程的质量保修期满后，发包人应当及时结算和返还（如有剩余）质量保修金。发包人应当在质量保修期满后 14 天内，将剩余保修金和利息返还承包人。

4）投资控制

①工程计量。

工程计量就是甲、乙双方对已完成的各项实物工程量进行计算、审核及确认，以此作为工程进度款支付的依据。除合同约定的特殊条款以外，工程量计算应严格按照实际施工图纸进行，做到计算工程量的项目与现行定额的项目一致、计量单位与现行定额规定的计量单位一致、工程量计算规则与现行定额规定的计算规则一致。如果未出现施工变更，则完成部分的工程量应当与预算书中的工程量相同。

承包人计量的已完成工程量必须经过工程师的确认才有效。确认的程序如下：首先，承包人向工程师提交已完工程量的报告。工程师接到报告后7天内按设计图纸核实已完工程量（以下称计量），并在计量前24小时通知承包人。承包人收到通知后不参加计量，计量结果有效，并作为工程价款支付的依据。工程师接到承包人报告后7天内未进行计量，从第8天起，承包人报告中开列的工程量即视为被确认，作为工程价款支付的依据。工程师不按约定时间通知承包人，致使承包人未能参加计量，计量结果无效。

对承包人超出设计图纸范围和因承包人原因造成返工的工程量，工程师不予计量。

②合同价款。

A. 合同价款。

招标工程的合同价款由发包人和承包人依据中标通知书的中标价格在协议书内约定。非招标工程的合同价款由发包人、承包人依据工程预算书在协议内约定。

合同价款在协议书内约定后，任何一方不得擅自改变。下列三种确定价款的方式双方可在专用条款中约定采用其中的一种：

a. 固定价格合同。

双方在专用条款内约定合同价款保函的风险范围和风险费用的计算方法，在约定的风险范围内合同价款不再调整。风险范围以外的合同价款调整方法，应当在专用条款内约定。

b. 可调价格合同。

合同价款可根据双方的约定而调整，双方在专用条款内约定合同价款调整方法。

c. 成本加酬金合同。

合同价款包括成本和酬金两部分，双方在专用条款内约定成本构成和酬金的计算方法。

可调价格合同中合同价款的调整因素包括：

a）法律、行政法规和国家有关政策变化影响合同价款；

b）工程造价管理部门公布的价格调整；

c）一周内非承包人原因停水、停电、停气造成停工累计超过8小时；

d）双方约定的其他因素。

B. 工程量清单计价。

为了深化工程管理改革、规范建筑市场秩序，适应社会主义市场经济发展，促进建设市场有序竞争，建设部按照市场形成价格，企业自主报价的市场经济管理模式，编制了《建设工程工程量清单计价规范》（GB 50500—2008），从而一种新的计价模式形成——工程量清单计价。

工程量清单计价模式的指导思想是政府宏观调控，企业自主报价，市场竞争形成价格。

推行工程量清单计价是适应我国社会主义市场经济发展、促进建设市场化发展的需要，该计价模式中，招标人提供工程数量，投标人自主确定人工、材料、机械的消耗数量和价格，这将逐步解决定额计价与当前工程建设市场不相适应的因素，达到由市场竞争形成中标价格的目标。

③工程款支付。

A. 工程预付款。

预付款是在工程开工前，甲方预先付给乙方用来进行工程准备的一笔款项。实行工程预付款制度的项目，双方应当在专用条款内约定发包人向承包人预付工程款的时间和数额，开工后按约定的时间和比例逐次扣回。预付时间应不迟于约定的开工日期前7天。发包人不按约定预付，承包人在约定预付时间7天后向发包人发出要求预付的通知，发包人收到通知后仍不能按要求预付，承包人可在发出通知后7天停止施工，发包人应从约定应付之日起向承包人支付应付款的贷款利息，并承担违约责任。

预付款的额度一般为合同额的5%～15%，预付款一般应在工程竣工前全部扣回，可采取当工程进展到某一阶段如完成合同额的60%～65%时开始扣起，也可从每月的工程付款中扣回。

B. 工程进度款。

a. 工程进度款是在工程施工过程中分期支付的合同价款，一般按工程形象进度即实际完成工程量确定支付款额。在确认计量结果后14天内，发包人应向承包人支付工程进度款。按约定时间发包人应扣回的预付款，与工程进度款同期结算。

b. 双方在专用条款中约定的可调价款、工程变更调整的合同价款及其他条款中约定的追加合同价款，应与工程进度款同期调整支付。

c. 发包人超过约定的支付时间不支付工程进度款，承包人可向发包人提出要求付款的，发包人收到承包人通知后仍不能按要求付款，可与承包人协商签订延期协议，经承包人同意后可延期支付。协议应明确延期支付的时间和从计量结果确认后第15天起计算付款的贷款利息。

d. 发包人不按合同约定支付工程进度款，双方又未达成延期付款协议，导致施工无法进行，承包人可停止施工，由发包人承担违约责任。

④工程变更。

A. 能够构成设计变更的事项包括以下变更：

a. 更改有关部分的标高、基线、位置和尺寸；

b. 增减合同中约定的工程量；

c. 改变有关工程的施工时间和顺序；

d. 其他有关工程变更需要的附加工作。

因变更导致合同价款的增减及造成的承包人损失，由发包人承担，延误的工期相应顺延。

B. 承包人在工程变更确定后14天内，提出变更工程价款的报告，经工程师确认后调整合同价款。变更合同价款按下列方法进行：

a. 合同中已有适用于变更工程的价格，按合同已有的价格变更合同价款；

b. 合同中只有类似于变更工程的价款，可以参照类似价格变更合同价款；

c. 合同中没有适用或类似于变更工程的价格，由承包人提出适当的变更价格，经工程师确认后执行。

承包人在双方确定变更后14天内不向工程师提出变更价款报告时，视为该项变更不涉及合同价款的变更。

工程师应在收到变更工程价款报告之日起14天内予以确认，工程师无不正当理由不确认时，自变更工程价款报告送达之日起14天后视为变更工程价款报告已被确认。

⑤工程竣工结算。

工程竣工结算是指施工企业按照合同规定的内容全部完成所承包的工程，经验收质量合格，并符合合同要求之后，向发包人进行的最终工程价款结算。

工程竣工结算应当按照下列规定执行：

A. 工程竣工验收报告经发包人认可后28天，承包人向发包人递交竣工决算报告及完整的结算资料。发包人自收到竣工结算报告及结算资料后28天内进行核实，确认后支付工程竣工结算价款。承包人收到竣工结算价款后14天内将竣工工程交付发包人。

B. 工程竣工验收报告经发包人认可后28天内，承包人未能向发包人递交竣工结算报告及完整的结算资料，造成工程结算不能正常进行或者工程竣工结算价款不能及时支付，发包人要求交付工程的，承包人应当交付；发包人不要求交付工程的，承包人承担保管责任。

C. 发包人收到竣工结算报告及结算资料后28天内无正当理由不支付工程竣工结算价款，从第29天按承包人同期向银行贷款利率支付拖欠工程价款的利息，并承担违约责任。

D. 发包人、承包人对工程竣工结算价款发生争议时，按有关条款约定处理。

5）风险双方的违约及合同终止

①发包人违约及应承担责任。

A. 发包人不按时支付工程预付款或工程款（进度款）。发包人超过约定的支付时间不支付工程预付款或工程款（进度款），承包人可向发包人发出要求付款的通知，发包人在收到承包人通知后仍不能按要求支付，可与承包人协商签订延期付款协议，经承包人同意后可以延期支付。协议须明确延期支付时间和从发包人代表计量签字后第15天起计算应付款的贷款利息。发包人不按合同约定支付工程款（进度款），双方又未达成延期付款协议，导致施工无法进行，承包人可停止施工，由发包人承担违约责任。

B. 发包人不按时支付结算价款。发包人收到竣工结算报告及结算资料后28天内不支付工程竣工结算价款，承包人可以催告发包人支付结算价款。发包人在收到竣工结算报告及结算资料后56天内仍不支付的，承包人可以与发包人协议将该工程折价，也可以由承包人申请人民法院将该工程依法拍卖，承包人就该工程折价或者拍卖的价款优先受偿。

C. 发包人不履行合同义务或者不按照合同约定履行义务。发包人应当赔偿违约行为给承包人造成的经济损失，延误的工期相应顺延。

②承包人违约及应承担责任。

A. 承包人不能按合同工期竣工；

B. 工程质量达不到约定的质量标准；

C. 承包人不履行合同义务或者不按照合同约定履行义务。

承包人承担违约责任，赔偿因其违约给发包人造成的损失。双方应当在专用条款内约定承包人赔偿发包人损失的计算方法或者承包人应当支付违约金的数额和计算方法。

③合同终止。

发包人、承包人发生一方或双方违约，发包人、承包人可根据约定的合同终止条款提出合同终止，在取得对方同意后，终止合同。

发包人、承包人不在合同约定的终止条款内提出中止合同，经双方协商后，终止合同。

发包人、承包人一方提出终止合同，而另一方不同意时，可向人民法院起诉或向约定的仲裁委员会申请仲裁。

合同的权利义务终止后，发包人、承包人应当遵循诚实信用的原则，履行通知、协助、保密等义务。

6）合同争议的解决

①施工合同争议的解决方式。

合同当事人在履行施工合同时发生争议，可以和解或者要求合同管理及其他有关主管部门调解。和解或调解不成的，双方可以在专用条款内约定以下一种方式解决争议：

A. 双方达成仲裁协议，向约定的仲裁委员会申请仲裁；

B. 向有管辖权的人民法院起诉。

②争议发生后允许停止履行合同的情况。

发生争议后，在一般情况下，双方都应继续履行合同，保持施工连续，保护好已完工程。只有出现下列情况时，当事人方可停止履行施工合同：

A. 单方违约导致合同确已无法履行，双方协议停止施工；

B. 调解要求停止施工，且为双方接受；

C. 仲裁机关要求停止施工；

D. 法院要求停止施工。

3. 建设工程施工合同的签订与管理

（1）施工合同的订立

签订施工合同一般需要具备以下条件：

1）初步设计已经批准；

2）工程项目已经列入年度建设计划；

3）有能够满足施工需要的设计文件和有关技术资料；

4）建设资金和主要建筑材料、设备来源已经落实；

5）招投标工程，中标通知书已经下达。

施工合同的订立应经过要约和承诺两个阶段，最后，由双方将协商一致的内容以书面合同的形式确立下来。

当中标通知书发出后，中标的施工企业应当与建设单位及时签订合同。依据《工程建设施工招标投标管理办法》的规定，中标通知书发出30日内，中标单位应与建设单位依据招标文件、投标书等签订工程承发包合同。

（2）施工合同的分析

合同分析是从合同执行的角度去分析、补充和解释合同的具体内容和要求，将合同目标和合同规定落实到合同实施的具体问题和具体时间上，用以指导具体工作，使合同能符合日常工程管理的需要，使工程按合同要求实施，为合同执行和控制确定依据。

承包人在签订合同后、履行和实施合同前有必要进行合同分析：

1）分析合同中的漏洞，解释有争议的内容

在合同起草和谈判工程中，双方都会力争完善，但仍难免会有所漏洞，通过合同分析，找出漏洞，可以作为履行合同的依据。

在合同执行工程中，合同双方有时也会发生争议，往往是由于对合同条款的理解不一致所造成的，通过分析，就合同条文达成一致理解，从而解决争议。在遇到索赔事件后，合同分析也可以为索赔提供理由和根据。

2）分析合同风险，制定风险对策

不同的工程合同，其风险的来源和风险量大大小小都不同，要根据合同进行分析，并采取相应的对策。

3）合同任务分解、落实

在实际工程中，合同任务需要分解落实到具体的工程小组或部门、人员，要将合同中的任务进行分解，将合同中与各部分任务相对应的具体要求明确，然后落实到具体的工程小组或部门、人员身上，以便于实施与检查。

施工合同分析的内容包括：

1）合同的法律基础；

2）分析承包人的主要任务，明确工作范围；

3）研究发包人的合作责任；

4）分析合同价格，并制定相应策略；

5）分析施工工期，包括开工、竣工及总工期；

6）明确违约责任及处罚规定；

7）分析验收，移交和保修规定；

8）明确索赔程序和争议的解决方式。

（3）施工合同的交底

合同分析后，应向各层次管理者作“合同交底”，即由合同管理人员在对合同的主要内容进行分析、解释和说明的基础上，通过组织项目管理人员和各个工程小组学习合同条文和合同总体分析结果，使大家熟悉合同中的主要内容、规定，了解合同双方的合同责任和工作范围，使大家都树立全局观念，就各项工作协调一致，避免执行中的违约行为。

合同交底的目的和任务如下：

1）对合同的主要内容达成一致理解；

2）将各种合同事件的责任分解落实到各工程小组或分包人；

3）将工程项目和任务分解，明确其质量和技术要求以及实施的注意要点等；

4）明确各项工作或各个工程的工期要求；

5）明确成本目标和消耗标准；

6）明确相关事件之间的逻辑关系；

7）明确各个工程小组（分包人）之间的责任界限；

8）明确完不成任务的影响和法律后果；

9）明确合同有关各方（如业主、监理工程师）的责任和义务。

（4）施工合同实施的管理

施工合同签订后，具有法律效力，双方当事人应当对合同的实施进行有效的管理。

1）担保。承发包双方为了全面履行合同，应互相提供以下担保：

①发包人向承包人提供支付担保，按合同约定支付工程价款及履行合同约定的其他

义务。

支付担保是承包人要求发包人提供的保证履行合同中约定的工程款支付义务的担保。支付担保的作用在于，通过业主资信状况进行严格审查并落实各项担保措施，确保工程费用及时支付到位，一旦业主违约，付款担保人将代为履约。

②承包人向发包人提供履约担保，按合同约定履行自己的各项义务。

履约担保是指招标人在招标文件中规定的要求中标的投标人提交的保证履行合同义务和责任的担保。履约担保的有效期始于工程开工之日，终止日期则可以约定工程竣工交付之日或者保修期满之日。履约担保将在很大程度上促使承包人履行合同约定，完成工程建设任务，从而有利于保护业主的合法权益，一旦承包人违约，担保人要代为履约或赔偿经济损失。

2）保险。工程保险是业主和承包人转移风险，对项目进行有效管理的重要手段。

承发包双方保险义务的分担如下：

①工程开工前，发包人应当为建设工程和施工场地内发包方人员及第三方人员生命财产办理保险，支付保险费用。发包人可以将上述保险事项委托承包人办理，但费用由发包人承担。

②承包人必须为从事危险作业的职工办理意外伤害保险，并为施工场地内自有人员生命财产和施工机械设备办理保险，支付保险费用。

③运至施工场地内用于工程的材料和待安装设备，不论由承发包双方任何一方保管，都应由发包人（或委托承包人）办理保险，并支付保险费用。

保险事故发生时，承发包双方有责任尽力采取必要的措施，防止或减少损失。保险人对保险事故所造成的保险标的损失或者引起的责任，应当按照保险合同的规定履行赔偿或给付责任。

3）工程分包。工程分包是指经合同约定和发包人认可，从工程承包人承包的工程中承包部分工程的行为。

①分包合同的签订。承包人必须自行完成建设项目（或单项工程、单位工程）的主要部分，其非主要部分或专业性较强的工程可分包给营业条件符合该工程技术要求的建筑安装单位。承包人按合同专用条款的约定分包所承包的部分工程，并与分包单位签订分包合同。非经发包人同意，承包人不得将承包工程的任何部分分包。分包合同签订后，发包人与分包单位之间不存在直接的合同关系。分包单位应对承包人负责，承包人对分包人负责。

②分包合同的履行。工程分包不能解除承包人任何责任与义务。承包人应在分包场地派驻相应监督管理人员，保证本合同的履行。分包单位的任何违约行为、安全事故或疏忽导致工程损害或给发包人造成其他损失，承包人承担连带责任。分包工程价款由承包人与分包单位计算。发包人未经承包人同意不得以任何名义向分包单位支付工程款项。

③承包人不得违法分包，违法分包的行为有：

A. 总承包单位将工程分包给不具备相应资质条件的单位；

B. 除合同约定的分包外，总承包单位未经业主许可，擅自将建设工程分包给其他单位；

C. 总承包单位将建设工程主体结构的施工分包给其他单位；

D. 分包单位将其承包的建设工程再分包。

④关于工程转包。工程转包，是指将建设项目倒手转给其他单位承包，只收取管理费，不派项目管理班子对建设项目进行管理，不承担技术经济责任的行为。我国法律规定，承包人可以按合同规定对工程项目进行分包，但不得转包。

下列行为均属于转包：

A. 总承包单位将其承包的工程全部转包给其他施工单位，从中提取回扣；

B. 总承包单位将其承包的全部工程肢解以后以分包的名义转包给他人。

4）施工合同实施过程的控制。

①施工合同跟踪。

施工合同跟踪有两个方面的含义。一是承包单位的合同管理职能部门对合同执行者（项目经理部或项目参与人）的履行情况进行的跟踪、监督和检查，二是合同执行者（项目经理部或项目参与人）本身对合同计划的执行情况进行的跟踪、检查与对比。在合同实施工程中二者缺一不可。

合同跟踪的内容有：

A. 承包的任务：工程施工的质量是否符合要求；工程进度，是否在预定期限内施工；工程数量，是否按合同要求完成全部施工任务；成本的增加和减少。

B. 工程小组和分包人的工程和工作是否按合同要求完成。

C. 业主和其委托的工程师的工作：是否及时、完整地提供了工程施工的实施条件；是否及时给予了指令、答复和确认；是否及时并足额地支付了应付的工程款项。

②合同实施的偏差分析。

通过合同跟踪，可能会发现合同实施中存在着偏差，即工程实施实际情况偏离了工程计划和工程目标，应该及时分析原因，采取措施，纠正偏差，避免损失。

合同偏差分析的内容包括：

A. 产生偏差的原因分析。通过对合同执行实际情况与实施计划的对比分析，探索出引起差异的原因。

B. 合同实施偏差的责任分析。分析产生合同偏差的原因是由谁引起的，应该由谁承担责任。

C. 合同实施趋势的分析。针对合同实施偏差情况，可以采取不同的措施，应分析在不同措施下合同执行的结果与趋势。

③合同实施偏差处理。

A. 组织措施：增加人员投入、调整人员安排；

B. 技术措施：变更技术方案、采用新的高效率的施工方案；

C. 经济措施：增加投入、采取经济激励措施；

D. 合同措施：进行合同变更、签订附加协议，采取索赔手段。

【案例 4-5】 2005 年 3 月，A 建筑公司与 B 厂就 B 厂技术改造工程签订建设工程承包合同。合同约定：A 公司承担 B 厂技术改造工程项目，负责承包项目的土建部分，承包方式为固定总价合同，竣工后办理结算。合同签订后，A 公司按合同的约定完成该工程的各土建项目，并于 2005 年 9 月 14 日竣工。但是 B 厂于 2005 年 7 月被 C 公司兼并，由 C 公司承担 B 厂的全部债权债务，承接 B 厂的各项工程合同、借款合同及各种协议。A

公司在工程竣工后多次催促C公司对工程进行验收并支付所欠工程款，C公司对此一直置之不理，既不验收已竣工工程，也不付工程款。A公司无奈将C公司诉至法院。法院经审理后，判决C公司对已完工的土建项目进行验收，验收合格后向A公司支付所欠工程款。

【分析】：本案例中，签订建设工程承包合同的是A公司和B厂，但B厂在被C公司兼并后，C公司承担了B厂的全部债权债务并承接了B厂的各项工程合同，应当继续履行B厂与A公司签订的建设工程承包合同，代替B厂成为建设工程承包合同的当事人。

《合同法》规定："建设工程竣工后，发包人应当根据施工图纸及说明书、国家颁发的竣工验收规范和质量检验标准及时进行验收。验收合格的，发包人应当按照约定支付价款，并接受该建设工程。建设工程竣工经验收合格后，方可交付使用；未经验收或者验收不合格的，不得交付使用"

根据这一规定，建设工程竣工后，发包人负有如下法定义务：第一，发包人应当依据建设工程的施工图纸及说明书、国家颁发的施工验收规范和质量检验标准，对已完工的建设工程进行验收；第二，如果建设工程经验收合格，发包人应当按照合同约定支付工程款；第三，发包人应当接受经验收质量合格的建设工程，不得无故拒绝接收。

本案例中，对已完工的工程项目，C公司依法应当进行竣工验收。验收合格无质量争议的，应当按照合同规定向A公司支付工程款，接收该工程项目，办理交接手续。因此，法院判决C公司对已完工的土建项目进行验收，验收合格后向A公司支付所欠工程款是正确的。

五、施工与竣工验收阶段工程造价的控制

（一）工程变更和合同价款的调整

1. 工程变更概述

(1) 工程变更的概念及性质

工程变更一般是指在工程施工过程中，根据合同的约定对施工的程序、工程的数量、质量要求及标准等做出的变更。包括设计变更、进度计划变更、施工条件变更以及原招标文件和工程量清单中未包括的“新增工程”等。

工程变更是一种特殊的合同变更，它与一般的合同变更存在着差异：双方在合同中已经授予工程师进行工程变更的权力，但此时对变更工程价款最多只能作原则性的约定；在施工过程中，工程师直接行使合同赋予的权力发出工程变更指令，根据合同约定承包商应该先行实施该指令；此后，双方可对变更工程的价款等进行协商。这种标的变更在前，价款变更协商在后的特点容易导致合同处于不确定的状态。

(2) 工程变更的起因及范围

很少有在项目实施过程中不发生变更的工程，合同内容频繁发生变更也是工程合同的特点之一。合同变更一般主要有以下几个方面的原因：

1) 业主有新的意图，业主修改了项目总计划、削减预算，业主要求变化；

2) 由于是设计人员、工程师、承包商事先对业主意图理解有误，或设计有误，导致图纸修改；

3) 工程环境发生变化，原设计方案需要变更，或由于业主责任造成承包商施工方案的变更；

4) 由于产生新的技术或工艺，有必要对原设计、实施方案或计划进行变更，或由于业主责任造成承包商施工方案的变更；

5) 国家政策变化、环境保护要求、城市规划变动等政府部门对建筑项目有新的要求。

按照国际土木工程合同管理的惯例，一般合同中都有专门的变更条款，对有关工程变更问题作出具体规定。依据 FIDIC 合同条件规定，工程师可以根据自己的判断，对他认为有必要的工程或其中任何部分的形式、质量或数量作出任何变更，有权指示承包商进行而承包商也应进行下述任何工作：

1) 合同中所列出的工程项目中任何工程量的增加或减少；

2) 改变合同中任何工作的性质、质量及种类；

3) 改变工程任何部分的标高、线形、位置和尺寸；

4) 为完成本工程所必需的任何种类的附加工作；

5) 改变本工程任何部分的任何规定的施工时间安排等。

而按照我国《建设工程施工合同文本》的约定，工程变更包括设计变更和工程质量标准等其他实质性内容的变更。其中设计变更包括：

1）更改工程有关部分的标高、基线位置和尺寸；

2）增减合同中约定的工程量；

3）改变有关工程的施工时间和顺序；

4）其他有关工程变更需要的附加工作。

（3）工程变更的基本程序

在项目实施过程中，工程变更可以由业主、承包商或工程师三方中的任何一方提出，其中业主往往都是通过工程师来提出工程变更。而如果是承包商提出工程变更，通常都是工程遇到不能预见的地质条件或突发障碍，使施工无法正常进行。由承包商提出的工程变更，应交与工程师审查并批准之后作出指令。由业主或工程师提出的变更，一般由工程师代为发出指令。如果合同对工程师提出工程变更的权力作出了具体限制，而约定其余均应由业主批准，则工程师就超出其权限范围的工程变更发出指令时，应附上业主的书面批准文件，否则承包商可拒绝执行。

工程变更审批的一般原则应为：首先考虑工程变更对工程进展是否有利；第二要考虑工程变更可以节约工程成本；第三应考虑工程变更是兼顾业主、承包商或工程项目之外第三方的利益，不能因工程变更而损害任何一方的正当权益；第四必须保证变更工程符合本工程的技术标准；最后一种情况为工程受阻，如遇不可抗力、人为阻碍、合同当事人一方违约等不得不变更工程。

工程变更指令一般是分两阶段发布：第一阶段是在工程师和承包商就变更价格达成一致意见之前，为避免耽误工程进度，在没有规定价格和费率的情况下直接指示承包商继续工作；第二阶段是在通过进一步的协商之后，发布确定变更工程价格和费率的指示。

工程变更的发出有书面和口头两种形式。

1）一般情况要求工程师签发书面变更通知书。当工程师书面通知承包商工程变更，承包商才执行变更的工程；

2）当工程师由于紧急情况发出口头指令要求工程变更时，事后一定要补签一份书面的工程变更指示。如果工程师没有在口头指示之后补书面指令，承包商（7天内）须以书面形式证实此项指令，交与工程师签字，工程师若在14天内没有提出反对意见，视为认可。

所有工程变更都必须用书面形式写明，任何口头约定均视为无效。根据惯例，除非工程师明显超越合同赋予其的权限，则不论承包商对此变更指令是否有异议，不论工程变更的价款是否已经确定，承包商都必须无条件地执行此指令，否则可能会构成承包商违约。承包商可以对变更指令提出异议，但是在争议处理期间，承包商有义务继续进行正常的工程施工和有争议的变更工程施工。理想的工程变更程序如图5-1所示。

（4）工程变更价款的确定

根据FIDIC合同条款的相关规定，工程变更估价的原则为：

1）对于所有按工程师指示的工程变更，若属于原合同中的工程量清单上增加或减少的工作项目的费用及单价，一般应根据合同中工程量清单所列的单价或价格而定或参考工程量清单所列的单价或价格而定；

2）如果合同的工程量清单中没有包括此项变更工作的单价或价格，则应在合同的范

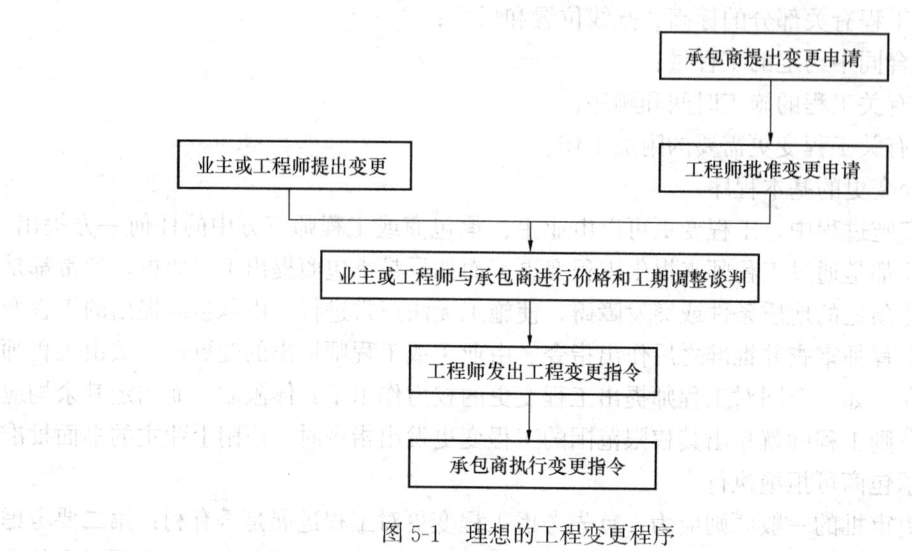

图 5-1 理想的工程变更程序

围内使用合同中的费率和价格作为估价的基础。或者由工程师与业主和承包商三方共同协商解决而定。如果不能达成协议，则应由工程师在其认为是合理和恰当的前提下，决定此项变更工程的费率和价格，并通知业主和承包商。如双方仍不能接受，工程师可再行确定价格，直至可达成一致协议。在最终协议达成之前，工程师应确定暂定价格，以便有可能作为暂定金额包含在签发的支付证书中。

对工程变更条款的合同分析应特别注意：工程变更不能超过合同规定的工程范围，如果超过这个范围，承包商有权不执行变更或坚持先商定价格后再进行变更。业主和工程师的认可权必须加以限制。此外，与业主、工程师、与总（分）包方之间的任何书面信件、报告、指令等都应经过合同管理人员进行技术和法律方面的审查，这样才能保证任何变更都在控制之中，不会出现合同问题。

2.《施工合同示范文本》条件下的工程变更

在工程实施过程中，不论因哪一方原因造成工程变更，都会影响工程造价和工期的变化，为了有效地控制造价，无论哪一方提出工程变更，均需由工程师确认并签发工程变更指令。

(1)《施工合同示范文本》条件下的工程变更的控制程序

当工程变更发生时，要求工程师及时处理并确认变更的合理性。一般过程如下：提出工程变更——分析该变更对项目的影响——分析有关合同条款和会议、通信记录——初步确定处理变更所需的费用、时间和质量要求（向业主提交变更评估报告）——确认工程变更。

工程实施过程中发包人需对原工程设计进行变更，根据《建设工程实施合同》的规定，应提前 14 天以书面形式向承包人发出变更通知，变更通知超过原设计标准或批准的建设规模时，须经原规划管理部门和其他有关部门重新审查批准，并由原设计单位提供变更的相应图纸和说明。发包人办妥上述事项后，承包人根据发包人变更通知并按工程师要求进行变更。因变更导致合同价款的增减及承包人损失的，由发包人承担，延误的工期相应顺延。合同履行中发包人要求变更工程质量标准及发生其他实质性变更，由双方协商解决。

承包人要对原工程进行变更，其控制程序如图 5-2 所示。

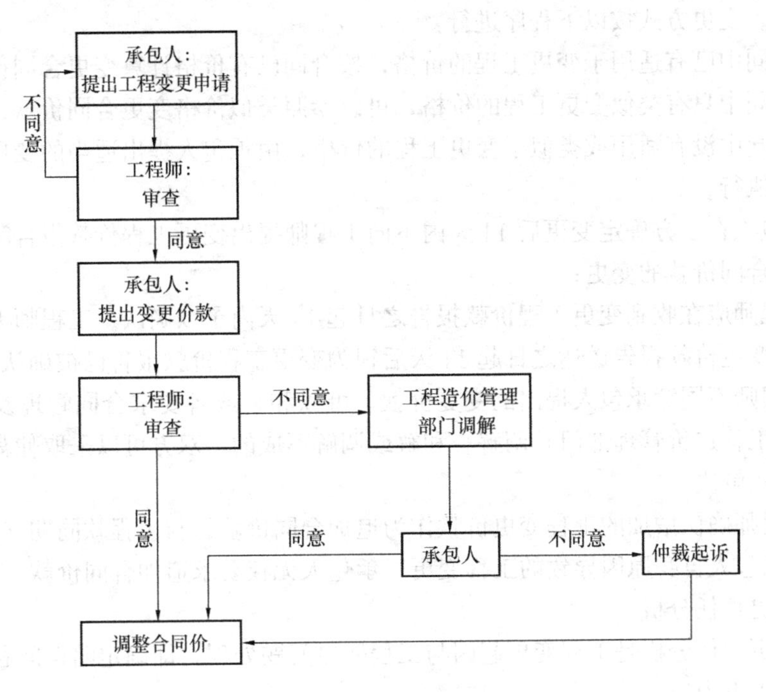

图 5-2　承包人提出工程变更的控制程序

具体规定如下：

1）原则上施工中承包人不得对原工程设计进行变更。因承包人擅自变更设计发生的费用和由此导致发包人的直接损失，由承包人承担，延误的工期不予顺延；

2）承包人在施工中提出的合理化建议涉及到对设计图纸或施工组织设计的更改及对原材料、设备的换用，须经工程师同意。未经同意擅自更改或换用时，承包人承担由此发生的费用，并赔偿发包人的有关损失，延误的工期不予顺延；

3）工程师同意采用承包人合理化建议，所发生的费用和获得的收益，发包人、承包人另行分担或分享。

工程变更中除了对原工程设计进行变更、工程进度计划变更之外，施工条件的变更往往更为复杂，由此很有可能引发索赔。对于施工条件的变更，往往是指未能预见的现场条件或不利的自然条件，即在施工中实际遇到的现场条件同招标文件或合同中描述的现场条件有本质差异，使承包人向发包人提出单价和施工时间的变更要求。

在土建工程中，现场条件的变更一般出现在基础地质方面，如基础下发现未经标明的地质情况等。在施工实践中，控制由于施工条件变化引起的合同价款，主要是把握变更工程的单价和工期。因此做好现场记录资料和实验数据的搜集整理工作，使以后在合同价款的处理方面，更具有科学性和说服力。

（2）工程变更价款的确定

工程变更价款的确定应在双方协商的时间内，由承包人提出变更价格，报工程师批准后方可调整合同价或顺延工期。工程师对承包人所提出的变更价款，应按合同有关规定进行审核、处理，主要有：

1）承包人在工程变更确定后14天内，提出变更工程价款的报告，经工程师确认后调整合同价款。变更方式按以下程序进行：

——合同中已有适用于变更工程的价格，按合同已有价格计算变更合同价款；

——合同中只有类似变更工程的价格，可以参照类似价格变更合同价款；

——合同中没有适用或类似于变更工程的价格，由承包人提出适当的变更价格，经工程师确认后执行。

2）承包人在双方确定变更后14天内不向工程师提出变更工程价款报告时，视为该项变更不涉及合同价款的变更；

3）工程师应在收到变更工程价款报告之日起14天内予以确认。工程师无正当理由不确认时，自变更价款报告送达之日起14天后视为变更工程价款报告已被确认；

4）工程师不同意承包人提出的变更价款，可以和解或者要求合同管理及其他有关主管部门（如工程造价管理部门）调解。和解或调解不成的，双方可以采取仲裁或向人民法院起诉的方式解决；

5）工程师确认增加的工程变更价款作为追加合同价款，与工程款同期支付；

6）因承包人自身原因导致的工程变更，承包人无权要求追加合同价款。

（3）变更责任分析

工程变更责任分析是工程变更起因与工程变更问题处理，即确定赔偿问题的关键。工程变更包括以下内容。

1）设计变更

设计变更会引起工程量的增加和减少，新增或删除分项工程，工程质量和进度变化，实施方案的变化。一般工程施工合同赋予业主（工程师）这方面的变更权力，可以直接通过下达指令、重新发布图纸或规范实现变更。其责任划分原则为：

①由于业主要求、政府部门要求、环境变化、不可抗力、原设计错误等导致设计的修改，必须由业主承担责任；

②由于承包商施工过程、施工方案出现错误、疏忽而导致设计的修改，必须由承包商负责；

③在现代工程施工中，承包商承担的设计工作逐渐多起来，承包商提出的设计必须经过工程师或业主及设计部门的批准。对不符合业主在招标文件中提出的工程要求的设计，工程师有权不认可。这种不认可不属于索赔事件。

2）施工方案变更

在投标文件中，承包商在技术标（施工组织设计）中一般会提出一套比较完备的施工方案。对此，应该注意：

①施工方案虽然不是合同文件，但它也有约束力。业主向承包商授标前，可要求承包商对施工方案作出说明或修改方案，以符合业主的要求；

②施工合同规定，承包商应对所有现场作业和施工方法的完备、安全、稳定负全部责任。这一责任表示在通常情况下由于承包商自身原因（如失误或风险）修改施工方案所造成的损失由承包商负责；

③在施工方案变更作为承包商责任的同时，又隐含着承包商对决定和修改施工方案具有相应的权利，即业主不能随便干预承包商的施工方案；为了更好地完成合同目标或在不

影响合同目标的前提下，承包商有权采用更为科学和经济合理的施工方案，业主也不得随便干预。当然，承包商应承担重新选择施工方案的风险和机会收益；

④在工程中，承包商采用或修改实施方案都要经过工程师的批准或同意。如果工程师有证据证明或认为使用这种方案承包商不能圆满完成合同责任，如不能保证工程质量、工期等；承包商要求变更方案（如变更施工次序、缩短工期），而业主无法完成合同规定的配合责任，如无法按此方案及时提供图纸、场地、资金、设备，则工程师有权要求承包商执行原定方案。

⑤重大的设计变更通常会导致施工方案的变更。如果设计变更由业主承担责任，则相应的施工方案的变更也由业主负责；反之，则由承包商负责；

⑥如果是不利的地质条件所引起的施工方案的变更，一般作为业主的责任。一方面，这是一个有经验的承包商无法预料的障碍；另一方面，业主负责地质勘察和提供地质报告，则应由他对报告的准确性和完备性承担责任。

⑦施工进度的变更也会导致施工方案变更。在工程实际进行过程中，施工进度的变更十分频繁。在招投标阶段，业主会在招标文件中提出工程的总工期目标，承包商则会在投标文件中响应业主的要求作出一个总进度计划；中标之后开工之前，承包商还要提交一份详细的进度计划给工程师批准；在工程开工之后，每月可能都会因各种原因有进度调整。通常只要工程师（或业主）批准（或同意）承包商的进度计划（或调整后的进度计划），则新的进度计划，尤其是具有里程碑性质的日期，即对合同双方具有约束力。因为承包商的原因导致工程拖期，承包商要承担相应的责任。当因承包商的原因导致工程拖期，而工程师指示承包商加速施工时，承包商有义务采取相应措施，并承担因工程加速施工而导致的费用增加。如果业主不能按照进度计划完成按合同要求应由业主履行的义务，如及时提供图纸、施工场地、三通一平等，属业主违约，应承担相应责任。

3. 工程变更综合案例分析

【案例 5-1】 深圳国贸工程中的合同实施与变更

深圳国际贸易中心（以下简称国贸工程）是中外合资项目，该工程经国家批准实行国际公开招标，通过竞争选择承包商。业主为加快工程进度和控制投资，根据设计进度采用分阶段承包招标的办法，将工程分为土方、基础、主体和室内装修等几个部分，分阶段发包给各个承包商，由业主与各个承包商分别签订施工合同。

中国建筑第一工程局（以下简称一局）是这些项目的施工配合单位，分别与香港瑞安公司、法国 SAE 公司、新加坡 INDECO 公司和法国 CFEM 公司等承包商签订了土方分包、基础分包、主体分包、机电劳务、玻璃幕墙劳务等分包合同，也是首次在国内工程上充当国际承包商的分包商。

国贸工程分包合同受总包合同条件的约束，是在承认总包的各项条件（如工期、计量方法、付款方式、不变的固定总价等）下签订的。在建筑市场供求规律的影响下，发包人与承包商双方签订的合同在权利，义务上往往并不对等。一局在和法国总承包商进行合同谈判时就发现，总包拟定的合同条款非常苛刻，这也是由于总包把和业主签订的承包合同条款转嫁到一局身上的结果。

国贸工程合同属于总价合同。总价合同以固定价格进行结算，承包商不能因工程量的重新计算、物价上涨等因素的影响而调整合同规定的价格，除非有工程师的变更指令，能否取得利润主要取决于承包商的经营管理方法以及运用合同管理进行施工索赔的手段。

变更工程是合同管理中一个重要的工作内容。根据国贸工程合同规定，变更是指发包方要求的由承包方承担的合同范围之外的追加付款或违约赔款。前者叫“补偿”，后者叫“赔偿”。由于变更及索赔在工程竣工结算时均称为承包商的“变更总价”，所以没有特别需要，不作严格区分。工程实施过程中，承包商必须成立专门的合同管理小组，认真做好施工记录、会议记录，以及现场签证、设计修改等文字记录，以书面形式及时向工程师和业主发出备忘录，以此要求索赔。

根据国贸观测点情况，索赔内容主要分为两个方面。一是工程变更索赔，二是工期索赔。

工程变更又分两个部分，第一部分为图纸变更。国贸工程是以扩大初步设计图纸为报价依据，并由承包商在施工阶段根据扩初图（合同图纸）绘制施工图。在施工过程中，承包商经常接到工程师的设计变更指令，并重新绘制施工图。另外，承包商为加快工程施工进度，常改变原定施工方案，例如把大量的现浇混凝土构件改为预制混凝土构件等，这样，致使国贸工程大部分施工图纸都经过修改，重新出图，有的修改达 13 次之多。一局在提出施工图变更索赔时，首先注意区别是由于业主原因产生的变更设计还是其他原因造成的工程变更，用最后一次变更确定的施工图与合同原图纸进行对照，计算出变更增减量，向对方提出索赔。

工程变更的第二部分为现场变更。现场变更包括现场签证和合同涉及的现场条件、工作范围的变更。它在整个变更中占有很大的比重。为了减少双方因变更索赔中出现的纠纷对工程施工产生影响，一局和承包商的合同部门达成协议，如果双方对正在进行的工作是否属于变更看法不一致时，由承包商的现场负责人用签证单的形式对一局进行的这部分工作内容及工作量给予签字确认，但并不作为付款凭证，然后由双方合同部门来确定此项工作是否属于工程变更，并依照双方确认的单价来确定总价。

工期是索赔发生的另一重要因素。由于工期延误要罚款，所以对影响工期方面的资料管理显得尤为重要，在施工的全过程，一局主要注意收集是由于业主或其他方面原因引起工期延长的资料，并及时发出备忘录。同时认真收集气象资料，做好各类施工记录。

在进行变更工程估价时，一局注意区别变更是属于合同范围还是合同外的工作。由于合同外的变更不受合同规定的价格及条款的限制，因此可以重新确定价格或重新讨论合同条款。首先，对于工程设计变更，其区分的原则是，变更工作最终成果的使用功能与原合同同一工程的所有功能均不相同，或明显不在合同范围内的属于合同外工程变更。例如，对于现场红线之外的工程，或者已被业主验收过的工程进行变更等；其次，对于非工程设计变更划分原则是，承包人利用所有完成合同范围内工程所需的技术手段、现场设施、设备等均不能完成的变更工作，应属于合同外的工作。

根据国贸工程经验，一局总结工程变更注意事项包括：

①负责索赔工作的人员应参与到合同谈判及合同管理，否则会影响索赔的准确性和及时性；

②由自己一方提出的合理化建议而进行的设计变更，一般不能提出索赔；

③由于对方现场管理人员指挥失误而引起的变更应谨慎操作；

④注意变更的原始资料的收集和整理，保留索赔证据；

⑤掌握合理估算工程造价的方法，不能简单套用定额，要因地制宜地编制单位估价表，充分估计市场风险。

本案例节选自《工程造价典型案例分析》（王俊安、彭邓民编著）。

【案例5-2】 某毛纺厂建设工程，由英国某纺织企业出资85%，中国某省纺织工业总公司出资15%成立的合资企业（以下简称A方），总投资约为1800万美元，总建筑面积22610m²，其中土建总投资为3000多万元人民币。该厂位于丘陵地区，原有许多农田及藕塘，高低起伏不平，近旁有一国道。土方工作量很大，厂房基础采用搅拌桩和振动桩约8000多根，主厂房主体结构为钢结构，生产工艺设备和钢结构由英国进口，设计单位为某省纺织工业设计院。

土建工程包括生活区4栋宿舍、生产厂房（不包括钢结构安装）、办公楼、污水处理站、油罐区、锅炉房等共15个单项工程。业主希望及早投产并实现效益。土方工程先招标，土建工程第二次招标，限定总工期为半年，共27周，跨越一个夏季和冬季。

由于工期紧，招标过程很短，从发标书到收标仅10天时间。招标图纸设计较粗，没有施工详图，钢筋混凝土结构没有配筋图。

工程量表由业主提出目录，工作量由投标人计算并报单价，最终评标核定总价。合同采用固定总价合同形式，要求报价中的材料价格调整独立计算。

共有10家我国建筑公司参加投标，第一次收到投标书后，发现各企业都用国内的概预算定额分项和计算价格，未按照招标文件要求报出完全单价，也未按招标文件的要求编制投标书，使投标文件的分析十分困难。故业主退回投标文件，要求重新报价。这时有5家退出竞争。这样经过四次反复退回投标文件重新做标报价，才勉强符合要求。A方最终决定我国某承包公司B（以下简称B方）中标。本工程采用固定总价合同，合同总价为17518563元人民币（其中包括不可预见风险费1200000元）。

本工程合同条件选择是在投标报价之后，由A方与B方议定。A方坚持用ICE，即英国土木工程师学会和土木工程承包商联合会颁布的标准土木工程施工合同文本；而B方坚持使用我国的示范文本。但A方认为示范文本不完备，不符合国际惯例，可执行性差。最后由A方起草合同文本，基本上采用ICE的内容，增加了示范文本的几个条款。1995年6月23日A方提出合同条件，6月24日双方签订合同。合同条件相关的内容如下：

①合同在中国实施，以中华人民共和国的法律作为合同的法律基础。

②合同文本用英文编写，并翻译成中文，双方同意两种文本具有相同的权威性。

③A方的责任和权力：

——A方任命A方的现场经理和代表负责工程管理工作。

——B方的设备一经进入施工现场即被认为是为本工程专用。没有A方代表的同意，B方不得将它们移出工地。

——A方负责提供道路、场地，并将水电管路接到工地。A方提供2个75kVA发电机供B方在本工程中使用，提供方式由B方购买，A方负责费用。发电机的运行费用由B方承担。施工用水电费用由B方承担，按照实际使用量和规定的单价在工程款中扣除。

——合同价格的调整必须在A方代表签字的书面变更指令作出后才有效。增加和减少工作量必须按照投标报价所确定的费率和价格计算。

如果变更指令会引起合同价格的增加或减少，或造成工程竣工期的拖延，则B方在接到变更指令后7天内书面通知A方代表，由A方代表作出确认，并且在双方商讨变更的价格和工期拖延量后才能实施变更，否则A方对变更不予付款。

——如果发现有由于B方负责的材料、设备、工艺所引起的质量缺陷，A方发出指令B方应尽快按合同修正这些缺陷，并承担费用。

——本工程执行英国规范，由A方提供一本相关的英国规范给B方。A方及A方代表出于任何考虑都有权指令B方保证工程质量达到合同所规定的标准。

④B方的责任和权力：

——若发现施工详图中的任何错误和异常应及时通知A方，但B方不能修改任何由A方提供的图纸和文件；否则将承担由此造成的全部损失费用。

——B方负责现场以外的场地、道路的许可证及相关费用。（其他略）

⑤合同价格：本合同采用固定总价方式，总造价为17518563元人民币，它已包括B方在工程施工的所有花费和应由B方承担的不可预见的风险费用。

⑥合同工期。

——合同工期共27周，从1995年7月17日到1996年1月20日。

——若工程在合同规定时间内竣工，A方向B方奖励20万元，另外每提前1天再奖励1万元。若不能在合同规定时间内竣工，拖延的第一周违约金为20万元，在合同规定竣工日期一周以后，每超过一天，B方赔偿5000元。

——若在施工期间发生超过14天的阴雨或冰冻天气，或由于A方责任引起的干扰，A方给予B方以延长工期的权力。若发生地震等B方不能控制的事件导致工期延误，B方应立即通知A方代表，提出工期顺延要求，A方应根据实际情况顺延工期。

（其他略）

合同实施状况

本工程土方工程从1995年5月11日开始，7月中旬结束，则土建施工队伍7月份就进场（比土建施工合同进场日期提前）。但在施工过程中由于：

①在当年八月份出现较长时间的阴雨天气；

②A方发出许多工程变更指令；

③B方施工组织失误、资金投入不够、工程难度超过预先的设想；

④B方施工质量差，被业主代表指令停工返工等；

造成施工进度的拖延、工程质量问题和施工现场的混乱。

原计划工程于1996年1月结束并投入使用，但实际上，到1996年2月下旬，即工程开工后的31周，还有大量的合同工作量没有完成。此时业主以如下理由终止了和B方的原合同关系：

①B方施工质量太差，不符合合同规定，又无力整改；

②工期拖延而又无力弥补；

③使用过多无资历的分包商，而且施工现场出现多级分包；

将原属于B方工程范围内的一些未开始的分项工程删除，并另发包给其他承包商，并催促B方尽快施工，完成剩余工程。

1996年5月，工程仍未竣工，A方仍以上面三个理由指令B方停止合同工作，终止合同工程，由其他承包商完成。

在施工过程中B方提出近1200万的索赔要求，在工程过程中一直没有得到解决。而双方经过几轮会谈，在10个月后，最终业主仅赔偿B方30万元。

本工程无论从A方或B方的角度都不算成功的工程，都有许多经验教训值得记取。

B方的教训

在本工程中，B方受到很大损失，不仅经济上亏本很大，而且工期拖延，被A方逐出现场，对企业形象有很大的影响。这个工程的教训是深刻的。

①从根本上说，本工程采用固定总价合同，招标图纸比较粗略，做标期短，地形和地质条件复杂，所使用的合同条件和规范是承包商所不熟悉的。对B方来说，几个重大风险集中起来，失败的可能性是很大的，承包商的损失是不可避免的。1996年7月，工程结束时B方提出实际工程量的决算价格为1882万元（不包括许多索赔）。经过长达近十个月的商谈，A方最终认可的实际工程量决算价格为1416万元人民币。

②报价的失误。B方报价按照我国国内的定额和取费标准，但没有考虑到合同的具体要求，合同条件对B方责任的规定，英国规范对工程质量、安全的要求，例如：

a）开工后，A方代表指令B方按照工程规范的要求为A方的现场管理人员建造临时设施。办公室地面要有防潮层和地砖，厕所按现场人数设位，要有高位水箱、化粪池，并贴瓷砖，这大大超出B方的预算。

b）A方要求B方有安全措施，包括设立急救室、医务设备，施工人员在工地上应配备专用防钉鞋、防灰镜、防雨具，这方面的花费都在报价中没有考虑到。

c）由于施工工地位于国道西侧，弃土须堆到国道东侧，这样必须切断该国道。在这个过程中发生了申请切断国道许可、设告示栏、运土过程中安全措施、施工后修复国道等各种费用，而B方报价中未考虑到这些费用。B方向A方提出索赔，但被A方反驳，因为合同已规定这是B方责任，应由B方支付费用。

当然，在本工程中，A方在招标文件中没有提出合同条件，而在确定承包商中标后才提出合同条件。这是不对的，违反惯例。这也容易造成承包商报价的失误。

③工程管理中合同管理过于薄弱，施工人员没有合同变更的概念，不了解国际工程的惯例和合同的要求，仍按照国内通常的方法施工、处理与业主的关系。例如：

a）对A方代表的指令不积极执行，作“冷处理”，造成英方代表许多误解，导致双方关系紧张。

例如，B方按图纸规定对内墙用纸筋灰粉刷，A方代表（英国人）到现场一看，认为用草和石灰粉刷，质量不能保证，指令暂停工程。B方代表及A方的其他中方管理人员向他说明纸筋灰在中国用得较多，质量能保证。A方代表要求暂停粉刷，先粉刷一间，让他确认一下，如果确实可行，再继续施工。但B方对A方代表的指令没有贯彻，粉刷工程小组虽然已经听到A方代表的指令，但仍按原计划继续粉刷纸筋灰。几天后粉刷工程即将结束，A方代表再到现场一看，发现自己指令未得到贯彻，非常生气，拒绝接收纸筋灰粉刷工程，要求全部铲除，重粉水泥砂浆。因为图纸规定使用纸筋灰，B方就此提出费用索赔，包括：已粉好的纸筋灰工程的费用、返工清理和两种粉刷价差索赔。

但A方代表仅认可两种粉刷的价差索赔，而对返工造成的损失不予认可，因为他已下达停工指令，继续施工的损失应由B方承担。而且A方代表感到B方代表对他不尊重。

所以导致后期在很多方面双方关系非常紧张。

b）施工现场几乎没有书面记录。本工程变更很多，由于缺少记录，造成许多工程款无法如数索赔。

例如在施工现场有三个很大的水塘，设计前勘察人员未走到水塘处，地形图上有明显的等高线，但未注明是水塘。承包商现场考察时也未注意到水塘。施工后发现水塘，按工程要求必须清除淤泥，并要回填，B方提出6600立方米的淤泥外运量、费用133,000元索赔要求，认为招标文件中未标明水塘，则应作为新增工程分项处理。A方工程师认为，对此合同双方都有责任：A方未在图上标明，提供了不详细的信息；而B方未认真考察现场。最终A方还是同意这项补偿。但B方在施工现场没有任何记录、照片，没有任何经A方代表认可的证明材料，例如土方外运多少、运到何处、回填多少、从何处取土。最终A方仅承认60,000元的赔偿。

c）B方的工程报价及结算人员与施工现场脱节，现场没有估价师，每月B方派工作量统计员到现场与业主结算，他只按图纸和原工程量清单结算，而忽视现场的记录和工程变更，与现场B方代表较少沟通。

d）合同规定，A的任何变更指令必须再次由A方代表书面确认，并双方商谈价格后再执行，承包商才能获得付款。而在现场，承包商为业主完成了许多额外工作和工程变更，但没有注意获取业主的书面确认，也没有和业主商谈补偿费用，也没有现场的任何书面记录，导致许多附加工程款项无法获得补偿。A方代表对他的同事说："中国人怎么只知干活不要钱。""结算师每月进入现场一次，像郊游似的，工程怎么能盈利呢？"

e）业主出于安全的考虑，要求承包商在工程四周增加围墙。当然这是合同内的附加工程。业主提出了基本要求：围墙高2米，上部为压顶，花墙，下部为实心一砖墙，再下面为条形大放脚基础，再下为道渣垫层。业主要求承包商以延长米报价，所报单价包括所有材料、土方工程。承包商的估算师未到现场详细调查，仅按照正常的地平以上2米高，下为大放脚和道渣，正常土质的挖基槽计算费用，而忽视了当地为丘陵地带，而且有许多藕塘和稻田，淤泥很多，施工难度极大。结果实际土方量、道渣的用量和砌砖工程量大大超过预算。由于按延长米报价，业主不予补偿。

f）由于本工程仓促上马，所以变更很多。业主代表为了控制投资，在开工后再次强调，承包商收到变更指令或变更图纸，必须在7天内报业主批准（即为确认），并双方商定变更价格，达成一致后再进行变更，否则业主对变更不予支付。这一条应该说对承包商是有利的。但施工中B方代表在收到书面指令后不去让业主确认，不去谈价格（因为预算员不在施工现场），而本工程的变更又特别多，所以大量的工程变更费用都未能拿到。

④承包商工程质量差，工作不努力，拖拉，缺少责任心，使A方代表对B方失去信任和信心。例如开工后，像我国许多国内工程一样，施工现场出现了许多未经业主代表批准的分包商，以及多级分包现象。这些分包商分包关系复杂，A方代表甚至B方代表都难以控制。他们工作没有热情，施工质量差，工地上协调困难，造成混乱。这在任何国际工程中都是不能允许的。在相当一部分墙体工程中，由于施工质量太差，高低不平，无法通过验收。A方代表指令加厚粉刷，为了保证质量，要求B方在墙面上加钢丝网，而不给B方以费用补偿。这不仅大大增加了B方的开支，而且A方对工程不满意。

投标前A方提供了一本适用于本工程的英国规范，但B方工程人员从未读过，施工后这本规范找不到了，而B方人员根深蒂固的概念是按图施工，结果造成许多返工。

例如在施工图上将消防管道与电线管道放于同一管道沟中，中间没有任何隔离，B方按图施工，完成后，A方代表拒绝验收，因为：

a）这样做极不安全，违反了A方所提供的工程规范。

b）即使施工图上是两管放在一起，是错的，但合同规定，承包商若发现施工图中的任何错误和异常，应及时通知A方。作为一个有经验的承包商应能够发现这个常识性的错误。

所以A方代表指令B方返工，将两管隔离，而不给B方任何补偿。

——A方的教训

当然A方的合同管理也有许多教训值得记取：

①本工程初期，A方的总经理制定项目总目标，作合同总策划。但他是搞经营出身的，没有工程背景，仅按市场状况作计划，急切地想上马这个项目，想压缩工期，所以将计划期、做标期、设计期、施工准备期缩短，这是违反客观规律的，结果欲速则不达，不仅未提前，反而大大延长了工期。

②由于项目仓促上马，设计和计划不完备，工程中业主的指令所造成的变更太多，地质条件又十分复杂，不应该用固定总价合同。这个合同的选型出错，打倒了承包商，当然也损害了工程的整体目标。

③如果要尽快上马这个项目，应采用承包商所熟悉的合同条件。而本工程采用承包商不熟悉的英文合同文本、英国规范，对承包商风险太大，工程不可能顺利。

④采用固定总价合同，则业主不仅应给承包商提供完备图纸、合同条件，而且应给承包商合理的做标期、施工准备期等，还应帮助承包商理解合同条件，双方及时沟通。但在本工程中业主及业主代表未能做好这些工作。

⑤业主及业主代表对承包商的施工力量、管理水平、工程习惯等了解太少，授标后也没有给承包商以帮助。

（二）工 程 索 赔

1. 工程索赔的概念和分类

（1）索赔的含义

索赔一词由来已久，其一般含义是指对某事、某物权利的一种主张、要求、坚持等。而工程索赔通常是指在工程合同履行过程中，合同当事人一方因非自身因素或对方不履行或未能正确履行合同而受到经济损失或权利损害时，通过一定的合法程序向对方提出经济或时间补偿的要求。

（2）索赔的特征

——索赔是双向的，不仅承包商可以向业主索赔，业主同样也可以向承包商索赔。而在工程实际中由于发包人始终处理主动和有利的位置，他可以通过从应付工程款中实现自己的索赔要求，因此通常发生的索赔是承包商向发包人提出的索赔。

——只有实际发生了经济损失或权利损害，一方才能向对方索赔。经济损失是指发生了合同以外的额外支出，如人工费、材料费、管理费等费用增加；权利损害是指虽然没有经济上的损失，但造成了一方权利上的损害，如由于恶劣天气导致工期拖延，承包商有权要求延长工期。

——索赔是一种未经对方确认的单方行为，它与工程签证不同。在施工过程中签证是承发包双方就额外费用补偿或工期延长等达成一致的书面材料，它可以作为调整合同价款的依据；而索赔则是单方面的行为，索赔要求能否实现取决于对方的认可。

因此归纳起来，索赔具有如下一些本质特征：

1）索赔是要求给予补偿（赔偿）的一种权利、主张；

2）索赔的依据是法律法规、合同文件及工程建设惯例，但主要应为合同文件；

3）索赔是因非自身原因导致的，要求索赔一方没有过错；

4）与合同相比较，已经发生了额外的经济损失或工期延误；

5）索赔必须有切实有效的证据；

6）索赔是单方行为，双方没有达成协议。

许多人一听到“索赔”两字，马上联想到争议的仲裁、诉讼或双方激烈的对抗，因此人为应当尽可能避免索赔，担心因索赔而影响双方的合作。实质上索赔是一种正当的权利或要求，是合情、合理、合法的行为，它是在正确履行合同的基础上争取合理的偿付，不是无中生有，无理争利。索赔本身就是市场经济中合作的一部分，同守约、合作并不矛盾。

（3）索赔的起因

工程索赔的起因很多，归纳起来主要有工程建设过程中的复杂性、业主方面的原因、合同组成和文字方面、国家政策和法律法规变更等诸多原因，具体主要体现在以下几个方面：

1）现代承包工程的特点是涉及面广、综合性强、生产过程复杂；

2）业主违约或业主间接违约（如业主指定的分包商或业主要求的变化如更换材料、暂停施工等）而造成承包商额外的支出或延误工期；

3）合同双方对合同组成和文字的理解差异或合同文件规定自相矛盾或合同内容遗漏、错误等等而引起的索赔；

4）国家政策、法律法规的变更而导致原合同签订的法律基础发生变化，直接影响承包商的经济效益；

上述这些原因在任何工程承包合同的实施过程中都不可避免，所以索赔不可避免，承包商为取得比较满意的工程经济效益，必须重视工程索赔。

（4）索赔的分类

从不同的角度，按不同的标准，索赔有不同的分类方法。

1）按索赔的目的分类

——工期索赔，即由于非承包商自身原因造成工程拖期的，承包商要求发包人延长工期，推迟竣工日期。

——费用索赔，即承包人要求发包人补偿费用损失，调整合同价格，弥补经济损失。

2）按索赔所依据的理由分类

——合同内索赔

合同内索赔是指索赔以合同条文作为依据，发生了合同规定的可以提出索赔的干扰事件，遭受损失的一方向对方提出的索赔，即明示索赔。

——合同外索赔

合同外索赔是指工程过程中发生的干扰事件的性质已经超过合同范围，在合同中找不到具体的依据，一般必须根据适用于合同关系的法律解决索赔问题，即默示索赔。

——道义索赔

承包商索赔没有合同理由，可能是由于承包商失误，或发生承包商应负责的风险而造成承包商的重大损失。这将极大地影响承包商的财务能力、履约积极性、履约能力甚至危及承包企业的生存。承包商提出要求，希望业主从道义，或从工程整体利益的角度给予一定的补偿，即可以称为额外支付。道义索赔的主动权掌握在发包人手中，发包人一般在以下四种情况下，可能会同意并接受这种索赔：

①若另找其他承包人，费用会更大；

②为了树立自己的形象；

③出于对承包人的同情和信任；

④谋求与承包人更理解或更长久的合作。

3）按索赔事件的性质分类

①工程延期索赔。

因发包人未按合同要求提供施工条件，如未及时交付设计图纸、施工现场等，或因工程师指令工程暂停或不可抗力事件等原因造成承包商工期延误，承包人可提出索赔。

②工程变更索赔。

由于发包人或工程师指令增加工程量、修改设计、变更施工顺序等，造成承包商工期延误和费用增加，承包商可提出索赔。

③工程终止索赔。

由于发包人违约或不可抗力事件造成了工程非正常终止，给承包商造成损失，承包商对此提出索赔。

④工程加速施工索赔。

由于发包人或工程师指令使承包商加快施工进度，造成承包人费用的增加，承包商据此提出的索赔。

⑤意外风险和不可预见因素索赔。

在工程实施过程中，因不可抗拒的自然因素或作为一个有经验的承包商无法预见的不利施工条件造成承包商工期延误或费用增加，承包商可提出索赔。

⑥其他索赔。

在工程实施工程中，因汇率变化、政策法律等变化造成的承包商费用增加，承包商可提出索赔。

4）按索赔处理方式分类

①单项索赔。

单项索赔就是采取一事一索赔的方式，即在每一件索赔事项发生后，报送索赔通知书，编报索赔报告，要求单项解决支付，不与其他的索赔事项混在一起。单项索赔通常原因单一、责任单一、分析起来相对容易，由于涉及的金额一般较小，双方容易达成协议，处理起来也比较简单，因此合同双方应尽可能地用此方式来处理索赔。

②综合索赔。

综合索赔又称一揽子索赔，即对整个工程中所发生的数起索赔事项，综合在一起进行索赔。一般在工程竣工前和工程移交前，承包人将工程实施工程中因各种原因未能及时解决的单项索赔集中起来进行综合考虑，提出一份综合索赔报告，由合同双方在工程交付前后进行最终谈判，以一揽子方案解决索赔问题。由于在一揽子索赔中许多干扰事件交织在一起，事件的责任方不好确认，索赔涉及的金额往往又很大，因此使索赔的谈判和处理很困难，其索赔的成功率也比单项索赔要低得多。

在我们的讲授过程中，我们将以最为常见的工期索赔和费用索赔作为重点。

(5) 工程索赔的现状与作用

工程项目管理的核心是合同管理，而合同管理的关键又是索赔管理。但由于长期以来计划经济体制的约束、法律观念和合同意识的淡薄，中国工程界没有严格意义上的工程索赔。承发包双方对索赔的认识都不够全面和正确，还不同程度地存在不敢索赔、不会索赔、不能索赔和不让索赔的现象，企业还需要在实践中不断强化合同意识、索赔意识，增强自我保护能力，以适应市场经济发展的需要。

1) 索赔意识薄弱，对索赔及索赔管理的重要性没有足够认识，也没有引起足够的重视。企业没有建立合同管理和索赔管理的机构、管理制度、管理程序，没有配备合格的索赔专门人员，还没有将索赔管理纳入和贯穿到整个工程项目管理的全过程之中；

2) 对索赔普遍存在模糊认识甚至错误认识，对索赔行为讳莫如深，担心损害与业主之间的关系，不敢索赔。有些业主则利用自己的主动地位，不准承包商索赔；

3) 索赔经验及索赔实例资料贫乏。由于我国工程企业对索赔的模糊认识，在过去的工程实践中丧失了很多很好的索赔机会，也很少对索赔经验和教训进行系统总结，对典型索赔成功案例进行收集、整理和分析，所以企业在针对具体工程索赔时，不知如何进行和运作，不会索赔。

4) 索赔专门人才缺乏。

工程索赔的健康开展，对于培育和发展建筑市场，促进建筑业的发展，提高工程建设的效益，将发挥非常重要的作用。工程索赔的作用主要表现在以下方面：

1) 索赔是合同和法律赋予正确履行合同者免受意外损失的权利，索赔是当事人保护自己、避免损失、提高效益的一种重要手段。

2) 索赔既是落实和调整合同双方经济责、权、利关系的手段，也是合同双方风险分担的又一次合理再分配。离开了索赔，合同责任就不能全面体现，合同双方的责、权、利关系就难以平衡。

3) 索赔是合同实施的保证。索赔是合同法律效力的具体体现，对合同双方形成约束条件，特别是能对违约者起到警戒作用，从而使合同双方尽量减少其违约行为的发生。

4) 索赔对提高企业和工程项目管理水平起到重要的促进作用。我国施工企业在许多建设项目实施过程中无法提出索赔或索赔不成功，往往与其管理松散、计划实施不严等密切相关，因此对于承包人而言，如何有效利用索赔，就应加强企业管理水平和项目管理水平。

5) 索赔有助于承发包双方更快熟悉国际惯例，熟练掌握索赔和处理索赔的方法和技巧，有助于对外开放和国际工程承包的开展。

2. 工程索赔的计算

(1) 索赔的一般程序

根据我国建设工程施工合同范本的规定，我国施工索赔的程序如下：

1) 索赔事件发生后28天内，承包商向工程师发出索赔意向通知；

索赔意向通知是一种维护自身索赔权利的文件。一般包括以下内容：索赔事件发生的时间、地点、简要事实情况和发展动态，索赔所依据的合同条款和主要理由，索赔事件对工程成本和工期产生的不利影响。

如果承包人没有在规定的期限内提出索赔意向，承包人就会丧失在索赔中的主动和有利地位，发包人或工程师也有权拒绝承包人的索赔要求，这是索赔成立的有效、必备的条件之一。

2) 发出索赔通知后28天内，承包商向工程师提出补偿经济损失或延长工期的索赔报告及有关资料；

如果索赔事件对工程影响持续时间较长，承包人应按工程师要求提交中期索赔报告，并在索赔事件结束后的28天内提交一份最终索赔报告。如果承包人未按规定提交索赔报告，他就失去该项事件请求补偿的索赔权力；

3) 工程师在收到索赔报告后28天内给予答复或要求承包人进一步补充索赔理由和证据；工程师在收到承包人的索赔文件后，必须以完全独立的身份，站在客观公正的立场审查承包人索赔要求的正当性，必须对合同条件、协议条款等有详细的了解，以合同为依据来公平处理合同双方的利益纠纷；

4) 工程师在收到索赔报告后28天内未予答复，视为承包商提出的该项索赔要求已经认可。

根据FIDIC合同条款规定，工程索赔的工作包括以下步骤：

1) 提出索赔要求

当出现索赔事项时，承包人在现场先与工程师磋商，如果不能达成妥协方案时，承包人应审慎地检查自己索赔要求的合理性，然后决定是否提出索赔要求。若承包人决定提出索赔，应在索赔事件发生后的28天内，以书面索赔通知书形式向工程师正式提出，并抄送业主；逾期才报告，将遭到业主或工程师拒绝。

2) 报送索赔资料

在索赔事件发生后的42天内，或经工程师同意的合理时间内，应向工程师提交索赔的正式书面报告。索赔证据资料应尽可能完备、计算准确、符合合同条款，有说服力；要简明扼要，着重说明事实。索赔报告要一事一报，不要将不同性质的索赔混在一起。

工程师在收到索赔报告或该索赔的任务进一步的详细证明报告后42天内，或在承包商批准的其他合理时间内，应表示批准或不批准，并就索赔的原则作出反应。

3) 会议协商解决

索赔报告送出后，不能坐等其书面答复，最好约定时间向工程师和业主进行细致的解释和会谈，可能要经过多次正式会谈和私下会晤才能相互沟通和谅解。

4) 谋求中间人调解

在双方直接谈判没能取得一致解决意见时，为争取通过友好协商办法解决索赔争端，可邀请中间人进行调解。

5）仲裁或诉讼

如果承包人不同意工程师的处理决定，且调解也无效的情况下，承包人可根据合同约定，将索赔争议提交仲裁或诉讼，使索赔问题得到最终解决。在仲裁或诉讼过程中，工程师作为工程全过程的参与者和管理者，可作为证人提供证据，做答辩。

对于工程实施过程中发生的各类索赔问题，合同双方应尽可能以友好协商的方式解决索赔问题，不要轻易提交仲裁或诉讼。因为对工程争议的仲裁或诉讼往往是非常复杂的，要花费大量的人力、物力、财力和精力，对工程建设也会带来不利。

（2）索赔证据

1）对索赔证据的要求

索赔证据是当事人用来支持其索赔成立或和索赔有关的证明文件和资料。索赔证据是否齐全和有效直接关系到索赔的成功，因此索赔证据应满足以下要求：

——真实性　索赔证据必须是在实施合同过程中确实存在和实际发生的，是施工过程中产生的真实资料，能经得起推敲。

——全面性　索赔证据应能说明事件的全部内容。索赔报告中涉及的索赔理由、事件过程、影响、索赔值等都应有相应证据，不能零乱和支离破碎。

——关联性　索赔证据应当与索赔事件有必然联系，并能够互相说明、符合逻辑，不能互相矛盾。

——及时性　索赔证据的取得及提出应当及时，这种及时性反映了承包人的态度和管理水平。

——具有法律证明效力　索赔证据必须是书面文件，有关记录、协议、纪要必须是双方签署的，工程中重大事件、特殊情况的记录、统计必须由工程师签证认可。

2）索赔证据的种类

常见的索赔证据主要有以下几类：

——招标文件、工程合同及附件、业主认可的施工组织设计、工程图纸、技术规范等；

——工程各项有关设计交底记录、变更图纸、变更施工指令等；

——工程各项经业主或监理工程师签认的签证；

——各项往来信件、指令、通知、答复等；

——工程各项会议纪要；

——施工计划及现场实施情况记录；

——施工日报及工长工作日志、备忘录；

——工程送电、送水、道路开通、封闭的日期及数量记录；

——工程停电、停水和干扰事件影响的日期及恢复施工的日期；

——工程预付款、进度款拨付的数额及日期记录；

——工程图纸、图纸变更、交底记录的送达份数及日期记录；

——工程有关施工部位的照片及录像等；

——工程现场气候记录；

——工程验收报告及各项技术鉴定报告；

——工程材料采购、进场、验收、使用等方面的凭据。

(3) 索赔报告

索赔报告也称索赔文件，它是合同一方向对方提出索赔的书面文件，它全面反映了一方当事人提出的索赔要求和主张，对方当事人也是通过对索赔文件的审查、分析和评价作出对索赔的认可、要求修改和拒绝，索赔文件也是双方当事人进行索赔谈判的重要依据，因此索赔方必须认真编写索赔报告。

1) 索赔报告的内容

索赔报告一般由以下内容构成：

①标题。

索赔报告的标题应该能够简要、准确地概括索赔的中心内容。

②事件。

详细描述事件过程，主要包括事件发生的工程部位、发生的时间、原因和经过、影响的范围以及承包人当时采取的防止事件扩大的措施、事件持续时间、承包人已经向业主或工程师报告的次数及日期、最终结束影响的时间、事件处置过程中的有关主要人员办理的有关事项等。

③理由。

即索赔依据，主要是法律依据和合同条款的规定。合理引用法律和合同的有关规定，建立事实与损失之间的因果关系，说明索赔的合理、合法性。

④结论。

指出事件造成的损失或损害及其大小，主要包括要求补偿的金额及工期，这部分只需列举各项明细数字及汇总数据即可。

⑤详细计算书。

为了证实索赔金额和工期的真实性，必须指明计算依据及计算资料的合理性，包括损失费用、工期延长的计算基础、计算方法、计算公式及详细的计算过程及计算结果。

⑥附件。

包括索赔报告中所列举的事实、理由、影响等各种证明文件、证据和图表。

2) 索赔文件的编写要求

索赔文件如果起草不当，会失去索赔方的有利地位和条件，导致索赔不成功。因此编写索赔报告时应注意以下事项：

①索赔事件要真实、证据确凿。

索赔的根据和数额应符合实际情况，不能虚构和扩大，更不能无中生有，这是索赔的基本要求。这既关系到索赔的成败，也关系到承包人的声誉。一个符合实际的索赔文件，可使业主或工程师往往无法拒绝其索赔要求；反之，若索赔报告缺乏依据，漏洞百出，只会导致业主或工程师的反感，即使索赔文件中存在正当的索赔理由也有可能被拒绝。

②计算索赔值要合理、准确。

索赔文件中应完整列入索赔值的详细计算资料，指明计算依据、计算原则、计算方法、计算过程及计算结果的合理性，必要的地方应作详细说明。若索赔值被高估，会给对方留下不好的印象，影响索赔的成功。

③责任分析要清楚。

索赔文件中责任分析应清楚、准确。一般索赔所针对的事件都是由于非承包商责任造成的，因此在索赔报告中要善于引用法律和合同中的有关条款，详细、准确地分析并明确指出对方应承担的责任，并附上有关证据材料，不可在责任分析上模棱两可、含糊不清。

④要强调事件的不可预见性和突发性。

索赔文件中应强调即使作为一个有经验的承包商也无法预计该索赔事件的发生，而且索赔事件发生后承包人采取了有效措施来防止损失和不良后果的扩大，从而使索赔更易被对方接受。

⑤简明扼要、用语应尽量婉转。

索赔文件在内容上应组织合理、条理清楚，既能完整地反映索赔要求，又要简明扼要，使对方能很快理解索赔的性质。同时要注意用语应尽量婉转，避免使用强硬、不客气的语言。

(4) 工期索赔的计算

我们先来看一下工期延误的一般处理原则。

1) 单方面工期延误的处理原则

通常工期延误的影响因素可归纳为三大类：第一类是合同双方均无过错的原因或因素而造成的工期延误，主要指不可抗力事件和恶劣气候条件等；第二类是由于业主或工程师原因造成的工期延误；第三类是由于承包商自身原因的工期延误。

一般来说，对于第一类原因造成的工期延误，承包人只能要求延长工期，很难或不能要求业主赔偿损失；而对于第二类原因造成的工期延误，如果业主的延误已影响了关键路线的工作，承包人既可要求延长工期，又可要求相应的费用赔偿；如果业主的延误仅影响非关键路线上的工作，且延误的工作仍属非关键路线，而承包人能证明因此引起了损失或额外开支，则承包人不能要求延长工期，但完全有可能要求费用赔偿；对于第三类原因造成的工期延误，业主或工程师可拒绝承包商的索赔要求。其处理原则详见表 5-1。

工期索赔处理原则 **表 5-1**

索赔原因	拖期原因	责任者	处理原则	索赔结果
工期延误	1. 修改设计	业主/工程师	可给予工期延长，可补偿经济损失	工期+经济补偿
	2. 施工条件变化			
	3. 业主原因拖期			
	4. 工程师原因拖期			
	1. 异常恶劣气候	客观原因	可给予工期延长，不给予经济补偿	工　期
	2. 工人罢工			
	3. 天灾			
	1. 工效不高	承包商	不延长工期，不补偿经济损失，向业主支付误期损失赔偿费	索赔失败 无权索赔
	2. 施工组织不好			
	3. 设备材料供应不及时			

2) 共同延误下的处理原则

在实际施工过程中，工期延误很少是只由一方面（业主或工程师、客观原因、承包商）造成的，往往是多方面的原因同时发生造成的，这就称为“共同延误”。在共同延误的情况下，要具体分析哪一种延误是有效的，即承包商可以得到工期延长，或既可得到工期延长，又可得到费用补偿。在确定工期索赔的有效期时，应依据以下原则：

①首先判断造成工期延误的哪一种原因是最先发生的，即确定“初始延误”者，它应对工期延误负责，在初始延误发生作用期间，其他并发的延误不承担拖期责任。

②如果初始延误者是承包商，则在承包商造成的延误期内，业主和客观原因造成的延误均为不可索赔延误。如果承包商的初始延误已解除后，业主或客观原因造成的延误仍然在起作用，则承包人可对超出部分的时间进行索赔。

③如果初始延误者为业主或工程师，则在业主造成的延误期内，承包商既可得到工期延长，也可得到经济补偿。

④如果初始延误者是客观因素，则在客观因素发生影响的时间范围内，承包商可得到工期延长，但很难得到费用补偿。

上述共同延误的处理原则可用表 5-2 表示。表中第一列表示初始延误者为承包商，第二列表示初始延误者为业主或工程师，第三列表示初始延误者为客观原因。

共同延误下的索赔处理 **表 5-2**

	1	2	3
a	C E N	E C N	N C E
b	C E N	E C N	N C E
c	C E N	E C N	N C E
d	C E N	E C N	N C E

注：C 为承包商原因造成的延误，E 为业主或工程师原因造成的延误，N 为客观原因造成的延误，——为不可得到补偿的延期，══表示可得到时间补偿的延期，▭表示可以得到时间补偿和费用补偿的延期，线段长度表示延误事件的持续时间。

工期索赔的计算主要有以下两种方法：

1）网络图分析法

承包人提出工期索赔，必须确定干扰事件对工期的影响，即工期索赔值。工期索赔分析的一般思路是：假设工程一直按原网络计划确定的施工顺序和时间施工，当一个干扰事件或多个干扰事件发生后，使网络中的某个或某些活动受到干扰而延长施工持续时间。将这些活动受干扰后的新的持续时间记入网络图中，重新进行网络分析和计算，即得到一个新工期。新工期与原工期之差即为干扰事件对总工期的影响，即为承包人的工期索赔值。通常，如果延误在关键路线上，则该延误引起的持续时间的延长即为总工期的延长值。如果该延误在非关键路线上，受影响后仍在非关键路线上，则该延误对工期无影响，故不能提出工期索赔。

网络分析是一种科学、合理的计算方法，它通过对干扰事件发生前后网络计划的差异计算工期索赔值，通常适用于各种干扰事件引起的工期索赔。但对于大型、复杂的工程，手工计算比较困难，需借助于计算机来完成。

【例 5-1】 为了实施某项目的建设，业主与施工单位按《建设工程施工合同（示范文本)》签订了建设工程施工合同。在工程施工过程中，遭受特大暴风雨袭击，造成了相应的损失，施工单位及时向工程师提出补偿要求，并附有相关的详细资料和证据。

施工单位认为遭受暴风雨袭击是因不可抗力造成的损失，故应由业主承担赔偿责任，包括：

1）给已建部分工程造成破坏，损失计 18 万元，应由业主承担修复的经济责任；

2）施工单位人员因此灾害受伤，处理医疗费用和补偿金总计 3 万元，业主应予赔偿；

3）施工单位进场的正在使用的机械、设备受到损坏，造成损失 8 万元，同时由于现场停工造成台班费损失 4.2 万元，业主应承担赔偿和修复责任；

4）工人窝工费 3.8 万元；

5）因暴风雨造成现场停工 8 天，要求合同工期顺延 8 天；

6）由于工程损害，清理现场需费用 2.4 万元，请求业主支付。

问题：

1）因不可抗力时间导致的损失与延误的工期双方按什么原则分别承担?

2）作为现场的工程师，应对施工单位提出的赔偿要求如何处理?

【解】 不可抗力的后果承担原则如下：

1）工程本身的损害、因工程损害导致第三方人员伤亡和财产损失以及运至施工场地用于施工的材料和待安装的设备的损害，由发包人承担；

2）发包人和承包人人员伤亡由其所在单位负责，承担相应费用；

3）承包人机械设备损害及停工损失，由承包人承担；

4）停工期间，承包人应工程师要求留在施工现场的必要管理人员及保卫人员的费用由发包人承担；

5）工程所需清理费用、修复费用，由发包人承担；

6）延误的工期相应顺延。

由合同一方拖延履行合同后发生不可抗力的，不能免除责任

索赔事件结果处理如下：

1）工程本身损失 18 万元，由业主承担；

2）施工单位人员的医疗费用和补偿金 3 万元，由施工单位自行承担，索赔不予支持；

3）施工单位的机械设备损坏和停工损失自己承担，索赔不予支持；

4）工人窝工费 3.8 万元施工单位自己承担，索赔不予支持；

5）顺延工期 8 天可以索赔；

6）工程清理费用 2.4 万元索赔予以支持。

【例 5-2】 某承包商（乙方）于某年 3 月 6 日与某业主（甲方）签订一项施工合同，合同规定，甲方于 3 月 14 日提供施工现场，工程开工日期为 3 月 16 日，竣工日期为 4 月 12 日，合同日历工期为 28 天。工期每提前 1 天奖励 3000 元，每拖后 1 天罚款 5000 元。

实际施工过程中发生了如下几项事件：

事件1：因拆迁工作拖延，甲方于3月17日才提供出全部场地，影响了工作A、B，使该两项作业时间均延长了2天，并使这两项工作分别窝工6、8个工日，工作C为此受到影响。

事件2：乙方与租赁商原约定，工作D使用的某种机械于3月27日进场，但因运输问题推迟到3月30日才进场，造成D工作实际作业时间增加1天，多用人工7个工日。

事件3：在工作E施工时，因设计变更，造成施工时间增加2天，多用工14个工日，其他费用增加1.5万元。

事件4：工作F是一项隐蔽工程，施工完毕后经工程师验收合格后进行了覆盖。事后甲方代表认为该项工作很重要，要求工程师在该项工作的两个主要部位进行剥露检查。检查结果为：a部位完全合格，但b部位的偏差超出了规范允许的范围，乙方根据甲方要求进行返工处理，合格后工程师予以签字验收。

其中部位a的剥露和覆盖用工为6个工日，其他费用为1000元；部位b的剥露、返工及覆盖用工20个工日，其他费用为1.2万元。因为F工作的重新检验和返工处理影响了工作H的正常施工，使工作H的作业时间延长2天，多用工10个工日。

问题：

1. 在上述事件中，乙方可以就哪些向甲方提出工期和费用补偿要求？为什么？

2. 假设工程所在地人工费标准为30元/工日，窝工人工费补偿标准为18元/工日，管理费和利润不予补偿。则在该项工程施工中，乙方可得到的合理的经济补偿额是多少？

【解】 1. 事件1可以提出工期和费用补偿。因为不能按时提供场地属于甲方的责任。

事件2不能提出补偿要求。施工设备迟进场属于乙方责任。

事件3可以提出工期和费用补偿。因为设计变更属于甲方责任，由此增加的工期和费用应由甲方承担。

事件4：不能提出工期和费用补偿。

2. 合理的经济补偿应为：

事件1：窝工人工费（6＋8）×18＝252元

事件3：多用人工费14×30＝420元

其他费用1.5万元。

因此，在该工程师施工中，乙方可得到合理的经济补偿总额为252＋420＋15000＝15672元。

拖延工期罚款为（4＋2）×5000＝3万元，因此不但不能获得经济补偿，还应承担违约经济处罚15669（30000－15672）元。

2）比例分析法

在实际工程中，如干扰事件仅影响某些单项工程、单位工程或分部分项工程的工期，要分析它们对总工期的影响，可采用较简单的比例分析法。比例分析法可分为以下两种情况：

①按工程量进行比例类推。

当计算出某一分部分项工程的工期延长后，如何分析其对总工期的影响，可用局部工程的工作量占整个工程工作量的比例来折算。

【例 5-3】 某工程基础施工时，出现了不利的地质障碍，工程师指令承包人进行处理，土方工程量由原来的 2760m³ 增至 3280m³，原定工期为 45 天，因此承包人可提出工期索赔值为

$$工期索赔值=原工期\times\frac{额外或新增工程量}{原工程量}=45\times\frac{3280-2760}{2760}=8.5天$$

②按造价进行比例类推。

若施工中出现了很多大小不等的工期索赔事件，较难准确地单独计算且又麻烦时，可经双方协商，采用造价比较法确定工期索赔值。

【例 5-4】 某工程合同造价为 1000 万元，总工期为 24 个月，现因业主指令增加额外工程 100 万元，则承包人应提出工期索赔为

$$工期索赔=原合同工期\times\frac{新增工程量价格}{原合同价格}=24\times\frac{100}{1000}=2.4月$$

比例类推法简单、方便，易于被人们理解和接受，但不很科学，有时不符合工程实际情况。因此在实际工作中应予以注意，正确掌握其适用范围。

（5）费用索赔的计算

1）费用索赔的原因

引起费用索赔的原因是由于合同环境发生变化使承包人遭受了额外的经济损失。归纳起来，费用索赔的产生主要有以下原因：业主违约；工程变更；业主拖延支付工程款或预付款；工程加速施工；业主或工程师责任造成的可索赔费用的延误；非承包人原因的工程中断或终止等。

与工期索赔相比，费用索赔有以下一些特点：

——费用索赔的成功与否及其大小事关工程建设项目双方的经济利益，因而费用索赔常常是最困难、也是双方分歧最大的部分。

——索赔费用的计算比索赔的确认更为复杂。

2）费用索赔的计算方法

费用索赔是整个工程合同索赔的重点和最终目标。其具体索赔费用的构成根据不同的索赔事件有不同的构成，详细情况可参照有关的合同条款。

费用索赔计算方法常用的有：总费用法；修正总费用法；分项法。

①总费用法。

总费用法即总成本法，是指当发生多次索赔事件后，重新计算该工程的实际总费用，实际总费用减去投标报价的总费用，即为索赔值。

索赔值＝实际总费用-投标报价估算总费用

一般在工程难以计算实际费用时才使用该方法计算，使用时要注意其适用条件：已开支的实际总费用经审核是合理的；承包商的原始报价是比较合理的；费用的增加是由于业主原因造成的；由于现场记录不足等原因难以采用更精确的计算方法。

②修正总费用法。

修正总费用法是对总费用法的改进，即在总费用计算的原则上，去掉一些不合理的因素，使其更合理。修正内容主要包含：将计算索赔的时间段局限于受外界影响的时间，不是整个工期；只计算受影响时段内的某项工作所受的影响损失而不计算该时段内所有施工

工作所受的损失；与该工作无关的费用不列入总费用中；对投标报价费用重新核算。即受影响时间段内该项工作的实际单价乘以实际完成的该项工作的工程量，得出调整后的报价费用。

索赔值＝索赔事件相关单项工程的实际总费用－该单项工程调整后投标报价

③分项法。

分项法是按每个索赔事件所引起损失的费用项目分别分析计算索赔值，最终汇总的一种计算方法。分项法计算的步骤：

A. 分析每个或每类索赔事件所影响的费用项目；

B. 计算每个费用项目受索赔事件影响后的数值，通过与合同价中的费用值进行比较，得出该项费用的索赔值；

C. 将各费用项目的索赔值汇总，得到总费用索赔值。

工程实践中，绝大多数工程索赔都采用该方法计算。

3）费用索赔的费用构成

索赔费用的主要组成部分，同建设工程施工合同价款的组成部分相似。按照我国现行规定，建筑安装工程合同价款一般包括直接费、间接费、利润和税金，因此索赔费用的构成见表 5-3，主要由以下方面组成：

索赔事件的费用构成示例表 表 5-3

索赔事件	可能的费用项目	说　明
工程延误	1. 人工费增加	包括工资上涨、现场窝工、生产效率低、不合理使用劳动力等损失
	2. 材料费增加	工程施工期间超出承包商应承担的材料价格上涨
	3. 机械台班费	设备延期引起的折旧、保养费及租赁费
	4. 保险费增加	
	5. 分包商的索赔	分包商因工程延期向承包商的费用索赔
	6. 管理费分摊	因延期造成公司管理费的增加
	7. 利息支出	银行贷款因工期延长要多支付利息
	8. 汇兑损失	国际工程承包中工程延期的汇率变化损失
	9. 其他	工程延期的通货膨胀使工程成本增加等
工程加速	1. 人工费增加	加速施工造成劳动力投入增加
	2. 材料费增加	材料运输费用增加、提前交货的费用补偿
	3. 机械费增加	机械投入增加、提前进场的费用增加
	4. 资金成本增加	前期加大资金投入造成多支付利息费用等

①人工费。

人工费主要包括生产工人的工资、津贴、加班费、奖金等。对于索赔费用中的人工费部分，主要是指根据业主指令完成合同之外的额外工作所花费的人工费用；由于非承包商责任造成的工效降低所增加的人工费用；超过法定工作时间的加班费用；非承包人责任造成的工期延误导致的窝工费等。

人工费的索赔值计算公式如下：

$$C(L)=CL_1+CL_2+CL_3$$

式中　$C(L)$ 表示可索赔的人工费；

CL_1表示因人工单价上涨而增加的费用；

CL_2表示因人工工时增加而增加的费用；

CL_3表示因劳动生产率降低而发生的窝工费。

②材料费。

可索赔的材料费包括：

——由于索赔事件导致材料实际用量超过计划用量而增加的材料费；

——由于客观原因导致材料价格的大幅度上涨

——由于非承包人责任的工期延误导致材料价格上涨

——由于非承包商原因致使材料的运杂费、采购费和保管费的上涨。

材料费的索赔值计算公式如下：

$$C(M)=CM_1+CM_2$$

式中　$C(M)$ 表示可索赔的材料费；

CM_1表示因材料用量增加而增加的费用；

CM_2表示因材料单价上涨而增加的费用。

③机械设备使用费。

可索赔的机械设备费主要包括：

——由于业主或工程师指令完成额外工作增加的机械设备使用费；

——非承包人责任造成的工效降低而增加的机械设备使用费；

——由于业主或工程师原因造成的机械设备停工发生的窝工费。

机械设备费的索赔值计算公式如下：

$$C(E)=CE_1+CE_2+CE_3+CE_4$$

式中　$C(E)$ 表示可索赔的机械设备费；

CE_1表示承包人自有施工机械工作时间额外增加的费用；

CE_2表示因单位机械台班费上涨而增加的费用；

CE_3表示外来机械设备的租赁费；

CE_4表示因机械设备闲置而发生的窝工费。

④现场管理费。

现场管理费是指承包商用于现场管理的费用。一般包括现场管理人员的费用、办公费、通讯费、差旅费、固定资产使用费、工具用具使用费、保险费、工程排污费、供热供水及照明费。它一般约占工程总成本的5%～10%。索赔费用中的现场管理费是指承包商完成额外工程，或工期延误等造成的增加的工地管理费。

索赔额＝直接成本费用索赔额×现场管理费率

式中　直接成本费用索赔额＝人工费索赔额＋材料费索赔额＋机械费额。

⑤总部管理费。

总部管理费是承包人总部发生的为整个企业的经营提供支持和服务所发生的管理费用。它一般约占企业总营业额的3%～10%。索赔费用中的总部管理费主要是指因工期延误而增加的管理费。

对于索赔事件，总部管理费金额较大，常常会引起双方的争议，一般采用施工项目成本费用分摊法来计算总部管理费的索赔值。其计算公式如下：

$$索赔额=施工项目成本费用索赔额\times企业管理费率$$

式中　施工项目成本费用=直接成本费用索赔额+现场管理费索赔额。

⑥利息。

利息是企业取得和使用资金所付出的代价。只要因业主违约（如业主拖延或拒付各种工程款、预付款或拖延退还保修金）或其他索赔事件导致承包人贷款的增加，承包人都有权向业主就相关的利息支出提出索赔。

利息的索赔值等于因索赔事件发生增加的贷款本息乘以利率，可按复利计算法计算利息。利率通常按承包人在正常情况下的当时银行贷款利率计算。

【例 5-5】 某工程是由一条公路和跨越公路的人行天桥构成，合同总价 400 万元，合同工期 20 个月。施工过程中由于图纸出现错误，工程师指示一部分工程暂停，承包商只能等待图纸修改后再继续施工。后来又因原有高压线需等电力部门迁移后方能施工，造成工期延误 2 个月。另外又因增加额外工程 12 万元（已经得到补偿），经工程师批准延期 1.5 个月。承包商经赶工按原计划工期竣工，同时提出了费用索赔。

1）因图纸错误的延误，造成三台设备停工损失 1.5 个月。

汽车吊 45 元/台班×2 台班/天×37（工作天）=3330 元

空压机 30 元/台班×2 台班/天×37（工作天）=2220 元

辅助设备 10 元/台班×2 台班/天×37（工作天）=740 元

小计：6290 元

管理费分摊（12%+7%）×1195.1 元，利润（5%）×314.5 元

该项合计：7799.6 元

2）高压线迁移延误 2 个月的管理费和利润

$$每月现场管理费=\frac{400万\times12\%}{20个月}=2.4万元/月$$

现场管理费增加为 2.4 万元/月×2 月=4.8 万元

公司管理费和利润 4.8 万×（7%+5%）=5760 元

该项合计：53760 元

3）新增额外工程使工期延长 1.5 个月，要求补偿现场管理费

2.4 万元/月×1.5 月=3.6 万元

承包方的费用索赔总计：7799.6+53760+36000=97559.6 元

经工程师测算和分析：

1）图纸错误造成的工期延误给承包商造成的部分设备损失是正确的，但不应该按台班费计算，而应按停置台班或租赁费用计算，且闲置一天计一个台班。故该项费用经核减为 3930 元；

2）因高压线迁移导致工期延误损失中，工程师认为每月现场管理费的计算是错误的，不能按合同总价计算，而只能按直接费计算，即：

扣除利润后的合同总价 400 万÷（1+5%）=380.9524 万元

扣除公司管理费后的总成本 380.9524 万元÷（1+7%）=356.03 万元

扣除现场管理费后的直接成本 356.03 万元÷（1+12%）=317.88 万元

则每月的现场管理费=317.88 万元×12%÷20 月=19073 元

延误 2 个月的现场管理费为 3.8146 万元。因工程按原计划竣工，公司管理费与利润的索赔不予支持。

3）对于新增额外工程，工程师认为施工工期与原合同中相应工程量和工期相比应为 0.6 个月（12 万÷400 万×20 月=0.6 月），实际工期为 1.5 个月；而新增工程量的 12 万元已经包括了现场管理费、公司管理费和利润，即 0.6 个月中的上述三项费用已经支付给承包商，因此承包商只能获得剩余 0.9 个月的附加费用。即：

每月现场管理费：19073 元/月

应补偿的现场管理费为 0.9×19073 元=17165.7 元

该项补偿应为 17165.7 元。

最终经过工程师审核，支付给承包商费用补偿 3930+38146+17165.7=59240.7 元，核减 38318.9 元。

(6) 索赔技巧

索赔工作既有科学严谨的一面，也有其艺术灵活的一面。对于索赔往往没有确定的解决方法，它受制于双方签订的合同文件、各自的工程管理水平和索赔能力及处理问题的公正性、合理性等因素，因此索赔成功不仅仅需要令人信服的法律依据、充足的理由和正确的计算方法，索赔的技巧和艺术也相当重要。常见的索赔技巧和艺术主要有以下方面：

1）索赔是一项十分重要和复杂的工作，涉及面广，合同当事人应设专人负责索赔工作，指定专人收集、管理涉及索赔的资料和证据，并进行系统分析研究，做到处理索赔时以事实和数据为依据。

2）正确把握提出索赔的时机。索赔过早提出，往往容易遭到对方反驳或在其他方面可能遭到报复等；过迟推出，则容易留给对方借口，索赔要求被拒绝。因此索赔方必须在索赔时效范围内适时提出。

3）及时、合理处理索赔。索赔事件发生后，合同当事人必须依据合同及时向对方提出索赔。如果承包人的合理索赔要求长时间不能得到解决，单项工程索赔的积累往往会影响到工程项目的顺利实施，也会损害到承包人的利益。因此尽量将单项索赔在执行过程中加以解决，这样不仅对承包人有利，同时也体现了处理问题的水平。

4）加强索赔的前瞻性，有效避免过多索赔事件的发生。由于工程项目的复杂性、现场条件及气候的变化等因素，工程索赔是不可避免。在工程实施过程中，工程师要将预料到的可能发生的问题及时通知承包人，避免由于索赔事件发生造成的工程成本上升，可有效减少承包商通过索赔来弥补损失的可能性。

5）注意索赔程序和索赔文件的要求。承包人应以正式书面方式向工程师提出索赔意向通知和索赔文件。索赔文件要求理由充分、条理清楚、数据准确、符合实际。

6）索赔谈判中注意方式方法。合同一方向对方提出索赔要求，进行索赔谈判时，措词应婉转，要以理服人，而不是得理不让人；尽量避免使用抗议式提法，如“你方严重违反合同”、“因你方的错误使我方遭受严重损失等”语句。如果当承包人提出的合理索赔要求总是被业主或工程师拒绝，此时承包商可采取严厉的措辞和切实可行的手段，来实现自己的索赔目标。

7）索赔处理时应注意适当的让步。在索赔谈判中应根据具体情况作出适当让步，避免出现“拣了芝麻，丢了西瓜”的局面。可以放弃金额小的小项索赔，坚持大项索赔。这样使对方容易作出让步，达到索赔目的。

8）发挥公关能力。除了进行书信往来和谈判桌上的交涉外，有时还要发挥索赔人员的公关能力，采取合法的手段和方式，营造适合索赔争议解决的良好环境和氛围，促使索赔问题早日、圆满解决。

(7) 反索赔

1）反索赔的含义

对于反索赔的含义一般有两种理解：一是认为承包人向业主提出补偿要求是索赔，而业主向承包人提出补偿要求则认为是反索赔；二是认为索赔是双向的，业主和承包人都可以向对方提出索赔要求，任何一方对对方提出的索赔要求的反驳、反击则认为是反索赔。我们选择后者作为反索赔的含义。

2）反索赔的作用

在合同履行过程中，合同双方都在进行合同管理，都在寻找索赔机会。干扰事件发生后双方都企图推卸自己的责任，并向对方提出索赔。因此，不能进行有效的反索赔，同样会蒙受损失。反索赔的作用体现在以下三个方面：

①减少或预防损失的发生。由于合同双方利益不一致，如果不能进行有效的、合理的反索赔，就意味着对方索赔获得成功，则必须满足对方的索赔要求，从而使自己的利益受到损害。因此有效的反索赔可预防损失的发生，即使不能全部反驳对方的索赔要求，也可减少对方的索赔值，保护自己的利益。

②一次有效的反索赔可影响对方的索赔工作，使对方的索赔要求无法实现。反之，若对对方的索赔要求听之任之，则会促长对方索赔人员的胆量，导致其在以后会多次提出索赔要求，从而使被索赔者处于不利地位。

③反索赔工作同索赔一样，也要进行合同分析、索赔事件调查、责任分析等工作，而相关资料能否收集齐全是与企业管理水平的好坏分不开。因此，有效的反索赔有赖于企业科学、严格的基础管理，也就是说，正确开展反索赔工作会促进和提高企业管理水平。

3）反索赔的内容

反索赔的内容主要包含两个方面：一是防止对方提出索赔，二是反击或反驳对方的索赔要求或索赔报告。

——防止对方提出索赔

要成功防止对方提出索赔要求，应采取积极防御的措施：

①严格履行合同中规定的各项义务，防止自己违约，并通过加强合同管理，使对方找不到索赔的理由和根据，使自己处于不能被索赔的地位。

②如果在工程实施过程中发生了干扰事件，则应立即着手研究和分析合同依据，收集证据，为反击对方的索赔做好准备。

③积极防御措施的常用手段是先发制人，即首先向对方提出索赔。因为在合同履行中干扰事件发生往往是双方都有责任，一时很难分清谁是谁非。首先提出索赔，可打乱对方的工作步骤，争取主动权，并为索赔问题的最终处理留下一定的余地。

——反击或反驳索赔报告

①索赔报告一般存在的问题。

被索赔人在检查索赔方提出的索赔报告时，由于所处的立场不同，通常可发现索赔报告中存在以下问题：

A. 不能清楚、客观地说明索赔事实；

B. 不能准确、合理根据合同及法律规定证明自己的索赔资格；

C. 不能准确计算和解释所要求的索赔金额，往往夸大索赔值；

D. 希望通过索赔弥补自己的全部损失，包括因自己责任引起的损失；

E. 由于自己管理存在问题，不能准确评估双方应负的责任范围；

F. 期望留有余地与对方讨价还价。

②反击或反驳索赔报告。

反击或反驳索赔报告，即根据双方签订的合同及事实证据，找出对方索赔报告中的漏洞和薄弱环节，来全部或部分否定对方的索赔要求。由于索赔方总是从自己的利益和观点出发提出的索赔报告，因此报告中一般会存在诸如索赔理由不充分、推卸责任、扩大事实根据、索赔值计算不合理等问题，被索赔人可抓住以上问题展开反击或反驳，从而保证索赔及反索赔的合理解决。

对对方索赔报告的反击或反驳，可从以下方面进行：

——索赔意向和索赔报告的时限性

审查对方在干扰事件发生后，是否在合同规定的时间内提交索赔意向或索赔报告，如果对方未能及时提交索赔意向或索赔报告，则意味着对方丧失了索赔的权利，对方提出的索赔要求也就不成立。

——索赔事件的真实性

索赔事件必须是真实的，符合工程实际情况，不真实或仅靠猜测甚至无中生有的事件是不能提出索赔的，索赔当然也不能成立。

——干扰事件原因、责任分析

如果干扰事件确实存在，则要通过对事件的调查、分析事件产生的原因和责任归属。如果事件责任是由于索赔方自身原因造成的，则应由索赔者自己承担损失，索赔不能成立；如果合同都有责任，则应按各自的责任大小分担损失。只有确属是自己一方的责任时，对方的索赔才能成立。

——索赔理由分析

索赔理由分析就是分析对方的索赔要求是否与合同条款或有关法规一致，所受损失是否属于不应由对方负责的原因所造成的。被索赔人若能找到对自己有利的法律条文或合同条款，或找到对对方不利的法律条文或合同条款，才能从根本上否定对方的索赔要求。

——索赔证据分析

索赔证据分析就是分析对方所提供的证据是否真实、有效、合法，是否能证明索赔要求成立。证据不足、不全、不当，没有法律证明效力或没有证据，索赔是不能成立的。

——索赔值的审核

索赔值的审核主要是检查索赔值的计算方法是否合情合理，各类取费是否合理适度，有无重复计算，计算结果是否准确等。值得注意的是，索赔值的计算方法多种多样且无统一标准，选用一种对自己有利的计算方法，可能会使自己获利不少。因此，审核者不能沿着对方索赔计算的思路去验证其计算是否正确无误，而是应该设法寻找一种既合理又对自己有利的计算方法，去反驳对方的索赔计算，剔除其中的不合理部分，减少损失。

【案例 5-3】

反索赔事件的基本概况

1999 年某公司拟建一综合办公楼，工程建设规模 15560m²，框架剪力墙结构。地上 10 层，地下 1 层，工程建设的相关审批手续于当年完成，并于 1999 年 11 月进行工程施工招标。某承包商经过激烈的投标竞争，以中标价 27704128.00 元获得该工程施工承包业务。应发包方要求，中标后一周内签订了工程施工承包合同，并经发包方同意于当年 12 月初相关工程管理人员及施工机械设备陆续进场，于 2000 年 1 月底完成了工程施工用临时设施的搭设工作，准备进行施工图技术交底。

但在 2000 年 2 月，发包方由于机构改革，企业分营，成立 A、B 两家公司，该工程项目归属分营后的 A 公司（简称业主）管理。业主领导班子鉴于下述原因：综合办公楼规模大大超过新企业需要；新企业财务资金相对紧张；企业有新的投资方向。决定工程暂时缓建，并通知承包商。最后经上级主管单位及地方建设行政管理部分同意，于 2000 年 3 月决定取消该工程项目，并通知承包商工程停建，处理相关事宜，解除承包合同。

在 2000 年 3 月，即自承包商得到业主工程缓建指令一个月中，承包商向业主提交了要求在缓建期间补偿相关损失的报告，并要求业主提供工程开工的大概日期以利于工程人员和施工机械的统一安排。

2000 年 4 月，在得到业主工程停工通知后一个月中，承包商同意解除合同，并向业主提交了一份详细的赔偿要求报告。在索赔报告我们主要摘录其费用索赔的主要内容如下：

1. 临时设施搭建费用

a. 临时门卫：32.2m²，300 元/m²　共 9660.00 元

b. 临时办公用房：1341.1m²，450 元/m²　共 60345.00 元

c. 食堂：146.25m²，400 元/m²　共 58500.00 元

d. 职工宿舍：379.8m²，300 元/m²　共 113937.00 元

e. 职工浴室：36m²，500 元/m²　共 18000.00 元

f. 男女厕所：28.6m²，700 元/m²　共 20020.00 元

g. 化粪池：一座，8449.00 元/座　共 8449.00 元

h. 部分围墙：21.7m，180 元/m　共 3906.00 元

i. 临时混凝土道路：237.25m²，33 元/m²　共 7829.00 元

j. 临时水电管线安装：12000.00 元

小计：312646.00 元

2. 机械、材料进退场及损耗费

a. 施工配电总箱：一只，4000 元/只　共 4000.00 元

b. 施工配电分箱：10 只，1400 元/只　共 14000 元

c. 施工电缆敷设：500m，20 元/m　共 10000.00 元

d. 翻车斗：30 辆，450 元/辆　共 13500.00 元

e. 机械设备进退场：25000.00 元

小计：66500.00元

3. 管理人员工资

a. 项目经理：4个月，6000元/月　共24000.00元

b. 主施工员：4个月，5000元/月　共20000元

c. 副施工员：4个月，3500元/月　共14000元

d. 安全员：4个月，3000元/月　共12000元

e. 预算员：4个月，3000元/月　共12000元

f. 质量、资料员：4个月，3000元/月　共12000元

g. 保管员：25个月1000元/月　共25000元

h. 门卫：25个月1000元/月　共25000元

小计：144000元

4. 招投标费用

a. 招投办收费：13000元

b. 技术标：1套，20000元/套，共20000元

c. 商务标：1套，80000元/套，共80000元

小计：113000.00元

5. 相关材料订单赔偿

a. 钢筋定金：100万

b. 水泥定金：100万

c. 其他材料：100万

小计：300万

6. 融资利息，共96115元

7. 利润损失共16622.48元

8. 企业管理损失共1606839.00元

9. 违约责任罚款共554082元

10. 要求补偿费用总和5894844.48元

针对上述承包商索赔报告中的费用索赔部分作为反索赔方——业主则认为：

(1) 因《中华人民共和国合同法》中有专门的建设工程合同分则，更符合本合同工程的性质；再者，合同的解除与不履行合同义务或履行合同义务不符合规定有本质区别，该合同解除是合同客体及相应的义务同时解除，而义务是合同的内容。

(2) 因《建设工程施工合同示范文本》只是建设部，工商局为规范建筑市场而要求推行的一项工作，并未上升到法律的高度，并且双方并未按此文本签订合同。根据《中华人民共和国合同法》的规定："当事人可以参照各类合同的示范文本订立合同。"并不排除双方协商按其他模式签订工程合同。但在工程承包合同中未列情况出现时，同意按《中华人民共和国合同法》有关条款来协商处理，以体现合同的遵法原则。

(3)《建设工程招标投标管理办法》不适用该索赔事件处理，合同签订后解除与不签订合同存在实质上的不同。

经过谈判，承包方对要求解除合同表示理解，并考虑社会影响，接受了业主意见，接下去的问题就迎刃而解了。

（1）有关材料订单定金损失：因承包方提交不出具体的有说服力的证据，业主方不予支持，但鉴于工程现场其他零星材料损耗，业主同意给以50000.00元补偿。

（2）因索赔依据不成立，取消违约责任罚款554082.00元。

（3）根据《中华人民共和国合同法》，因发包方原因造成的工程停建，赔偿承包商实际产生费用的精神，原则不予补偿利润及企业管理费损失，但考虑到合同解除是由业主提出的，同意给予100万元补偿。

（4）工程索赔实例

【案例5-4】 三原西郊水库枢纽工程施工索赔

1. 工程概况

咸阳市三原西郊水库枢纽工程位于三原县城以西清峪河干流上，是以农业灌溉为主并兼有防洪、养殖、旅游等综合效益的三等中型水库。水库水源主要通过上游径流及泾惠渠北干退水进行调蓄，可改善泾惠渠灌区灌溉面积20.7万亩，扩灌面积3.24万亩。工程主要由均质土坝、溢洪道、导流排沙泄洪洞、抽水站等建筑物组成。

2. 施工索赔情况

该项目承包商在工程合同履行期间，提出了以下索赔要求：

（1）招标文件与实际不符而引起的索赔

在合同报价中，坝体填筑单价为5.19元/m^3，单价中已扣除7.27万m^3（外借土58.03×1.3763－7.27＝72.60万m^3）的利用方。而施工中土坝坝肩削坡土中可利用方土含盐超标，且粉砂含量较大，不能作为坝体填筑的土料而被弃掉。致使实际使用仅为1.2万m^3。这样6.07万m^3利用方变成外借土。承包商根据地质简报，简报中明确写清土坝坝肩削坡中含盐超标，粉砂含量较大，不能作为坝体填筑土料。于是提出索赔要求增加土场取土费。

（2）图纸量与合同量不符而引起的索赔

溢洪道开挖图中说明“图中未计排水系统、墙底换填及局部尺寸差异的施工开挖量”。承包商提出索赔，获取索赔款项3.6万元。

（3）业主原因造成暂停施工引起的索赔

溢洪道进口段（溢0－060～溢0＋010）地基土存在液化问题，需进行处理，但处理方案未定，业主经监理发出暂停指令，致使2月23日12时～2月27日12时承包商出现误工。承包商提出了索赔意向，并向监理工程师呈送了索赔依据和索赔款项，最终取得了索赔款项。

（4）由于施工方案改变而引起的索赔

在防渗墙施工中，由于地下水位较高等原因，把原投标木支撑变为钢筋混凝土倒挂壁支护，致使支撑费用加大。承包商提出了索赔要求，并提出了索赔原因和依据：①1999年3月3日承包商召开的业主、监理、设计院参加的防渗墙施工方案研讨会上经各方同意改变了原施工方案。②1999年7月15日，监理处批准防渗墙施工组织设计。采用人工开挖，钢筋混凝土倒挂壁支护。③据设计修改通知总字11号，设计也是在了解防渗墙施工实际支撑的基础上对防渗墙增加了止水和伸缩缝。经业主和监理工程师核实，获得了索赔款项102.4万元。

3. 总结

索赔是一门学问和艺术，其索赔的成败对成本的盈亏，弥补低报价承揽工程项目大有裨益。

【案例 5-5】 中国东方集团公司和水电八局联营体 C・03 合同索赔

1996 年 12 月 1 日，中国东方集团公司和水电八局组成联营体（以下简称 DBC）与巴基斯坦 WAPDA 签订了 GHAZI—BAROTHA 水电枢纽工程发电厂房综合建筑物施工项目 C・03 合同，合同金额 2.5 亿美元，合同工期 65 个月，1997 年 2 月开工，计划 2001 年 7 月第一台机组发电，2002 年 8 月完工。C・03 合同工作内容包括发电厂房、进水口、溢洪道、前池、南库和北库等。在投标时，联营体对费用索赔进行了评估。需要指出的是，在投标时应对索赔期望值进行评估，但投标价格不能建立在没有把握的索赔期望上。在该标提交标书前夕，将原定的标价 1.85 亿美元修改为 1.58 亿美元作为最终投标价，其考虑的主要因素是预计可以索赔 3000 万美元。其开标结果是联营体与第二标相差约 4000 万美元，比第三标相差约 6000 万美元，中标后到目前合同的执行情况自然是项目亏损，即使已达成了两项一揽子索赔协议，也未能填平亏损，使合同实施非常困难。

1999 年 2 月，DBC 提交了第一次工期延长及费用补偿要求，EOT 事件区间为 1997 年 2 月开工至 1998 年 10 月，索赔主线为业主延迟移交施工场地，特别是以骨料场延迟交地及北库延迟交地为关键控制事件。DBC 的索赔专家在索赔证据评价中发现，许多可索赔的项目由于缺乏工程师签字认可或在会议、文件及技术方案中不恰当的描述造成失去索赔机会。

1. 索赔目标及索赔对策

根据工程实际环境和索赔评价结果，专家建议采取如下策略：

1）以工期索赔为重点，厂房相关部位至少延长工期 8 个月，争取延长工期 8.5 个月；北库及整个项目至少延长 15 个月，争取延长 16 个月。费用索赔肯定争议很大，直在工期索赔谈判满意后再谈，费用索赔至少 3000 万美元。

2）立即加强 DBC 内部管理，完善设备配套，提高产量，改变形象，以增大谈判的主动权。

3）改善同工程师的关系，充分尊重工程师的意见，加强同业主和工程师高层的联系和沟通，取得他们最大限度的理解和谅解。

4）利用中国大使馆的关系，通过巴国政府向业主施加影响。DBC 第一次 EOT 索赔方案为厂房相关部位要求延期 9.9 个月，北库及整个项目要求延长 17.5 个月，总竣工时间要求延长 17.5 个月，相关费用索赔为 5200 万美元。

1999 年 10 月，工程师通过多次与 DBC 进行问题澄清和协商，对 DBC 第一次 EOT 要求的初步评估为：厂房相关部位延期为 7.9 个月，北库及整个项目延长 6.2 个月，总竣工时间要求延长 6.2 个月，费用补偿为 3.6 个月，暂定月补偿 100 万美元。

DBC 对此初步评估结果存在很大争议，在之后长达 7 个月的时间内，双方经过多次协商未果，且工程师的评估还未得到业主的正式同意。这期间，承包商并未认真落实专家提出的对策（主要是联营体的管理机制造成），使工程陷入困境，工程进度缓慢，混凝土产量还不到设计水平，资金短缺，支大于入。直到 1999 年 9 月，也就是基于工程师的评估结果延期后的第一个罚款里程碑前一个月，DBC 才派遣工作组进驻工地，从国内调配人力、财力，开始改变工程形象。由于依据工程师的上一次初步评估结果，1999年11月是延期后的第一个罚款里程碑，因而DBC在1999年10月提交了第二次EOT和费用索赔报告，以避免罚款。该EOT事件期间为1998年10月至1999年8月索赔主线围绕厂房基础处理的一系列变更、卸荷间图纸变更等，总计列入事件数15个。DBC第二次EOT索赔方案：索赔工期8.9个月，总竣工时间要求延长8.9个月。相关费用索赔2900万美元。此时，业主也意识到若不解决DBC的问题会造成更大的损失（特别是机电承包商的巨额索赔），开始提出与DBC正式谈判。

2. 谈判

1999年11月业主、承包商及工程师就以上两次EOT索赔开始正式谈判。第一次谈判，DBC的策略是阐明观点，重点强调由于业主的延误和许多设计变更给承包商施工组织造成的困难和损失，如流动资金短缺，承包商已融资800万美元投入该项目；施工组织难度增加；成本费用增加等。指出要求业主解决索赔的迫切性和可能会给工程带来的后果。另一方面，了解业主的态度，以确定下一步谈判策略。

在第一次谈判中，双方各自表明立场，业主对第一次EOT基本同意工程师的评估，要求工程师尽快对承包商的第二次EOT作出评价，两次EOT索赔一揽子解决。

2000年1月，双方进行第二次谈判，业主同意工程师对第二次EOT作出的评估，工期补偿5.6个月，即两次EOT共获得13.5个月补偿；费用补偿第一次365万美元，第二次450万美元。DBC对此评估表示异议，指出工期延误评估方法的错误和费用计算取值及数据的错误，阐述DBC索赔要求的正当性。谈判未取得结果，双方表示继续协商。

在随后的谈判中，业主首先要求承包商接受工期延长13.5个月，再谈费用索赔问题。承包商表示可接受工期延长13.5个月，但必须给予合理的费用补偿。双方各持己见。2000年3月，业主在LAHORE总部召开所有承包商参加的协调会，以工期延长13.5个月重新制定了整个工程的施工计划和里程碑，第一台机组发电时间由2001年7月改为2002年8月。

这样，双方在工期索赔上已无谈判余地。DBC根据索赔专家的意见，重点在费用索赔额上与业主协商，通过几番讨价还价，直到2000年6月业主同意在财务上帮助承包商，如暂停预付款扣除，代支付海关税，提供无息借款等，并已在2000年3月一次挂账支付370万美元，但在费用索赔上进展不大，业主只同意补偿600万美元，共计970万美元。在赶工费问题上，业主不同意给赶工费，而改为设立工期目标奖600万美元，按不同目标情况给予奖励或罚款。由于结果与DBC预期的索赔最低目标还有较大的差距，在巨大的项目亏损压力下，并且新的工程里程碑能否实现也心中无底，故表示不能接受谈判结果，从而使谈判陷入僵局。

3. 索赔结果

直到2000年10月DBC在有望实现新的工程里程碑，且财务极端恶化（联营体两家总部已无资金支持能力，项目每月资金缺口20～50万美元），另外业主已经准备提出终止合同的情况下开始恢复谈判。

在这期间，业主仍坚持自己的立场，并在费用索赔问题上无任何妥协的余地。因为业主根据FIDIC合同条款第67.1条：除非合同已被否认或被终止，在任何情况下，承包商都该以应有的精心继续进行工程施工，而且承包商和业主应立即执行工程师作出的每一项此类决定，除非并直到该决定按下述规定变为友好解决或仲裁判决。工程进展并不因索赔而受到影响，如果承包商达不到新的里程碑要求，则会被罚款。业主认为已为承包商提供了最优惠的财务支持，承包商应该接受谈判结果，关于费用索赔可以通过仲裁解决。业主由于担心工程进度若达不到有关要求，不但面对机电承包商的巨额索赔，且无法向政府交代，故与中国大使馆多次会谈，指出电力对缺电的巴基斯坦的重要性，为了中巴友好，希望中国政府干预和关注该工程。

另外，DBC也考虑到在巴基斯坦继续扩大业务，参与其他项目的投标的需要，以及如果终止合同会带来更大的经济损失和信誉损害。故此时，双方有了重新谈判的共同点，但谈判的基本原则没有变，只是业主同意提供更加优惠的财务支持，双方于2000年12月草签了补充协议，于2001年2月正式签字。索赔最终结果是工程工期延长13.5个月，工程竣工时间改为2003年7月，但重新明确了工程施工阶段目标（里程碑）及相应的奖罚金额，罚款按原合同规定，奖励总计600万美元分解到各里程碑。业主给予承包商以财务支持，如连续15个月暂停预付款的扣除、业主的设备进口关税的预支付、扩大永久工程材料的涵义可使DBC多得约1000万美元的预付款，用于增加资源，提高产量，实现目标。索赔费用业主支付已无争议的1100万美元，DBC保留继续进行费用索赔的权利。

（三）工程结算与决算

1. 工程价款结算方法

工程价款结算是指承包商在工程实施过程中，依据承包合同关于付款条款的规定和已经完成的工程量，按照规定的程序向建设单位收取工程价款的一项经济活动。

（1）我国现行的工程价款主要结算方式

根据不同情况，我国目前有多种结算方式

1）按月结算。实行按月申报，月终结算，竣工后清算的方法。跨年度竣工的工程，在年终进行工程盘点，办理年度结算。我国现在建筑安装工程价款结算中，相当一部分是实行这种按月结算；

2）分段结算。即当年开工，当年不能竣工的工程按工程形象进度，划分不同阶段进行结算。分段结算可以按月预支工程款；

3）竣工后一次结算。建设项目或单项工程全部建筑安装工程建设期在12个月以内，或者工程承包合同价值在100万元以下的，可以实行工程价款每月月中预支，竣工后一次结算；

4）目标结款。即在工程合同中，将承包合同的内容分解成不同的控制界面，以业主验收控制界面作为支付工程款的前提条件。

目标结款方式下，承包商要想获得工程价款，必须按照合同约定的质量标准完成界面内的工作内容；要想尽早获得工程价款，承包商必须充分发挥自己的组织实施能力，在保证质量的前提下，加快施工进度。目标结款方式中，对控制界面的设定应明确描述，便于量化和质量控制，同时要适应项目资金的供应周期和支付频率。

（2）工程价款结算

1）工程预付款

工程预付款，也称工程备料款，是指根据工程承包合同，由建设单位在工程开工前按年度工程量的一定比例预付给施工单位用于进行材料采购、工程启动等的流动资金，以抵冲工程价款的方式陆续扣回。

①工程预付款的限额。预付款的限额由下列主要因素决定：主要材料占工程造价的比重；材料储备期；施工工期。

对于施工企业常年应需预付款限额，可按下式计算：

$$工程预付款额=\frac{全年建安工作量\times主要材料所占比重}{年度施工天数}\times材料储备天数$$

$$工程预付款额=全年建安工作量\times预付款比例系数$$

②工程预付款的扣回

预付的备料款到了工程实施后，随着工程所需主要材料储备的逐渐减少，应以抵冲工程价款的方式陆续扣回。

A. 可以从未施工工程尚需的主要材料及构件的价值相当于预付款数额时起扣，从每次结算工程价款中，按材料的比例抵扣工程价款，竣工前全部扣清。

$$T=P-\frac{M}{N} \tag{5-1}$$

式中 T——起扣点，即预付款起扣时累计已完工程价款；

M——预付备料款的限额；

N——主要材料所占未完工程价值的比重；

P——工程价款总额。

每次结算工程价款时，应扣回的预付款数额的计算：

第一次应扣回的预付款数额＝（累计已完工程价款－预付款数额）×主要材料所占比重

以后每次应扣回的预付款数额＝每次结算的完成工程价款×主要材料所占比重

B. 按合同规定扣回预付款；

C. 工程竣工结算时一次扣回预付款。

2）工程进度款

工程进度款是在工程施工过程中分期支付的合同价款，一般按工程形象进度即实际完成工程量确定支付款额。

在确认计量结果后 14 天内，发包人应向承包人支付工程进度款。按约定时间发包人应扣回的预付款，与工程进度款同期结算。

双方在专用条款中约定的可调价款、工程变更调整的合同价款及其他条款中约定的加合同价款，应与工程进度款同期调整支付。

发包人超过约定的支付时间不支付工程进度款，承包人可向发包人提出要求付款的，发包人收到承包人通知后仍不能按要求付款，可与承包人协商签订延期协议，经承包人同意后可延期支付。协议应明确延期支付的时间和从计量结果确认后第 15 天起计算付款的贷款利息。

发包人不按合同约定支付工程进度款，双方又未达成延期付款协议，导致施工无法进行，承包人可停止施工，由发包人承担违约责任。

以按月结算为例，承包人月终以统计的进度月报表作为支付工程款的凭证，向业主收取当月工程价款，并通过银行进行结算。工程进度款的支付步骤见图 5-3。

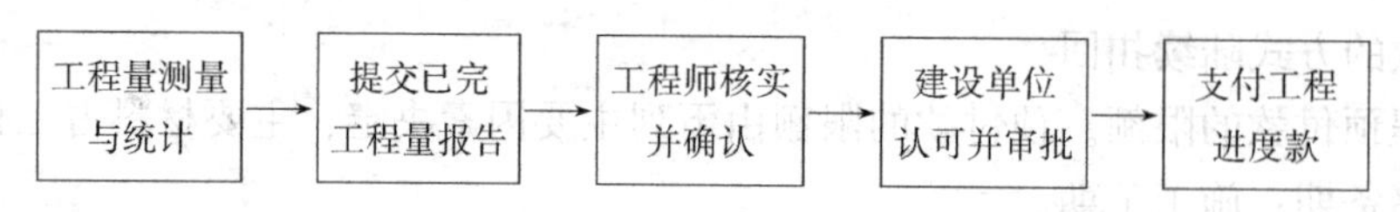

图 5-3　工程进度款支付步骤

3）质量保修金的预留

按照有关规定，工程项目总价中应预留一定比例的尾款作为质量保修费用，待工程项目保修期结束后拨付，一般有两种扣除方法：

①可以从发包方向承包商第一次支付工程进度款开始，每次从承包商应得的款项中按合同约定比例扣除，直到总额达到合同规定的限额为止；

②当拨付的工程进度款累计达到合同总价的一定比例（一般为95%～97%）时，停止支付，把该部分尾款作为质量保修金。

4）工程竣工结算

在建设工程施工中，由于设计图纸变更或现场签订变更通知单，而造成施工图预算变化和调整，工程竣工时，最后一次的施工图调整预算，便是建设工程的竣工结算。

工程竣工结算一般是由施工单位编制，建设单位审核同意后，按合同规定签章认可。最后通过建设银行办理工程价款的竣工结算。

工程竣工验收报告经发包人认可后28天内，承包人向发包人递交竣工结算报告及完整的结算资料，双方按照协议书约定的合同价款及专用条款约定的合同价款调整内容，进行工程竣工结算。

发包人接到承包人递交的竣工结算及结算资料28天内进行核实，给予确认或者提出修改意见。发包人确认竣工结算报告后通知经办银行向承包人支付竣工结算价款。承包人接到竣工结算价款后14天内将竣工工程交付发包人。

发包人收到竣工结算报告及结算资料后28天内无正当理由不支付工程竣工结算价款，从第29天起按承包人同期向银行贷款利率支付拖欠工程价款的利息，并承担违约责任。

发包人收到竣工结算报告及结算资料后28天内不支付工程竣工结算价款，承包人可以催告发包人支付结算价款。发包人在收到竣工结算报告及结算资料后56天内仍不支付的，承包人可以与发包人协议将该工程折价，也可以由承包人申请人民法院将该工程依法拍卖，承包人就该工程折价或者拍卖的价款优先受偿。

工程竣工验收报告经发包人认可后28天内，承包人未能向发包人递交竣工结算报告及完整的结算资料，造成工程结算不能正常进行或者工程竣工结算价款不能及时支付，发包人要求交付工程的，承包人应当交付；发包人不要求交付工程的，承包人承担保管责任。

发包人、承包人对工程竣工结算价款发生争议时，按有关条款约定处理。

5）竣工结算工程价款的确定

竣工结算工程价款＝合同价款＋施工过程中合同价款调整数额－预付及已结算工程价款－保修金。

【例5-6】 某建安工程施工合同，合同总价600万元，其中68万元的主材由业主直接供应，合同工期7个月。合同规定：

（1）业主向承包商支付合同价25%的预付工程款；

(2) 预付工程款应从未施工工程尚需的主材价值相当于预付工程款时起扣，每月以抵冲工程款的方式陆续扣回，主材费比重按 62.5%考虑；

(3) 业主每月从给承包人的工程进度款金额中按 2.5%的比例扣留保修金，通过竣工验收后结算；

(4) 由业主直接供应的主材款在发生当月的工程款中扣回；

(5) 每月付款证书签发的最低限额为 50 万元。

第 1 个月主要是完成土石方工程的施工，由于施工条件复杂，土方工程量较预期发生了较大的变化，合同规定实际工程量超过或少于估计工程量 15%以上时，单价乘以系数 0.9 或 1.05。

经工程师确认：

(1) 承包人在第一个月完成土方工程量 $3300m^3$，而投标时给出的工程量为 $2800m^3$，单价 80 元/m^3；

(2) 其他各月实际完成的工程量及业主提供的主材价值如下表：

月　份	1	2	3	4	5	6	7
实际完成工程量	?	90	110	100	100	80	70
业主供应的主材值	—	18	20	—	—	30	—

问题：

1. 第一个月土方工程实际工程进度款为多少万元？

2. 该工程预付工程款是多少万元？预付工程款在第几个月开始起扣？

3. 1～7 月工程师应签发的工程款为多少？应签发付款证书金额是多少？

4. 竣工结算时，工程师应签发付款证书为多少万元？

分析：

问题 1：超过估计工程量的 15%为 2800×（1+15%）=$3220m^3$

则第一个月工程进度款=3220×80+（3300−3220）×80×0.9=26.34 万元

问题 2：

1) 预付工程款金额=600×25%=150 万元

2) 预付工程款起扣点=600−150÷62.5%=360 万元

3) 开始起扣的时间为第 5 个月：

26.34+90+110+100+100=426.34 万元>360 万元

问题 3：每个月的付款数额

1 月：应签证的工程款：26.34×（1−2.5%）=25.68 万元

应签发的付款凭证金额：25.68<50 万元，不签发。

2 月：应签证工程款：90×（1−2.5%）=87.75 万元

应签发的付款凭证金额：87.75−18+25.68=95.43 万元

3 月：应签证工程款：110×（1−2.5%）=107.25 万元

应签发的付款凭证金额：107.25−20=87.25 万元

4 月：应签证工程款：100×（1−2.5%）=97.5 万元

应签发的付款凭证金额：97.5 万元

5月：应签证工程款：100×（1－2.5％）＝97.5万元

本月应扣预付款：（426.34－360）×62.5％＝41.46万元

应签发的付款凭证金额：97.5－41.46＝56.04万元

6月：应签证的工程款：80×（1－2.5％）＝78万元

本月应扣预付款：80×62.5％＝50万元

应签发的付款凭证金额：78－50－30＝－2万元，不签发

7月：应签证的工程款：70×（1－2.5％）＝68.25万元

本月应扣预付款：150－41.46－50＝58.54万元

应签发的付款凭证金额：68.25－58.54－2＝7.71万元，不签发

问题4：

竣工结算时，应签发付款凭证金额为7.71＋（26.34＋550）×2.5％＝22.12万元

（3）工程价款结算实例分析

房屋开发公司与某建筑公司于2001年5月5日签订了一份建设工程承包合同。合同规定：工程项目为5层公寓楼，建筑面积为4247.4平方米，总造价300万元；2001年5月20日开工，同年12月25日竣工；合同生效后10日预付30万元的材料款，工程竣工后办理竣工决算；工程按施工图及国家施工、验收规范施工，执行国家质量强制性标准。房屋开发公司按进度先后支付工程款计200万元，在工程竣工验收时又付款22万元，尚欠48万元。房屋开发公司在2002年4月6日与建筑公司签订补充付款协议，表示分期给付工程欠款。2002年7月房屋开发公司被某集团公司兼并。同年9月，集团公司在报纸上刊登启事，通知与原房屋开发公司有业务联系者，见报后一个月内来集团公司办理有关手续，过期不予办理。同年12月建筑公司持欠条向集团公司要款，集团公司以原房屋开发公司的账上无此款反映，要款已超过报上规定的时间为由拒付此款。建筑公司遂向法院起诉，请求集团公司支付欠款和银行利息。法院判决集团公司偿还建筑公司工程欠款48万元及利息。

【分析】《合同法》第286条规定："发包人未按照约定支付价款的，承包人可以催告发包人在合理期限内支付价款。发包人逾期不支付的，除按照建设工程的性质不宜折价、拍卖的以外，承包人可以与发包人协议将该工程折价，也可以申请人民法院将该工程依法拍卖。建设工程的价款就该工程折价或者拍卖的价款优先受偿。"

建设工程竣工后，支付工程价款是发包人的主要义务。承包人履行了合同条款规定的义务后，就有权按工程进度并凭施工过程中发包人代表的签证收取工程价款。发包人应根据合同约定支付工程价款。

工程价款的支付一般分为预付款、中间结算（或工程进度款）和竣工决算三部分。按中国人民建设银行颁布的《基本建设工程造价结算办法》的规定，工程开工前，发包人应按施工工作量的一定比例预付工程备料款；工程开工后，凭"工程价款结算账单"和"已完工程月报表"并经建设银行审查后支付，但连同备料款和工程款在内不得超过工程造价的95％，其余5％的尾款，待工程竣工验收后，按竣工结算一次结算。

如果在建设工程竣工后，发包人没有按照合同约定的时间、期限、数额支付工程价款，根据《合同法》第286条的规定，首先，承包人可以催告发包人在合理期限内支付。其次，如果发包人在承包人催告的"合理期限"内未支付，此时，承包人可以选择两种救

济方法：一是与发包人协议将竣工工程折价，二是请人民法院将竣工工程依法拍卖。承包人可就该工程折价款或者拍卖所得优先受偿，这是《合同法》为保护承包人合法权益，而专门设定的法定抵押权。

在本案例中，房屋开发公司与建筑公司签订建设工程承包合同，双方均具有签约主体资格，且内容合法，意思表示真实，依法应确认为有效合同。工程竣工后，双方验收结算，明确了工程价款，房屋开发公司扣除预付款30万元，工程进度款200万元，竣工后支付工程款22万元，还应向建筑公司支付余款48万元。2002年4月6日，房屋开发公司又书面表示分期给付欠款。房屋开发公司拖欠建筑公司的工程款本应由房屋开发公司承担法律责任，但该公司已被集团公司兼并，其债权债务应由集团公司承担，集团公司拒绝付款无法律依据，建筑公司可与集团公司协议将该工程折价以支付工程价款，也可以直接申请人民法院将该工程依法拍卖，建筑公司可就该工程折价或者拍卖的价款优先受偿。

2. 工程结算价款调整的主要方法

（1）工程造价指数调整法

这种方法是发包方与承包方采用当时的预算定额单价计算出承包合同价，待竣工时，根据合理的工期及当地工程造价管理部门所公布的该月度（季度）的工程造价指数，对原承包合同价予以调整。

重点调整的是那些由于实际人工费、材料费、机械费等费用上涨及工程变更因素造成的价差，并对承包商给以调价补偿。

【例5-7】 深圳某建筑公司承建一框架结构宿舍楼，工程合同价款500万元，2002年1月签订合同并开工，当年10月竣工，如根据工程造价指数调整法予以动态结算，价款应为多少?

答：查《深圳市建筑工程造价指数表》，框架结构2002年1月的造价指数为100.02，10月的造价指数为100.27，运用公式：

$$\text{工程合同价}\times\frac{\text{竣工时工程造价指数}}{\text{签订合同时工程造价指数}}=500\times\frac{100.27}{100.2}=500\times1.0025=501.25\text{万元}$$

（2）调值公式法

根据国际惯例，对建设项目工程价款的动态结算，一般都是采用此法。

建筑安装工程费用调值公式一般包括固定部分、材料部分和人工部分。

$$P=P_0\left(a_0+a_1\frac{A}{A_0}+a_2\frac{B}{B_0}+a_3\frac{C}{C_0}+a_4\frac{D}{D_0}+\cdots\cdots\right)$$

式中 P——调值后合同价款或工程实际结算款；

P_0——合同价款中工程预算进度款；

a_0——固定要素，代表合同中不能调整的部分所占的比重；

$a_1\cdots$——代表各项有关费用（人工费用、钢材费用、水泥费用、运输费等）在合同总价中所占比重 $a_0+a_1+a_2+a_3+\cdots=1$；

$A_0\cdots$——基准日期与各项费用的基期价格指数或价格；

$A\cdots$——与付款期限最后一天对应的各项费用的现行价格指数。

【例5-8】 某土建工程，合同规定结算价款为100万元，合同原始报价日期为2002年1月，工程于2003年5月建成，根据下表所列造价指数，计算工程实际结算款。

项　目	人工费	钢　材	水　泥	红　砖	砂	木　材	其　他	固　定
比例（%）	45	11	11	6	3	4	5	15
2002年1月指数	100	100.8	102.0	100.2	95.4	93.4	93.6	—
2003年5月指数	110.1	98.0	112.9	98.9	91.1	117.9	95.9	—

$$实际结算价款=100\left(0.15+0.45\times\frac{110.1}{100}+0.11\times\frac{98.0}{100.8}+0.11\times\frac{112.9}{102.0}+0.06\times\frac{98.9}{100.2}+0.03\times\frac{91.1}{95.4}+0.04\times\frac{117.9}{93.4}+0.05\times\frac{95.9}{93.6}\right)$$

$$=100\times1.064=106.4 万元$$

3. 竣工决算

竣工决算是指所有建设项目竣工后，建设单位按照国家有关规定在新建、改建和扩建工程建设项目竣工验收阶段编制的竣工决算报告。包括从项目筹划到竣工投产全过程的全部实际费用，即建筑工程费、安装工程费、设备工器具购置费、工程建设其他费用及预备费等等。它是竣工验收报告的重要组成部分。

(1) 竣工决算的内容

竣工决算由“竣工情况说明书”和“竣工决算报表”两部份组成，其内容包括以下四个方面：

1）竣工决算报告情况说明书

竣工决算报告情况说明书主要反映竣工工程建设成果和经验，是对竣工决算报表进行分析和补充说明的文件，是全面考核分析工程投资与造价的书面总结，其内容主要包括：

A. 建设项目概况，对工程总的评价。

B. 资金来源及运用等财务分析。

C. 基本建设收入、投资包干结余、竣工结余资金的上交分配情况。

D. 各项经济技术指标的分析。

E. 工程建设的经验及项目管理和财务管理工作以及竣工财务决算中有待解决的问题。

F. 需要说明的其他事项。

2）竣工财务决算报表

建设项目竣工财务决算报表要根据大、中型建设项目和小型建设项目分别制定。

大、中型建设项目竣工决算报表包括：建设项目竣工财务决算审批表；大、中型建设项目概况表；大、中型建设项目竣工财务决算表；大、中型建设项目交付使用资产总表；

小型建设项目竣工财务决算报表包括：建设项目竣工财务决算审批表；竣工财务决算总表；建设项目交付使用资产明细表。

①建设项目竣工财务决算审批表。该表作为竣工决算上报有关部门审批时使用，其格式按照中央级小型项目审批要求设计的，地方级项目可按审批要求作适当修改，大、中、小型项目均要按照下列要求填报此表。

A. 表中“建设性质”按照新建、改建、扩建、迁建和恢复建设项目等分类填列。

B. 表中“主管部门”是指建设单位的主管部门。

C. 所有建设项目均须经过开户银行签署意见后，按照有关要求进行报批：中央级小型项目由主管部门签署审批意见；中央级大、中型建设项目报所在地财政监察专员办事机构签署意见后，再由主管部门签署意见报财政部审批；地方级项目由同级财政部门签署审批意见。

D. 已具备竣工验收条件的项目，三个月内应及时填报审批表，如三个月内不办理竣工验收和固定资产移交手续的视同项目已正式投产，其费用不得从基本建设投资中支付，所实现的收入作为经营收入，不再作为基本建设收入管理。

②大、中型建设项目概况表。该表综合反映大、中型建设项目的基本概况，内容包括该项目总投资、建设起止时间、新增生产能力、主要材料消耗、建设成本、完成主要工程量和主要技术经济指标及基本建设支出情况，为全面考核和分析投资效果提供依据，可按下列要求填写：

A. 建设项目名称、建设地址、主要设计单位和主要施工单位，要按全称填列；

B. 表中各项目的设计、概算、计划等指标，根据批准的设计文件和概算、计划等确定的数字填列；

C. 表中所列新增生产能力、完成主要工程量、主要材料消耗的实际数据，根据建设单位统计资料和施工单位提供的有关成本核算资料填列；

D. 表中“主要技术经济指标”包括单位面积造价、单位生产能力投资、单位投资增加的生产能力、单位生产成本和投资回收年限等反映投资效果的综合性指标，根据概算和主管部门规定的内容分别按概算和实际填列；

E. 表中基建支出是指建设项目从开工起至竣工为止发生的全部基本建设支出，包括形成资产价值的交付使用资产，应根据财政部门历年批准的“基建投资表”中的有关数据填列。

F. 表中“初步设计和概算批准日期、文号”，按最后经批准的日期和文件号填列；

G. 表中收尾工程是指全部工程项目验收后尚遗留的少量收尾工程，在表中应明确填写收尾工程内容、完成时间，这部分工程的实际成本可根据实际情况进行估算并加以说明，完工后不再编制竣工决算。

③大、中型建设项目竣工财务决算表。该表反映竣工的大中型建设项目从开工到竣工为止全部资金来源和资金运用的情况，它是考核和分析投资效果，落实节余资金，并作为报告上级核销基本建设支出和基本建设拨款的依据。此表采用平衡表形式，即资金来源合计等于资金支出合计。具体编制方法是：

A. 资金来源包括基建拨款、项目资本金、项目资本公积金、基建借款、上级拨入投资借款、企业债券资金、待冲基建支出、应付款和未交款以及上级拨入资金和企业留成收入等。

——项目资本金是指经营性项目投资者按国家有关项目资本金的规定，筹集并投入项目的非负债资金，在项目竣工后，相应转为生产经营企业的国家资本金、法人资本金、个人资本金和外商资本金；

——项目资本公积金是指经营性项目对投资者实际缴付的出资额超过其资金的差额（包括发行股票的溢价净收入）、资产评估确认价值或者合同、协议约定价值与原账面净值的差额、接收捐赠的财产、资本汇率折算差额，在项目建设期间作为资本公积金、项目建成交付使用并办理竣工决算后，转为生产经营企业的资本公积金；

——基建收入是基建过程中形成的各项工程建设副产品变价净收入、负荷试车的试运行收入以及其他收入，在表中基建收入以实际销售收入扣除销售过程中所发生的费用和税后的实际纯收入填写。

B. 表中“交付使用资产”、“预算拨款”、“自筹资金拨款”、“其他拨款”、“项目资本”、“基建投资借款”、“其他借款等项目”，是指自开工建设至竣工的累计数，上述有关指标应根据历年批复的年度基本建设财务决算和竣工年度的基本建设财务决算中资金平衡表相应项目的数字进行汇总填写。

C. 表中其余项目费用办理竣工验收时的结余数，根据竣工年度财务决算中资金平衡表的有关项目期末数填写。

D. 资金支出反映建设项目从开工准备到竣工全过程资金支出的情况，内容包括基建支出、应收生产单位投资借款、库存器材、货币资金、有价证券和预付及应收款以及拨付所属投资借款和库存固定资产等，资金支出总额应等于资金来源总额。

E. 补充材料的“基建投资借款期末余额”反映竣工时尚未偿还的基本投资借款额，应根据竣工年度资金平衡表内的“基建投资借款”项目期末数填写；“应收生产单位投资借款期末数”，根据竣工年度资金平衡表内的“应收生产单位投资借款”项目的期末数填写；“基建结余资金”反映竣工的结余资金，根据竣工决算表中有关项目计算填写。

F. 基建结余资金可以按下列公式计算：

基建结余资金＝基建拨款＋项目资本＋项目资本公积金＋基建投资借款＋企业债券基金＋待冲基建支出“－”基本建设支出“－”应收生产单位投资借款

④大、中型建设项目交付使用资产总表。该表反映建设项目建成后新增固定资产、流动资产、无形资产和递延资产价值的情况和价值，作为财产交接、检查投资计划完成情况和分析投资效果的依据。小型项目不编制“交付使用资产总表”，直接编制“交付使用资产明细表”；大、中型项目在编制“交付使用资产总表”的同时，还需编制“交付使用资产明细表”。

3）建设工程竣工图

建设工程竣工图是真实地记录各种地上、地下建筑物、构筑物等情况的技术文件，是工程进行交工验收、维护改建和扩建的依据，是国家的重要技术档案。国家规定：各项新建、扩建、改建的基本建设工程，特别是基础、地下建筑、管线、结构、井巷、桥梁、隧道、港口、水坝以及设备安装等隐蔽部位，都要编制竣工图。为确保竣工图质量，必须在施工过程中及时做好隐蔽工程检查记录，整理好设计变更文件。

4）工程造价比较分析

对控制工程造价所采取的措施、效果及其动态的变化进行认真的比较对比，总结经验教训。批准的概算是考核建设工程造价的依据。在实际工作中，应主要分析以下内容：

①主要实物工程量。对于实物工程量出入比较大的情况，必须查明原因。

②主要材料消耗量。考核主要材料消耗量，要按照竣工决算表中所列明的三大材料实际超概算的消耗量，查明是在工程的哪个环节超出量最大，再进一步查明超耗的原因。

③考核建设单位管理费、建筑及安装工程其他直接费、现场经费和间接费的取费标准。根据竣工决算报表中所列的建设单位管理费与概预算所列的建设单位管理费数额进行比较，依据规定查明是否多列或少列的费用项目，确定其节约超支的数额，并查明原因。

（2）竣工决算的编制

1）竣工决算的编制依据

竣工决算的编制依据主要有：

A. 经批准的可行性报告及其投资估算书。

B. 经批准的初步设计或扩大初步设计及概算或修正概算书。

C. 经批准的施工图设计及其施工图预算书。

D. 设计交底或图纸会审会议纪要。

E. 招投标的标底、承包合同、工程结算资料。

F. 施工记录或施工签证单及其他施工发生的费用记录，如索赔报告与记录、停（交）工报告等。

G. 竣工图及各种竣工验收资料。

H. 历年基建资料、历年财务决算及批复文件。

I. 设备、材料调价文件和调价记录。

J. 有关财务核算制度、办法和其他有关资料、文件等。

2）竣工决算的编制步骤

A. 收集、整理、分析原始资料。

B. 对照、核实工程变动情况、重新核实各单位工程、单项工程造价。

C. 经审定的待摊投资、其他投资、待核销基建支出和非经营项目的转达出投资，严格划分和核定后，分别计入相应的基建支出（占用）栏目内。

D. 编制竣工财务决算说明书。

E. 认真填报竣工财务决算报表。

F. 认真作好工程造价对比分析。

G. 清理、装订好竣工图。

H. 按国家规定上报审批，存档。

（3）竣工决算编制方法实例

【例 5-9】 某一大、中型建设项目 1999 年开工建设，2000 年底有关财务核算资料如下：

1. 已经完成部分单项工程，经验收合格后，已经交付使用的资产包括：

（1）固定资产价值 75540 万元；

（2）为生产准备的使用期限在一年以内的备品备件、工具、器具等流动资产价值 30，000 万元，期限在一年以上，单位价值在 1500 元以上的工具 60 万元；

（3）建造期间购置的专利权、非专利技术等无形资产 2000 万元，摊销期 5 年；

（4）筹建期间发生的开办费 80 万元。

2. 基本建设支出的项目包括：

（1）建筑安装工程支出 16000 万元；

（2）设备工器具费投资 44000 万元；

（3）建设单位管理费、勘察设计费等待摊投资 2400 万元；

（4）通过出让方式购置的土地使用权形成的其他投资 110 万元。

3. 非经营项目发生的待核销基建支出 50 万元。

4. 应收生产单位投资借款 1400 万元。

5. 购置需要安装的器材 50 万元，其中待处理器材 16 万元。

6. 货币资金 470 万元。

7. 预付工程款及应收有偿调出器材款 18 万元。

8. 建设单位自用的固定资产原值 60，550 万元，累计折旧 10，022 万元。

反映在《资金平衡表》上的各类资金来源的期末余额是：

9. 预算拨款 52000 万元。

10. 自筹资金拨款 58000 万元。

11. 其他拨款 520 万元。

12. 建设单位向商业银行借入的借款 110000 万元。

13. 建设单位当年完成交付生产单位使用的资产价值中，200 万元属于利用投资借款形成的待冲基建支出。

14. 应付器材销售商 40 万元贷款和尚未支付的应付工程款 1916 万元。

15. 未交税金 30 万元。

根据上述有关资料编制该项目竣工财务决算表如下表 5-4：

大、中型建设项目竣工财务决算表 **表 5-4**

建设项目名称：××建设项目　　　　单位：万元

资金来源	金　额	资金占用	金　额	补充资料
一、基建拨款	110520	一、基本建设支出	170240	1. 基建投资借款期末余额
1. 预算拨款	52000	1. 交付使用资产	107680	
2. 基建基金拨款		2. 在建工程	62510	2. 应收生产单位投资借款期末余额
3. 进口设备转账拨款		3. 待核销基建支出	50	
4. 器材转账拨款		4. 非经营项目转出投资		3. 基建结余资金
5. 自筹资金拨款	58，000	二、应收生产单位投资借款	1400	
6. 其他拨款	520	三、拨款所属投资借款		
二、项目资本金		四、器材	50	
1. 国家资本		其中：待处理器材损失	16	
2. 法人资本		五、货币资金	470	
3. 个人资本		六、预付及应收款	18	
三、项目资本公积金		七、有价证券		
四、基建借款	110000	八、固定资产	50，528	
五、上级拨入投资借款		固定资产原值	60，550	
六、企业债券资金		减：累计折旧	10，022	
七、待冲基建支出	200	固定资产净值	50，528	
八、应付款	1956	固定资产清理		
九、未交款	30	待处理固定资产损失		
1. 未交税金	30			
2. 未交基建收入				
3. 未交基建包干节余				
4. 其他未交款				
十、上级拨入资金				
十一、留成收入				
合　计	222706	合　计	222，706	

六、工程预算相关法律法规

（一）《合同法》的主要内容

1. 合同法概述

（1）合同法的适用范围

合同法是民法的重要组成部分，它调整民事权利义务关系。民事权利义务关系可以分为财产关系和人身关系。并不是所有的财产关系都由合同法调整。根据双方当事人协商一致产生的债权债务关系属于合同法的调整范围，因单方民事法律行为、侵权行为、不当得利、无因管理和其他法律事实产生的债权债务关系，则不属于合同法的调整范围。婚姻、收养、监护等有关身份关系的协议，也不属于合同法的调整范围。

《合同法》分则部分将合同分为15类。

（2）合同法的基本原则

平等原则；自愿原则；公平原则；诚实信用原则；遵守法律法规，尊重社会公德原则。

（3）合同的形式

当事人订立合同，有书面形式、口头形式和其他形式。书面合同形式主要包括合同书、信件、资料电文等；其他合同形式主要包括默示形式和推定形式。

（4）合同的内容

合同的内容由当事人约定，一般包括以下条款：当事人的名称或姓名以及住所、标的、数量、质量、价款或报酬、履行的期限、地点和方式、违约责任、解决争议的方法。

2. 合同的订立与效力

（1）合同的订立

合同就是合同双方当事人依照订立合同的程序，经过要约和承诺，形成对双方当事人都具有法律效力的协议。合同生效的前提条件是：合同成立，确定了双方当事人的权利和义务关系。《合同法》规定，承诺生效时合同成立。承诺生效的地点为合同成立的地点。具体有以下几种情况：当事人采用合同书形式订立的合同，当事人采用信件、资料电文等形式订立的合同。

1）要约

是希望和他人订立合同的意思表示。提出要约的一方为要约人，接受要约的一方为受要约人。要约应当符合如下规定：

①内容具体确定；

②表明经受要约人承诺，要约人即受该意思表示约束。也就是说，要约必须是特定人的意思表示，必须是以缔结合同为目的，必须具备合同的主要条款。

要约到达受要约人时生效。要约可以撤回，撤回要约的通知应当在要约到达受要约人之前或者与要约同时到达受要约人。要约也可以撤销，撤销要约的通知应当在受要约人发出承诺通知之前到达受要约人。

但有下列情形之一的，要约不得撤销：

①要约人确定了承诺期限或者以其他形式明示要约不可撤销；

②受要约人有理由认为要约是不可撤销的，并已经为履行合同做了准备工作。

要约的失效。有下列情形之一的，要约失效：

①拒绝要约的通知到达要约人；

②要约人依法撤销要约；

③承诺期限届满，受要约人未作出承诺；

④受要约人对要约的内容作出实质性变更。

2）承诺

是受要约人同意要约的意思表示。除根据交易习惯或者要约表明可以通过行为作出承诺的之外，承诺应当以通知的方式作出。

承诺应当在要约确定的期限内到达要约人。要约没有确定承诺期限的，承诺应当依照下列规定到达：

①除非当事人另有约定，以对话方式作出的要约，应当即作出承诺；

②以非对话方式作出的要约，承诺应当在合理期限内到达。以信件或者电报作出的要约，承诺期限自信件载明的日期或者电报交发之日开始计算。信件未载明日期的，自投寄该信件的邮戳日期开始计算。以电话、传真等快速通信方式作出的要约，承诺期限自要约到达受要约人时开始计算。

承诺通知到达要约人时生效。承诺可以撤回，撤回承诺的通知应当在承诺通知到达要约人之前或者与承诺通知同时到达要约人。

（2）格式条款合同

格式条款是当事人为了重复使用而预先拟定，并在订立合同时未与对方协商的条款。提供格式条款的一方应当遵循公平的原则确定当事人之间的权利义务关系，并采取合理的方式提请对方注意免除或限制其责任的条款，按照对方的要求，对该条款予以说明。

提供格式条款一方免除自己责任、加重对方责任、排除对方主要权利的，该条款无效。对格式条款的理解发生争议的，应当按照通常理解予以解释。对格式条款有两种以上解释的，应当作出不利于提供格式条款一方的解释。格式条款和非格式条款不一致的，应当采用非格式条款。

（3）缔约过失责任

缔约过失责任是指当事人在订立合同过程中因过错给对方造成的损失所承担的民事责任。缔约过失责任发生于合同不成立或者合同无效的缔约过程。其构成条件包括：

①当事人有过错；

②有损害后果的发生；

③当事人的过错行为与造成的损失有因果关系。

当事人在订立合同过程中有下列情况之下，给对方造成损失的，应当承担损害赔偿责任：假借订立合同，恶意进行磋商；故意隐瞒与订立合同有关的重要事实或者提供虚假情况；有其他违背诚实信用原则的行为。

（4）合同的效力

注意区别合同成立、合同生效和合同有效。如果合同未成立，就谈不上生效问题；合同成立后，只有符合生效条件的合同才能生效。合同生效是合同效力开始发生，而合同有效则是指合同生效后的状态。大多数合同是有效合同，合同在成立之时也就开始生效。但也有少数效力待定、无效和可撤销的合同，虽然成立，却不发生法律效力。

1）合同的效力（见表 6-1）

合同的效力 **表 6-1**

有效合同	定 义	有效合同是指双方当事人订立的符合国家法律法规的规定和要求受到国家法律保护的合同
	条 件	1. 当事人具有相应的民事行为能力 2. 意思表示真实 3. 合同的内容合法 4. 合同的内容确定、可能
	期 限	《合同法》规定，依法成立的合同，自成立时生效。法律、行政法规规定应当办理批准、登记等手续生效的，依照其规定。当事人对合同的效力可以约定附条件。当事人对合同的效力还可以约定期限
效力待定合同	定 义	效力待定合同是指合同已经成立，但因其不完全符合有关合同生效的要件，其效力能否发生还未确定的合同
	条 件	当事人缺乏缔约能力、处分能力和代理资格所造成的
	类 型	《合同法》主要规定了以下三种效力待定的合同 1. 限制行为能力人订立的合同 2. 无代理权人以他人的名义订立的合同 3. 无处分权的人处分他人财产的合同
无效合同	定 义	无效的合同是指当事人虽然协商订立，但因其违反法律要求，国家不承认其法律效力的合同
	条 件	违反了国家法律和社会公共利益，合同自成立开始就不具有法律约束力。《合同法》规定，有下列情形之一的合同无效： 1. 一方以欺诈、胁迫的手段订立合同，损害国家利益 2. 恶意串通，损害国家、集体或第三人利益 3. 以合法形式掩盖非法目的 4. 损害社会公共利益 5. 违反法律、行政法规的强制性规定
可变更、可撤销的合同	定 义	可变更、可撤销合同是指当事人所订立的合同欠缺一定的生效条件，但当事人一方可依照自己的意思使合同的内容变更或者使合同的效力归于消灭的合同
	条 件	有下列情形之一的，当事人一方有权请求人民法院或者仲裁机构变更或者撤销其合同： 1. 因重大误解订立的合同 2. 在订立合同时显失公平的合同 3. 欺诈、胁迫的合同
	特 征	1. 可撤销合同的效力取决于撤销权人 2. 可撤销的合同在未被撤销前有效 3. 可撤销的合同一旦撤销自始无效
	撤销权	撤销权是指受损害的一方当事人对可撤销的合同依法享有的、可请求人民法院或仲裁机构撤销该合同的权利。《合同法》规定，具有撤销权的当事人自知道或者应当知道撤销事由之日起一月内没有行使撤销权的，撤销权消灭

2）合同无效和被撤销合同的法律后果

无效合同或者被撤销的合同自始没有法律约束力。合同部分无效，不影响其他部分效力的，其他部分仍然有效。合同无效、被撤销或者终止的，不影响合同中独立存在的有关解决争议方法的条款的效力。

合同无效或撤销后，合同规定的权利义务即为无效，履行中的合同应当终止履行，尚未履行的不得继续履行。对因履行无效合同和被撤销合同而产生的财产后果应当依法进行如下处理。

①返还财产或折价补偿；

②赔偿损失；

③追缴财产，收归国有。

3. 合同的履行

（1）合同履行的原则

合同履行的原则主要包括全面适当履行原则和诚实信用原则。

（2）合同履行的一般规则

合同生效后，当事人就质量、价款或者报酬、履行地点等内容没有约定或者约定不明确的，可以协议补充；不能达成协议补充的，按照合同有关条款或者交易习惯确定。依照上述规定仍不能确定的，适用下列规定：

①质量要求不明确的，按照国家标准、行业标准履行；没有国家行业标准、按通常标准或者符合合同目的的特定标准履行。

②价款或者报酬不明确的，按照订立合同时履行地的市场价格履行；依法应当执行政府定价或者政府指导价的，按照规定履行。

③履行地点不明确，给付货币的，在接受货币一方所在地履行；交付不动产的，在不动产所在地履行；其他标的，在履行义务一方所在地履行。

④履行期限不明确的，债务人可以随时履行，债权人也可以随时要求履行，但应当给对方必要的准备时间。

⑤履行方式不明确的，按照有利于实现合同目的的方式履行。

⑥履行费用的负担不明确的，由履行义务一方负担。

（3）合同履行的特殊规则

①价格调整。《合同法》规定，执行政府定价或政府指导价的，在合同约定的交付期限内政府价格调整时，按照交付时的价格计价。逾期交付标的物的，遇价格上涨时，按照原价格执行；价格下降时，按照新价格执行。逾期提取标的物或者逾期付款的，遇价格上涨时，按照新价格执行；价格下降时，按照原价格执行。

②代为履行。是指由合同以外的第三人代替合同当事人履行合同。与合同转让不同，代为履行并未变更合同的权利义务主体，只是改变了履行主体。《合同法》规定：当事人约定由债务人向第三人履行债务的，债务人未向第三人履行债务或者履行债务不符合约定，应当向债权人承担违约责任；当事人约定由第三人向债权人履行债务，第三人不履行债务或者履行债务不符合约定，债务人应当向债权人承担违约责任。

③提前履行。合同通常应按照约定的期限履行，提前或迟延履行属违约行为。

④部分履行。合同通常应全部履行，债权人可以拒绝债务人部分履行债务，但部分履

行不损害债权人利益的除外，此时，因债务人部分履行债务给债权人增加的费用，由债务人负担。

(4) 合同履行中的抗辩权

抗辩权是指在双务合同中，当事人一方有依法对抗对方要求或否认对方权利主张的权利。所谓双务合同，是指双方当事人互相享有权利，同时又互相负有义务的合同。

1) 同时履行抗辩权

又称不履行抗辩权，是指在没有规定履行顺序的双务合同中，当事人一方在对方当事人未予给付之前，有权拒绝先为给付。当事人互负债务，没有先后履行顺序的，应当同时履行。一方在对方履行之前有权拒绝其履行要求。一方在对方履行债务不符合约定时，有权拒绝其相应的履行要求。同时履行抗辩权旨在维持双务合同当事人在利益关系上的公平。

2) 后履行抗辩权

后履行抗辩权是指在双务合同中，有先后履行顺序时，后履行一方有权要求应该先履行的一方先行履行自己的义务，如果应该先履行的一方未履行义务或者履行义务不符合约定，后履行的一方有权拒绝其相应的履行要求。如出租方不交付出租物时，承租方就有权不付租金。后履行抗辩权旨在促使先履行义务一方履行合同，减少合同纠纷，防止合同欺诈。

3) 不安抗辩权

是指合同成立后，如果后履行债务的一方当事人财产状况恶化，先履行债务的一方当事人确有其财产状况恶化的证据时，在后履行债务的一方未履行或未提供担保之前有权拒绝先为履行。其目的是保障先履行债务一方不致因后履行债务一方丧失或可能丧失履约能力而遭受损失。《合同法》规定，应当先履行债务的当事人，有确切证据证明对方有下列情形之一的，可以中止履行：

①经营状况严重恶化；

②转移财产、诱逃资金，以逃避债务；

③丧失商业信誉；

④有丧失或者可能丧失履行债务能力的其他情形。

但当事人没有确切证据中止履行的，应当承担违约责任。当事人依照上述规定中止履行的，应当及时通知对方。当对方提供适当担保时，应当恢复履行。中止履行后，对方在合理期限内未恢复履行能力并且未提供适当担保的，中止履行的一方可以解除合同。

(5) 合同履行中债权人的代位权和撤销权

如果当事人财产增减不当并且实际构成对对方债权实现的威胁时，债权人可以依法行使代位权与撤销权，以维护债务人的财务状况并确保债务得到清偿。

1) 债权人代位权

债权人代位权是指债权人为了保障其债权不受损害，而以自己的名义代替债务人行使债权的权利。代位权的行使范围以债权人的债权为限。债权人行使代位权的必要费用，由债务人负担。

2) 债权人撤销权

债权人撤销权是指债权人对债务人所做的危害其债权的民事行为，有请求法院予以撤销的权利。撤销权的行使范围以债权人的债权为限。债权人行使撤销权的必要费用，由债务人负担。撤销权自债权人知道或者应当知道撤销事由之日起一年内行使，但自撤销事由发生之日起五年内没有行使撤销权的，该撤销权消灭。

4. 合同的变更、转让和终止

(1) 合同的变更

合同的变更是指对已经依法成立的合同，在承认其法律效力的前提下，对其进行修改或补充。

(2) 合同的转让

合同转让是当事人一方取得另一方同意后将合同的权利义务转让给第三方的法律行为。合同转让是合同变更的一种特殊形式，是变更合同主体。

1) 债权转让

债权人可以将合同的权利全部或者部分转让给第三人。不得转让债权的情况：

①根据合同性质不得转让；

②按照当事人约定不得转让；

③依照法律规定不得转让。

若债权人转让权利，债权人应当通知债务人。未经通知，该转让无效力。除非经受让人同意，债权人转让权利的通知不得撤销。

2) 债务转让

经债权人同意，债务人才能将合同的义务全部或者部分转移给第三人。

3) 债权债务一并转让

当事人一方经对方同意，可以将自己在合同中的权利和义务一并转让给第三人。

(3) 合同的终止

1) 合同终止的条件

合同终止是指合同当事人双方依法使相互间的权利义务关系终止。

《合同法》规定了合同终止的几种情形：①债务已经按照约定履行；②合同解除；③债务相互抵消；④债务人依法将标的物提存；⑤债权人免除债务；⑥债权债务同归于一人；⑦法律规定或者当事人约定终止的其他情形。

2) 合同终止的结果

合同权利义务的终止，不影响合同中结算和清理条款的效力以及通知、协助、保密等义务的履行。

3) 合同的解除

合同的解除是指当事人一方在合同规定的期限内未履行、未完全履行或者不能履行合同的，另一方当事人或者发生不能履行情况的当事人可以根据法律规定的或者合同约定的条件，通知对方解除双方合同关系的法律行为。

合同解除的条件，可以分为约定解除条件和法定解除条件。

①约定解除条件。包括：当事人协商一致，可以解除合同；当事人可以约定一方解除合同的条件。

②法定解除条件。包括：因不可抗力致使不能实现合同目的；在履行期限届满之前，当事人一方明确表示或者以自己的行为表明不履行主要债务；当事人一方迟延履行主要债

务，经催告后在合理期限内仍未履行；当事人一方迟延履行债务或者有其他违约行为致使不能实现合同目的；法律规定的其他情形。

合同解除权应在法律规定或者当事人约定的解除权期限内行使，期限届满当事人不行使的，该权利消灭。如法律没有规定或者当事人没有约定期限，应当在合理期限内行使，经对方催告后在合理期限内不行使的，该权利消灭。

当事人解除合同时，应当通知对方，并且自通知到达对方时合同解除。若对方对解除合同持有异议，可以请求人民法院或者仲裁机构确认解除合同的效力。法律、行政法规规定解除合同应当办理批准、登记等手续的，在解除时应依照其规定办理手续。

合同解除后，尚未履行的，终止履行；已经履行的，根据履行情况和合同性质，当事人可以要求恢复原状、采取其他补救措施，并有权要求赔偿损失。

4）合同债务的抵消

抵消是当事人互有债权债务，在到期后，各以其债权抵偿所付债务的民事法律行为。除了依照法律规定或者按照合同性质不得抵消的之外。

5）标的物的提存

提存是指由于债权人的原因致使债务人难以履行债务时，债务人可以将标的物交给有关机关保存，以此消灭合同的行为。

提存的条件是：①债权人无正当理由拒绝受领；②债权人下落不明；③债权人死亡未确定继承人或者丧失民事行为能力未确定监护人；④法律规定的其他情形。如果标的物不适于提存或者提存费用过高，债务人可以依法拍卖或者变卖标的物，提存所得的价款。

提存期间，标的物的孳息归债权人所有。债权人领取提存物的权利期限为五年，超过该期限，提存物扣除提存费用后归国家所有。

5. 违约责任和合同争议的解决

（1）违约责任

违约责任是指合同当事人不履行或不适当履行合同，应依法承担的责任。

1）违约责任的特征

与其他责任制度相比，违约责任有以下主要特征：

①以有效合同为前提；

②以违反合同义务为要件；

③可由当事人在法定范围内约定；

④是一种民事赔偿责任。

2）违约责任的构成要件

①违约行为客观存在。这是核心要件。

②抗辩事由不能成立。抗辩事由一般有以下几种情况：不可抗力；依法行使抗辩权；可变更、可撤销合同要件的合同。

3）违约责任承担方式

①继续履行。

继续履行是指违反合同的当事人不论是否承担了赔偿金或者违约金责任，根据另一方的要求，在自己能够履行的条件下，继续履行合同义务。

②采取补救措施。

如果合同的标的物不符合双方在合同中约定的质量要求，则提供标的物的一方当事人应照约定承担违约责任。

③赔偿损失。

当事人一方不履行合同义务或者履行合同义务不符合约定的，在履行义务或者采取补救后，对方还有其他损失的，应当赔偿损失。

④支付违约金。

当事人可以约定一方违约时应当根据违约情况向对方支付一定数额的违约金，也可以约定因违约产生的损失赔偿额的计算方法。

4）其他违约情形

未防止损失的扩大、双方都违反合同，因第三人的原因造成违约、侵害对方权益。

（2）合同争议的解决

合同争议是指合同当事人双方对合同规定的权利和义务产生了不同的理解。合同争议的解决方式有和解、调解、仲裁和诉讼。

1）和解

和解是争议当事人在自愿友好的基础上，互相沟通、互相谅解，从而解决纠纷的一种方式。

2）调解

调解是争议当事人在第三方的主持下，通过第三方的说服、引导、调停的方法解决争议，达成协议。

3）仲裁

仲裁是由合同双方当事人选的仲裁机构或仲裁员，对合同争议依法作出具有法律约束力的书面裁决来解决争议的一种方式法。

4）诉讼

诉讼是指合同当事人依法将合同争议提交人民法院受理，由人民法院依司法程序通过调查、作出判决、采取强制措施等来处理纠纷。

（二）《建筑法》的主要内容

1. 建筑业从业人员执业资格制度

执业资格是社会主义市场经济条件下对人才评价的手段，是政府为保证经济有序发展，规范职业秩序而对关键岗位的从业人员实行的人员准入控制。简言之，就是政府对从事某些专业的人员提出的必须具备的条件，是专业人员独立执行业务，面向社会服务的一种资质条件。

《建筑法》第14条规定："从事建筑活动的专业技术人员，应当依法取得相应的执业资格证书，并在执业证书许可的范围内从事建筑活动。"《建设工程质量管理条例》规定，注册执业人员因过错造成质量事故时，应接受相应的处理。因此，对从事建筑活动的专业技术人员实行执业资格制度势在必行，从事建筑工程活动的人员，要通过国家任职资格考试、考核，由建设行政主管部门注册并颁发资格证书。

建筑工程的从业人员主要包括：注册建筑师、注册结构工程师、注册监理工程师、注册造价工程师、注册建造师以及法律、法规规定的其他人员。

建筑工程从业者资格证件，严禁出卖、转让、出借、涂改、伪造。违反上述规定的，将视具体情节，追究法律责任。建筑工程从业者资格的具体管理办法，由国务院建设行政主管部门另行规定。

建设行业关键岗位持证上岗制度。为加强建设行业关键岗位持证上岗工作的管理，提高关键岗位人员政治业务素质，1991年7月29日建设部、国家计委、人事部发布了《建设企事业单位关键岗位持证上岗管理规定》。本规定所称建设企事业单位关键岗位，是指建筑业、房地产业、市政公用事业等企事业单位中关系着工程质量、产品质量、服务质量、经济效益、生产安全和人民生命财产安全的重要岗位。

国务院建设行政主管部门主管全国建设企事业单位关键岗位持证上岗工作，负责对需要在全国统一认定的建设企事业单位关键岗位、持证上岗时间和要求作出规定。省、自治区、直辖市人民政府建设行政主管部门负责属于本行政区域建设企事业单位关键岗位持证上岗工作，负责对本行政区域其他岗位的持证上岗时间和要求作出规定。规定需要持证上岗的关键岗位，未取得岗位合格证书的人员一律不得上岗。

属于地方的建设企事业单位关键岗位的岗位合格证书，由省、自治区、直辖市人民政府建设行政主管部门负责审查、颁发。属于国务院有关主管部门的建设企事业单位关键岗位的岗位合格证书，由各部门负责审查、颁发，也可以委托企事业单位所在地的省、自治区、直辖市人民政府建设行政主管部门负责审查、颁发。

2. 建筑工程发包与承包规定

(1) 建筑工程发包

建筑工程发包分为招标发包和直接发包。

(2) 建筑工程承包

1) 承包单位的资质管理

《建筑法》第26条规定："承包建筑工程的单位应当持有依法取得的资质证书，并在其资质等级许可的业务范围内承揽工程"。"禁止建筑施工企业超越本企业资质等级许可的业务范围或者以任何形式用其他建筑施工企业的名义承揽工程。禁止建筑施工企业以任何形式允许其他单位或者个人使用本企业的资质证书、营业执照，以本企业的名义承揽工程。"

2) 联合承包

《建筑法》第27条规定："大型建筑工程或者结构复杂的建筑工程，可以由两个以上的承包单位联合共同承包。共同承包的各方对承包合同的履行承担连带责任"。"两个以上不同资质等级的单位实行联合共同承包的，应当按照资质等级低的单位的业务许可范围承揽工程"。

3) 禁止建筑工程转包

《建筑法》第28条规定："禁止承包单位将其承包的全部建筑工程转包给他人，禁止承包单位将其承包的全部工程肢解以后以分包的名义分别转包给他人。"

4) 建筑工程分包

房屋建筑和市政基础设施工程施工分包活动必须依法进行。鼓励发展专业承包企业和劳务分包企业，提倡分包活动进入有形建筑市场公开交易，完善有形建筑市场的分包工程交易功能。

《建筑法》第29条规定："建筑工程总承包单位可以将承包工程中的部分工程发包给具有相应资质条件的分包单位；但是，除总承包合同中约定的分包外，必须经建设单位认可。施工总承包的，建筑工程主体结构的施工必须由总承包单位自行完成。建筑工程总承包单位按照总承包合同的约定对建设单位负责；分包单位按照分包合同的约定对总承包单位负责。总承包单位和分包单位就分包工程对建设单位承担连带责任。"

禁止总承包单位将工程分包给不具备相应资质条件的单位。禁止分包单位将其承包的工程再分包。

根据2004年4月1日起施行的中华人民共和国建设部令《房屋建筑和市政基础设施工程施工分包管理办法》规定：建设单位不得直接指定分包工程承包人。任何单位和个人不得对依法实施的分包活动进行干预。分包工程承包人必须具有相应的资质，并在其资质等级许可的范围内承揽业务。严禁个人承揽分包工程业务。

《房屋建筑和市政基础设施工程施工分包管理办法》规定：禁止将承包的工程进行违法分包。下列行为，属于违法分包：

①分包工程发包人将专业工程或者劳务作业分包给不具备相应资质条件的分包工程承包人的；

②施工总承包合同中未有约定，又未经建设单位认可，分包工程发包人将承包工程中的部分专业工程分包给他人的。

《房屋建筑和市政基础设施工程施工分包管理办法》还规定：分包工程发包人应当设立项目管理机构，组织管理所承包工程的施工活动。项目管理机构应当具有与承包工程的规模、技术复杂程度相适应的技术、经济管理人员。其中，项目负责人、技术负责人、项目核算负责人、质量管理人员、安全管理人员必须是本单位的人员。分包工程发包人将工程分包后，未在施工现场设立项目管理机构和派驻相应人员，并未对该工程的施工活动进行组织管理的，视同转包行为。

3. 建筑业资质等级制度

《建筑法》第12条规定：从事建筑活动的建筑施工企业、勘察单位、设计单位和工程监理单位，应当具备下列条件：

①有符合国家规定的注册资本；

②有与其从事的建筑活动相适应的具有法定执业资格的专业技术人员；

③有从事相关建筑活动所应有的技术装备；

④法律、行政法规规定的其他条件。

《建筑法》第13条规定：从事建筑活动的建筑施工企业、勘察单位、设计单位和工程监理单位，按照其拥有的注册资本、专业技术人员、技术装备和已完成的建筑工程业绩等资质条件，划分为不同的资质等级，经资质审查合格，取得相应等级的资质证书后，方可在其资质等级许可的范围内从事建筑活动。

2001年4月建设部根据《中华人民共和国建筑法》和《建设工程质量管理条例》重新制定并发布了《建筑业企业资质管理规定》，并会同铁道部、交通部、水利部、信息产业部、民航总局等有关部门组织制定了《建筑业企业资质等级标准》。

建筑业企业是指从事土木工程、建筑工程、线路管道设备安装工程、装修工程的新建、扩建、改建活动的企业。建筑业企业分为施工总承包、专业承包和劳务分包三个序列。施工总承包资质、专业承包资质、劳务分包资质序列按照工程性质和技术特点分别划分为若干资质类别。

(1) 施工总承包企业

按照房屋建筑工程、公路、铁路工程，港口与航道工程，水利水电工程，电力、冶金工程等划分为12个类别。其中冶金、港口与航道、化学石油工程总承包企业资质分为特级、一级和二级等3个等级；机电安装工程总承包企业分为一级和二级2个等级；通信工程总承包企业分为一级、二级、三级3个等级；其他工程总承包企业分为特级、一级、二级和三级4个等级。

(2) 专业承包企业

按照施工工程专业划分为60个类别。一般的专业承包企业分为一级、二级、三级3个等级，少数专业承包企业分为一级、二级或者二级、三级2个等级，个别专业承包企业不分等级。

(3) 劳务分包企业

按照木工、砌筑、抹灰、油漆等作业划分为13个类别。其中木工、砌筑、钢筋、脚手架、模板、焊接等作业分包企业资质等级分为一级、二级2个等级，其他作业分包企业不分资质等级。

获得施工总承包资质的企业，可以对工程实行施工总承包，或者对主体工程实行施工总承包，或者对主体工程实行施工承包。承担施工总承包的企业可以对所承接的工程全部自行施工，也可以将非主体工程或者劳务作业分包给具有相应专业承包资质或者劳务分包资质的其他建筑业企业。获得专业承包资质的企业，可以承接施工总承包企业分包的专业工程或者建设单位按照规定发包的专业工程，专业承包企业可以对所承接的工程全部自行施工，也可以将劳务作业分包给具有相应劳务分包资质的劳务分包企业。获得劳务分包资质的企业，可以承接施工总承包企业或者专业承包企业分包的劳务作业。

(三)《招标投标法》的主要内容

1. 招标

《中华人民共和国招标投标法》(以下简称《招标投标法》) 规定，在中华人民共和国境内进行下列工程建设项目 (包括项目的勘察、设计、施工、监理以及与工程建设有关的重要设备、材料等的采购)，必须进行招标。

(1) 招标的条件和方式

1) 招标的条件。招标项目按照国家有关规定需要履行项目审批手续的，应当先履行审批手续，取得批准。招标人应当有进行招标项目的相应资金或者资金来源已经落实，并应当在招标文件中如实载明。

招标人有权自行选择招标代理机构，委托其办理招标事宜。任何单位和个人不得以任何方式为招标人指定招标代理机构。招标人具有编制招标文件和组织评标能力的，可以自行办理招标事宜。任何单位和个人不得强制其委托招标代理机构办理招标事宜。

依法必须进行招标的项目招标人自行办理招标事宜的，应当向有关行政监督部门备案。

2) 招标方式。招标分为公开招标和邀请招标两种方式。

招标公告或投标邀请书应当载明招标人的名称和地址、招标项目的性质、数量、实施地点和时间以及获取招标文件的办法等事项。招标人不得以不合理的条件限制或者排斥潜在投标人，不得对潜在投标人实行歧视待遇。

(2) 招标文件

招标人应当根据招标项目的特点和需要编制招标文件。招标文件应当包括招标项目的技术要求、对投标人资格审查的标准、投标报价要求和评标标准等所有实质性要求和条件以及拟签订合同的主要条款。招标项目需要划分标段、确定工期的，招标人应当合理划分标段、确定工期，并在招标文件中载明。

招标文件不得要求或者标明特定的生产供应者以及含有倾向或者排斥潜在投标人的其他内容。招标人不得向他人透露已获取招标文件的潜在投标人的名称、数量及可能影响公平竞争的有关招标投标的其他情况。

招标人对已发出的招标文件进行必要的澄清或者修改的，应当在招标文件要求提交投标文件截止时间至少 15 日前，以书面形式通知所有招标文件收受人。该澄清或者修改的内容为招标文件的组成部分。

(3) 其他规定

招标人设有标底的，标底必须保密。招标人应当确定投标人编制投标文件所需要的合理时间。依法必须进行招标的项目，自招标文件开始发出之日起至投标人提交投标文件截止之日止，最短不得少于 20 日。

2. 投标

投标人应当具备承担招标项目的能力。国家有关规定对投标人资格条件或者招标文件对投标人资格条件有规定的，投标人应当具备规定的资格条件。

(1) 投标文件

1) 投标文件的内容。投标人应当按照招标文件的要求编制投标文件。投标文件应当对招标文件提出的实质性要求和条件作出响应。

根据招标文件载明的项目实际情况投标人如果准备在中标后将中标项目的部分非主体、非关键工程进行分包的，应当在投标文件中载明。在招标文件要求提交投标文件的补充、修改的内容为投标文件的组成部分。

2) 投标文件的送达。投标人应当在招标文件要求提交投标文件的截止时间前，将投标文件送达投标地点。招标人收到投标文件后，应当签收保存，不得开启。投标人少于 3 个的，招标人应依照《招标投标法》重新招标。

在招标文件要求提交投标文件的截止时间后送达的投标文件，招标人应当拒收。

(2) 联合投标

两个以上法人或者其他组织可以组成一个联合体，以一个投标人的身份共同投标。联合体各方均应具备承担招标项目的相应能力。国家有关规定或者招标文件对投标人资格条件有规定的，联合体各方均应当具备规定动作的相应资格条件。同一专业的单位组成的联合体，按照资质等级较低的单位确定资质等级。

联合体各方应当签订共同投标协议，明确约定各方拟承担的工作和责任，并将共同投标协议连同投标文件一并提交给招标人。联合体中标的，联合体各方应当共同与招标人签订合同，就中标项目向招标人承担连带责任。

(3) 其他规定

投标人不得相互串通投标报价，不得排挤其他投标人的公平竞争，损害招标人或其他投标人的合法权益。投标人不得与招标人串通投标，损害国家利益、社会公共利益或者他人的合法权益。投标人不得以低于成本的报价竞标，也不得以他人名义投标或者以其他方式弄虚作假，骗取中标。禁止投标人以向招标人或评标委员会成员行贿的手段谋取中标。

3. 开标、评标和中标

(1) 开标

开标应当在招标人的主持下，在招标文件确定的提交投标文件截止时间的同一时间、招标文件中预先确定的地点公开进行。应邀请所有投标人参加开标。开标时，由投标人或者其推选的代表检查投标文件的密封情况，也可以由招标人委托的公证机构检查并公证。经确认无误后，由工作人员当众拆封，宣读投标人名称、投标价格和投标文件的其他主要内容。

开标过程应当记录，并存盘备查。

(2) 评标

评标由招标人依法组建的评标委员会负责。招标人应当采取必要的措施，保证评标在严格保密的情况下进行。评标委员会应当按照招标文件确定的评标标准和方法，对投标文件进行评审和比较。

(3) 中标

中标人确定后，招标人应当向中标人发出中标通知书，并同时将中标结果通知所有未中标的投标人。

(四) 其他相关法律法规

1. 价格法

《中华人民共和国价格法》(以下简称《价格法》) 规定，国家实行并完善宏观经济调控下主要由市场形成价格的机制。价格的制定应当符合价值规律，大多数商品和服务价格实行市场调节价，极少数商品和服务价格实行政府指导价或者政府定价。

(1) 经营者的价格行为

经营者定价应当遵循公平、合法和诚实信用的原则，定价的基本依据是生产经营成本和市场供求状况。

1) 义务。经营者应当努力改进生产经营管理，降低生产经营成本，为消费者提供价格合理的商品和服务，并在市场竞争中获取合法利润。

2) 权利。经营者进行价格活动，享有下列权利：

①自主制定属于市场调节的价格；

②在政府指导价规定的幅度内制定价格；

③制定属于政府指导价、政府定价产品范围内的新产品的试销价格，特定产品除外；

④检举、控告侵犯其依法自主定价权利的行为。

3) 禁止行为。经营者不得有下列不正当价格行为：

①相互串通，操纵市场价格，侵害其他经营者或消费者的合法权益；

②除降价处理鲜活、季节性、积压的商品外，为排挤对手或独占市场，以低于成本的

价格倾销，扰乱正常的生产经营秩序，损害国家利益或者其他经营者的合法权益；

③捏造、散布涨价信息，哄抬价格，推动商品价格过高上涨；

④利用虚假的或者使人误解的价格手段，诱骗消费者或者其他经营者与其进行交易；

⑤对具有同等交易条件的其他经营者实行价格歧视；

⑥采取抬高等级或者压低等级等手段收购、销售商品或者提供服务，变相提高或者压低价格；

⑦违反法律、法规的规定牟取暴利等。

（2）政府的定价行为

1）定价目录。政府指导价、政府定价的定价权限和具体适用范围，以国家的和地方的定价目录为依据。国家定价目录由国务院价格主管部门制定、修订，报国务院批准后公布。地方定价目录由省、自治区、直辖市人民政府价格主管部门按照中央定价目录规定的定价权限和具体适用范围制定，经本级人民政府审核同意，报国务院价格主管部门审定后公布。省、自治区、直辖市人民政府以下各级地方人民政府不得制定定价目录。

2）定价权限。国务院价格主管部门和其他有关部门，按照国家定价目录规定的定价权限和具体适用范围制定政府指导价、政府定价；其中重要的商品和服务价格的政府指导价、政府定价，应当按照规定经国务院批准。省、自治区、直辖市人民政府价格主管部门和其他有关部门，应当按照地方定价目录规定的定价权限和具体适用范围制定在本地区执行的政府指导价，政府定价。

市、县人民政府可以根据省、自治区、直辖市人民政府的授权，按照地方定价目录规定的定价权限和具体适用范围制定在本地区执行的政府指导价、政府定价。

3）定价范围政府在必要时可以对下列商品和服务价格实行政府指导价或政府定价：

①与国民经济发展和人民生活关系重大的极少数商品价格；

②资源稀缺的少数商品价格；

③自然垄断经营的商品价格；

④重要的公用事业价格；

⑤重要的公益性服务价格。

4）定价依据。制定政府指导价、政府定价，应当依据有关商品或者服务的社会平均成本和市场供求状况、国民经济与社会发展要求以及社会承受能力，实行合理的购销差价、批零差价、地区差价和季节差价。制定政府指导价、政府定价，应当开展价格、成本调查，听取消费者、经营者和有关方面的意见。制定关系群众切身利益的公用事业价格、公益性服务价格、自然垄断经营的商品价格时，应当建立听证会制度，由政府价格主管部门主持，征求消费者、经营者和有关方面的意见。

（3）价格总水平调控

政府可以建立重要商品储备制度，设立价格调节基金，调控价格，稳定市场。当重要商品和服务价格显著上涨或者有可能显著上涨时，国务院和省、自治区、直辖市人民政府可以对部分价格采取限定差价率或者利润率、规定限价实行提价申报制度和调价备案制度等干预措施。

当市场价格总水平出现剧烈波动等异常状态时，国务院可以在全国范围内或者部分区域内采取临时集中定价权限、部分或者全面冻结价格的紧急措施。

2. 土地管理法

《中华人民共和国土地管理法》（以下简称《土地法》）是一部规范我国土地所有权和使用权、土地利用、耕地保护、建设用地等行为的法律。

（1）土地的所有权利使用权

1）土地所有权。我国实行土地的社会主义公有制，即全民所有制和劳动群众集体所有制。国家为了公共利益的需要，可以依法对土地实行征收或者征用并给予补偿。

2）土地使用权。国有土地和农民集体所有的土地，可以依法确定给单位或者个人使用。使用土地的单位和个人，有保护、管理和合理利用土地的义务。

农民集体所有的土地，由县级人民政府登记造册，核发证书，确认所有权。农民集体所有的土地依法用于非农业建设的，由县级人民政府登记造册，核发证书，确认建设用地使用权。

单位和个人依法使用的国有土地，由县级以上人民政府登记造册，核发证书，确认使用权；其中，中央国家机关使用的国有土地的具体登记发证机关，由国务院确定。

依法改变土地权属和用途的，应当办理土地变更登记手续。

（2）土地利用总体规划

1）土地分类。国家实行土地用途管制制度。通过编制土地利用总体规划，规定土地用途，将土地分为农用地、建设用地和未利用地。

①农用地。是指直接用于农业生产的土地，包括耕地、林地、草地、农田水利用地、养殖水面等。

②建设用地。是指建造建筑物、构筑物的土地，包括城乡住宅和公共设施用地、工矿用地、交通水利设施用地、旅游用地、军事设施用地等。

③未利用地。是指农用地和建设用地以外的土地。

使用土地的单位和个人必须严格按照土地利用总体规划确定的用途使用土地。国家严格限制农用地转为建设用地，控制建设用地总量，对耕地实行特殊保护。

2）土地利用规划。各级人民政府应当依据国民经济和社会发展规划、国土整治和资源环境保护的要求、土地供给能力以及各项建设对土地的需求，组织编制土地利用总体规划。

城市建设用地规模应当符合国家规定的标准，充分利用现有建设用地，不占或者少占农用地。各级人民政府应当加强土地利用计划管理，实行建设用地总量控制。

土地利用、总体规划实行分级审批。经批准的土地利用总体规划的修改，须经原批准机关批准；未经批准，不得改变土地利用总体规划确定的土地用途。

（3）建设用地

1）建设用地的批准。除兴办乡镇企业、村民建设住宅或乡（镇）村公共设施、公益事业建设经依法批准使用农民集体所有的土地外，任何单位和个人进行建设而需要使用土地的，必须依法申请使用国有土地，包括国家所有的土地和国家征收的原属于农民集体所有的土地。

涉及农用地转为建设用地的，应当办理农用地转用审批手续。

2）征收土地的补偿。征收土地的，应当按照被征收土地的原用途给予补偿。征收耕地的补偿费用包括土地补偿费、安置补助费以及地上附着物和青苗的补偿费。

征收其他土地的土地补偿费和安置补助费标准，由省、自治区、直辖市参照征收耕地的土地补偿费和安置补助费的标准规定。被征收土地上的附着物和青苗的补偿标准，由省、自治区、直辖市规定。征收城市郊区的菜地，用地单位应当按照国家有关规定缴纳新菜地开发建设基金。

3）建设用地的使用。经批准的建设项目需要使用国有建设用地的，建设单位应当持法律、行政法规规定的有关文件，向有批准权的县级以上人民政府土地行政主管部门提出建设用地申请，经土地行政主管部门审查，报本级人民政府批准。

建设单位使用国有土地，应当以出让等有偿使用方式取得；但是，下列建设用地，经县级以上人民政府依法批准，可以划拨方式取得：

①国家机关用地和军事用地；

②城市基础设施用地和公益事业用地；

③国家重点扶持的能源、交通、水利等基础设施用地；

④法律、行政法规规定的其他用地。

以出让等有偿使用方式取得国有土地使用权的建设单位，按照国务院规定的标准和办法，缴纳土地使用权出让金等土地有偿使用费和其他费用后，方可使用土地。

建设单位使用国有土地的，应当按照土地使用权出让等有偿使用合同的约定或者土地使用权划拨批准文件的规定使用土地；确需改变土地建设用途的，应当经有关人民政府土地行政主管部门同意，报原批准用地的人民政府批准。其中，在城市规划区内改变土地用途的，在报批前，应当先经有关城市规划行政主管部门的同意。

4）土地的临时使用。建设项目施工和地质勘察需要临时使用国有土地或者农民集体所有的土地的，由县级以上人民政府土地行政主管部门批准。其中，在城市规划区内的临时用地，在报批前，应当先经有关城市规划行政主管部门同意。土地使用者应当根据土地权属，与有关土地行政主管部门或者农村集体经济组织、村民委员会签订临时使用土地合同，并按照合同的约定支付临时使用土地补偿费。

临时使用土地的使用者应当按照临时使用土地合同约定的用途使用土地，并不得修建永久性建筑物。临时使用土地期限一般不超过两年。

5）国有土地使用权的收回。有下列情形之一的，有关政府土地行政主管部门报经原批准用地的人民政府或者有批准权的人民政府批准，可以收回国有土地使用权：

①为公共利益需要使用土地的；

②为实施城市规划进行旧城区改建，需要调整使用土地的；

③土地出让等有偿使用合同约定的使用期限届满，土地使用者未申请续期或申请续期未获批准的；

④因单位撤销、迁移等原因，停止使用原划拨的国有土地的；

⑤公路、铁路、机场、矿场等经核准报废的。

其中，属于①、②两种情形而收回国有土地使用权的，对土地使用权人应当给予适当补偿。

3. 保险法

《中华人民共和国保险法》（以下简称《保险法》）中所称保险，是指投保人根据合同约定，向保险人（保险公司）支付保险费，保险人对于合同约定的可能发生的事故因其发生所造成的财产损失承担赔偿保险金责任，或者当被保险人死亡、伤残、疾病或达到合同约定的年龄、期限时承担给付保险金责任的商业保险行为。

当投保人提出保险要求，经保险人同意承保，并就合同的条款达成协议，保险合同即成立。保险人应当及时向投保人签发保险单或者其他保险凭证，并在保险单或者其他保险凭证中载明当事人双方约定的合同内容。

（1）保险合同的内容

保险合同可以分为财产保险合同和人身保险合同。保险合同应当包括下列事项：

①保险人名称和住所；

②投保人、被保险人名称和住所，以及人身保险的受益人的名称和住所；

③保险标的；

④保险责任和责任免除；

⑤保险期间和保险责任开始时间；

⑥保险价值；

⑦保险金额；

⑧保险费以及支付办法；

⑨保险金赔偿或给付办法；

⑩违约责任和争议处理；

⑪订立合同的年、月、日。其中，保险金额是指保险人承担赔偿或者给付保险金责任的最高限额。

（2）保险合同的订立。

订立保险合同时，保险人应当向投保人说明保险合同的条款内容，并可以就保险标的或者被保险人的有关情况提出询问，投保人应当如实告知。

投保人故意隐瞒事实，不履行如实告知义务的，或者因过失未履行如实告知义务，足以影响保险人决定是否同意承保或者提高保险费率的，保险人有权解除保险合同。投保人故意不履行如实告知义务的，保险人对于保险合同解除前发生的保险事故（保险合同约定的保险责任范围内的事故），不承担赔偿或者给付保险金的责任，并不退还保险费。

投保人因过失未履行如实告知义务，对保险事故的发生有严重影响的，保险人对于保险合同解除前发生的保险事故，不承担赔偿或者给付保险金的责任，但可以退还保险费。

保险合同中规定的有关保险人责任免除条款的，保险人在订立保险合同时应当向投保人明确说明，未明确说明的，该条款不产生效力。

4. 税收相关法律法规

（1）税务管理

1）税务登记。我国《中华人民共和国税收征收管理法》规定，从事生产、经营的纳税人（包括企业，企业在外地设立的分支机构和从事生产、经营的场所，个体工商户和从事生产、经营的事业单位）自领取营业执照之日起30日内，应持有关证件，向税务机关申报办理税务登记。取得税务登记证件后，在银行或者其他金融机构开立基本存款账户和其他存款账户，并将其全部账号向税务机关报告。

从事生产、经营的纳税人的税务登记内容发生变化的，应自工商行政管理机关办理变更登记之日起30日内或者在向工商行政管理机关申请办理注销登记之前，持有关证件向税务机关申报办理变更或者注销税务登记。

2）账簿管理。纳税人、扣缴义务人应按照有关法律、行政法规和国务院财政、税务主管部门的规定设置账簿，根据合法、有效凭证记账，进行核算。

从事生产、经营的纳税人、扣缴义务人必须按照国务院财政、税务主管部门规定的保管期限保管账簿、记账凭证、完税凭证及其他有关资料。

3）纳税申报。纳税人必须依照法律、行政法规规定或者税务机关依照法律、行政法规的规定确定的申报期限、申报内容如实办理纳税申报，报送纳税申报表、财务会计报表以及税务机关根据实际需要要求纳税人报送的其他纳税资料。

纳税人、扣缴义务人不能按期办理纳税申报或者报送代扣代缴、代收代缴税款报告表的，经税务机关核准，可以延期申报。经核准延期办理申报、报送事项的，应当在纳税期内按照上期实际缴细的税款或者税务机关核定的税额预缴税款，并在核准的延期内办理税款结算。

4）税款征收。税务机关征收税款时，必须给纳税人开具完税凭证。扣缴义务人代扣、代收税款时，纳税人要求扣缴义务人开具代扣、代收税款凭证的，扣缴义务人应当开具。

纳税人、扣缴义务人应按照法律、行政法规确定的期限缴纳税款。纳税人因有特殊困难不能按期缴纳税款的，经省、自治区、直辖市国家税务局、地方税务局批准，可以延期缴纳税款，但是最长不得超过三个月。纳税人未按照规定期限缴纳税款的，扣缴义务人未按照规定期限缴纳税款的，税务机关除责令限期缴纳外，从滞纳税款之日起，按日加收滞纳税款万分之五的滞纳金。

（2）税率

税率是指应纳税额与计税基数之间的比例关系，是税法结构中的核心部分。我国现行税率有三种，即：比例税率、累进税率和定额税率。

1）比例税率。是指对同一征税对象，不论其数额大小，均按照同一比例计算应纳税额的税率。

2）累进税率。是指按照征税对象数额的大小规定不同等级的税率，征税对象数额越大，税率越高。累进税率又分为全额累进税率和超额累进税率。全额累进税率是以征税对象的全额，适用相应等级的税率计征税款。超额累进税率是按征税对象数额超过低一等级的部分，适用高一等级税率计征税款，然后分别相加，得出应纳税款的总额。

3）定额税率。是指按征税对象的一定计量单位直接规定的固定的税额，因而也称为固定税额。

（3）税收种类

根据税收征收对象不同，税收可分为流转税、所得税、财产税、行为税、资源税等五种。

1）流转税。流转税是指以商品流转额和非商品（劳务）流转额为征税对象的税。

2）所得税。所得税是以纳税人的收益额为征税对象的税。

3）财产税。财产税是以财产的价值额或租金额为征税对象的各个税种的统称。

4）行为税。行为税是以特定行为为征税对象的各个税种的统称。

5）资源税。资源税是为了促进合理开发利用资源，调节资源级差收入而对资源产品征收的各个税种的统称。

参 考 文 献

[1] 张秀德主编．安装工程定额与预算．北京：中国电力出版社，2004.

[2] 刘庆山主编．建筑安装工程预算．北京：机械工业出版社，2005.

[3] 湖北省建设工程造价管理总站编．工程量清单编制与计价操作指南．武汉：武汉出版社，2005.

[4] 湖北省建设工程造价管理总站编．湖北省建筑安装工程费用定额．武汉：湖北省建设工程造价管理总站，2003.

[5] 湖北省建设工程造价管理总站编．湖北省安装工程消耗量定额及单位估价表．武汉：湖北省建设工程造价管理总站，2003.

[6] 建设部标准定额司编．建设工程工程量清单计价规范 GB 50500—2003. 北京：中国计划出版社，2003.

[7] 中国建设工程造价协会主编．图释建筑工程建筑面积计算规范．北京：中国计划出版社，2007.

[8] 张国栋主编．图解建筑工程工程量清单计算手册．北京：机械工业出版社，2004.

[9] 湖北省建设工程造价管理总站主编．建筑工程计量与计价．武汉：湖北省建设工程造价管理总站，2006.

[10] 袁建新编著．建筑工程计量与计价．北京：人民交通出版社，2007.

[11] 危道军主编．招投标与合同管理实务．北京：高等教育出版社，2004.

[12] 林密主编．工程项目招投标与合同管理．北京：中国建筑工业出版社，2003.

[13] 危道军主编．建筑装饰专业综和实训．武汉：武汉理工大学出版社，2005.

[14] 危道军，刘志强主编．工程项目管理．武汉：武汉理工大学出版社，2004.

参考文献

[1] [illegible]. 安装工程[illegible]. 北京: 中国电力出版社, 2004.
[2] [illegible]主编. 建筑安装[illegible]. [illegible]: [illegible]出版社, 2005.
[3] [illegible]. 武汉: [illegible], 2003.
[4] [illegible]. 武汉: [illegible], 2003.
[5] [illegible]. 武汉: [illegible], 2003.
[6] [illegible] GB 50500—2003. 北京: 中国计划出版社, 2003.
[7] [illegible]. 北京: 中国[illegible]出版社, 2007.
[8] [illegible]. 北京: [illegible]出版社, 2004.
[9] [illegible]. 武汉: [illegible], 2003.
[10] [illegible]. 北京: 人民交通出版社, 2003.
[11] [illegible]. 北京: [illegible]出版社, 2003.
[12] [illegible]. 北京: 中国建筑工业出版社, 2002.
[13] [illegible]. 武汉: 武汉理工大学出版社, 2005.
[14] [illegible]. 武汉: 武汉理工大学出版社, 2004.